护理·营养·早教一本全

图说

育儿百科

同步全书

知名专家与您
同步呵护宝宝
科学育儿夯实
体质与智能

万理 主编

中国人口出版社

我们坚持以专业精神，科学态度，为您排忧解惑。

"孩子都是自己的好"，这是一句最俗的话，但包含了最大的爱。任何人都得承认：别人的孩子长得再漂亮，也仅仅是欣赏，惟有自己的孩子，那才是心头的肉。

那么，当孩子降生之时，你们的头等大事是什么呢？

全力以赴养育好自己的孩子！

这不仅是因为爱，另一方面，孩子的未来，其实就是家庭的未来，说得高调一点，那就是国家的未来，人类的未来。总有孩子是未来的领袖，一切皆有可能，你们的孩子也许就是。

那么，当孩子降生之时，你们该如何做呢？

这的确不简单！

小生命的到来必然给你们带来惊喜和感动，另一方面，一些前所未有的新问题也会随之而来，怎样正确喂奶？怎样换尿布？怎样哄孩子睡觉？如何培养孩子？⋯⋯这些问题琐碎而复杂。尤其是0~3岁，这个阶段是孩子生理和心理发展的重要时期，父母务必抓住这个宝贵的关键期，为孩子身体发育和智力发展夯实牢固的基础，这是关系孩子一生的大计，正是"三岁决定孩子的一生"！

为了帮助新爸爸和新妈妈们做好养育孩子这一头等大事，本书根据0~3岁儿童身体和智能发育规律，同步讲解宝宝喂养、护理、医学指导以及智力开发等科学方法，指导父母掌握科学的育儿理念，尊重孩子的个性和创造性，让孩子的身体和智能得到充分发展。

本书在编写中，我们既总结了多年来的实践经验，也吸收了国内外其他专家的经验和方法，在此表示敬意和感谢！

为了中国的宝宝更聪明、更健康，让我们共同加油吧！

目 录

第1～7天　最初的新生儿期

第8～28天 最为敏感的时期

第2～3个月 生长迅速期

第4～6个月 安全感建立期

第7~9个月　分离焦虑期

第10～12个月 个性显露期

1~1.5岁　行走关键期

1.5~2岁　性格反抗期

2～2.5岁　个性形成期

2.5~3岁 社会规范敏感期

早教六法则

法则一：生活教学法则

家庭是孩子的学校，游戏是孩子的生活，随时注意留心引导。

法则二：放松法则

孩子轻松自在时，学习更有效，孩子也容易进入有意识地学习状态。

法则三：奖赏法则

研究表明：受到表扬和肯定的行为会在孩子身上重复出现。

法则四：全面发展法则

智能是多元的，家长要全方位培养孩子。

法则五：充分发展法则

不仅要全面发展，还要最大限度地挖掘孩子的潜能。

法则六：快乐法则

孩子快不快乐是能否健康发展的前提，努力发掘孩子快乐的源泉。

——罗耀先

第1~7天 >>最初的新生儿期

一 养育要点与宝宝发育标准

◎ 养育要点

· 早开奶，早接触和早吸吮，坚持母乳喂养。

· 按需哺乳，不定时，饿了就喂。

· 注意皮肤清洁，脐部护理，预防感染。

· 新生儿还不能很好地调节体温，一定要注意保暖。

· 保证充足的睡眠。

· 多搂抱，多抚触，给予宝宝充分的皮肤接触。

· 注意检查听力和视力。

◎ 正常足月新生儿

	体重(克)	身长(厘米)	头围(厘米)	胸围(厘米)
出生时	2500~4000	47~52	平均为34	31~33

二 新生儿生理特证

◎ 头面部

1.头颅

正常足月出生的新生儿头颅呈椭圆形，相对较大，头长大约占身长的1/4；颅缝尚未闭合，倘若分娩时受过产道挤压会发生边缘重叠，这时用眼看或者用手摸时有条线状突起的骨边缘，如果重叠程度不严重，则随小儿头部的生长均能重新长平。尽管出生时头颅骨已较硬，但如果护理不当或睡眠姿势不恰当仍可造成偏头、扁头等头颅畸形。

2.囟门

小儿出生时，颅缝尚未长满，形成一个

菱形空间，没有头骨和脑膜，医学上叫囟门。头顶有两个囟门，位于头前部的叫前囟门，斜径约2.5厘米，6~7个月骨化后逐渐缩小，1~1.5岁闭合，如果出生时摸不到前囟门或者前囟门过大、过突或过凹，都提示可能存在问题，务必请医生诊断；位于头后部的叫后囟门，约0.5厘米，生后2~4个月自然闭合。但部分小儿在出生时就已闭合，这也属于正常情况。

提起宝宝的囟门，很多人都认为是禁区，不能摸，也不能碰。其实，必要的保护是应该的，但如果因此连清洗都不允许，那反而会对新生儿的健康有害。婴儿出生以后，皮脂腺的分泌加上脱落的头皮屑，常在前、后囟门部位形成结痂(因为这里软，脏物易于存留)，不及时清洗会使其越积越厚，影响皮肤的新陈代谢，还会引发脂溢性皮炎。要是结痂后再用手去抠，很容易损伤皮肤而发生感染。

3.头发和头皮

新生儿的头发稀松细软、条纹清晰。有的小儿头皮出现较软的包块，多数是受产道挤压导致皮下组织水肿而形成的"产瘤"，少数也可能是血肿，家长不易区别而应该由医生来诊断；产瘤一般能够自行消退而不必作特殊的处理，血肿一般也能全消但其中少部分可能不会完全消退而出现局部突起的硬块。

4. 颜面

新生儿出生时还会有颜面浮肿的现象，特别以眼睑浮肿者为多，新生儿颜面浮肿的现象一般在一周内即可消失。

5. 眼睛

新生儿的眼睑处可见到微小的出血点，此时新生儿的眼发育尚不成熟，有一个生理性远视过程。有一些细心的妈妈还会发现自己的宝宝有眼眵，这多是由于护士为预防新生儿出现淋菌或衣原体性结膜炎而使用硝酸银或抗生素点眼而引发的反应，父母不用担心。大部分新生儿眼运动不协调，常有生理性斜视，一般在2～4周时消失，故不能在婴儿床上方挂固定的玩具，否则就会有内斜(俗称对眼)的可能。

6. 鼻

新生儿鼻软骨已经具有正常的硬度，鼻孔常被粘液堵塞而影响呼吸、吃奶，必须及时清理。如用母乳点一滴到小儿鼻腔中，待鼻垢软化后，用棉丝等物刺激鼻腔使小儿打喷嚏，分泌物可随之排出；或用棉签沾少量水，轻轻插入鼻腔清除分泌物。注意动作一定要轻柔，切勿用力过猛而损伤黏膜，造成鼻出血。对没有分泌物的鼻堵塞，可用温热毛巾敷于鼻根部的办法，也能起到一定的通气作用。由于分娩时受到产道的挤压，新生儿看上去像是塌鼻梁，父母不需忧虑，因为随年龄增长小儿鼻梁自然会长高的。

7. 嘴

新生儿口腔内牙龈和硬腭上有小白点，俗称"马牙"，属于正常现象，一般生后2～3周逐渐消失。

8. 耳

新生儿耳软骨发育良好，已形成耳廓。出生2～7天后开始有听觉，2～4周时能较专注地听外界的声音。

早产儿头长大约占身长的1/3，头发呈短绒样，囟门大，颅缝可分离，耳廓软，额部有皱纹。早产儿生活能力比足月儿弱，需要特别护理。

不管足月还是早产，由于小儿头部都相对较大，但头部和脊柱肌肉力量还不足，因此，刚出生的小儿都不能抬头。

◎ 皮肤黏膜

新生儿出生后，皮肤覆盖着一层灰白色胎脂，有保护皮肤和防止散热的作用。皮

对于新生儿，我们不仅要关心他的身心健康，还应该关心他的心理需要。

肤皱褶处的胎脂可于产后6小时用消毒植物油或温开水轻轻擦去。新生儿皮肤薄嫩，易受损而发生感染。洗澡宜用无刺激性肥皂，浴后用软毛巾吸干体表，皱褶处可抹少许滑石粉。

◎ 躯干四肢

新生儿有一双罗圈腿，这跟他在子宫里蜷缩的姿势有很大的关系。一般来说，这种状态会一直持续到2岁左右。大约从3岁开始，双腿还会变成X型。直到6～8岁以后才会完全变直。

新生儿的躯干相对比较长，手臂和腿相对比较短，脊柱是直的，四肢肌肉的紧张度较高，呈外展和屈曲姿势；胸廓大多呈椭圆形，少数也有略呈桶状，胸围比头围稍小；乳房可以摸到乳腺小结节，乳头突出，乳头周围的颜色略深，腹部凸凸鼓鼓但柔软；脚底皮纹布满整个脚底，手指甲和脚趾甲超过手指和脚趾末端。

与正常足月儿相比，早产儿肢体更显细小，脊柱也是直的；摸不到乳腺结节，脚底皮纹很少而且只分布在脚底前部，多数为1～2条，脚后根光滑；手指甲和脚趾甲软且短，一般没有超过手指和脚趾末端。

◎ 脐带

正常情况下，脐带会在结扎后3～7天干燥脱落，血管闭锁变成韧带，外部伤口愈合向内凹陷形成肚脐。由于新生儿脐带残端血管与其体内血管相连，如果发生感染是很危险的。容易发生败血症而危及生命。

◎ 生殖器

足月新生儿的生殖器官看起来有些肿胀且颜色发黑，属于正常现象。这是因为胎内受到母体激素的刺激和分娩时过多体液的汇聚所致。

女宝宝的阴部肿胀大约在一周内会慢慢消失；男宝宝阴囊中的过多液体可能要存在几周或几个月。男婴的阴茎大小可不一样，龟头和包皮可有较松弛的粘连；阴囊皱襞较多，睾丸多已降入阴囊。部分男婴因局部发育不完善可有轻度睾丸鞘膜积液而导致阴囊

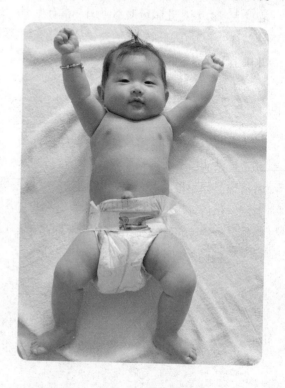

两侧大小稍有不等，大多数能在一年内自行消失，若长期不消或阴囊两侧大小明显不等则应该到医院检查。女婴的大阴唇已发育，大阴唇能盖住小阴唇及阴蒂。

早产男婴的阴囊皱襞少，睾丸往往还未降入阴囊；早产女婴的大阴唇不能盖住小阴唇。

◎ 睡眠

一般新生儿每天大部分时间都在睡觉，有18~22小时是在睡眠中度过的。只是在饥饿、尿布浸湿、寒冷或者有其他干扰时才醒来。但也有少部分"短睡型婴儿"，出生后即表现为不喜欢睡觉，或者说睡眠时间比一般婴儿少。

只要孩子睡眠有规律，睡醒后精力充沛、情绪愉快、食欲良好，其体重、身长、头围、胸围等在正常的范围内增长，就说明孩子没有睡眠不足。

孩子的睡眠习惯具有一定的遗传倾向，睡眠时间因人而异。不能单纯以睡眠时间长短来判断孩子的生长是否正常，也不要在孩子毫无睡意时强迫其睡觉。

◎ 体温

新生儿的体温调节中枢发育不完善，皮下脂肪薄，保温能力差，散热快，易受外界温度的影响，所以体温不稳定。应注意保暖。特别是在出生时，随着环境温度的

>> 专家提醒：新生儿"脱水热"

少数新生儿在出生后3~5天内会出现"脱水热"或称"一次性发热"，体温可升至39℃~40℃，往往持续几个小时甚至1~2天，新生儿可伴有面部发红、皮肤干燥、哭闹不安等，这是由于水分摄入过少、室温过高或衣被太厚所致。一般通过多喂母奶或喂点温开水后，体温会很快就降下来。如果经上述处理而体温持续不降则应找医生看。

降低，1小时内体温可以下降2℃，以后逐渐回升，12~24小时内应稳定在36℃~37℃之间。

◎ 小便

新生儿出生时肾单位数量已和成人相同，但发育不成熟，滤过能力不足。肾脏浓缩能力差，故尿色清亮，淡黄，每天排尿10余次。新生儿出生后12小时应排第一次小便。如果新生儿吃奶少或者体内水分丢失多，或者进入体内的水分不足，可出现少尿或者无尿。这时应该让新生儿多吸吮母乳，或多喂些糖水，尿量会多起来。

◎ 大便

新生儿大多在生后12小时内开始排泄墨绿色的黏稠大便，称为胎便。如果超过24小时仍无胎便排出，应到医院检查是否有先天性肛门闭锁症或先天性巨结肠症。

开始喂奶后，一般2～4天胎便可以排干净。由于喂奶，大便逐渐转为黄色糊状，一般每日3～5次。母乳喂养的新生儿通常大便次数较多，有的几乎每次喂奶后均有大便排出，而且很软，有时会出现黏液或者排出绿色大便。

喂牛奶的宝宝则大便次数较少，有的甚至2～3天才排便1次，大便较干，颜色淡黄，只要新生儿吃奶好，体温不超过37.5℃，都属于正常。

◎ 原始神经反射

健康的孩子从出世的那一刻起，就具有一些暂时的神经反射行为，这些神经反射是新生儿特有的本能，提示着您的宝宝的机体是否健全、神经系统是否正常。随着小儿神经系统的逐步成熟，这些原始神经反射逐渐被意志控制行为所取代。如果生后未出现这些反射或者这些反射消失过迟，往往提示可能存在神经系统的某些异常。常见的原始神经反射有以下几种：

觅食反射

这是婴儿最原始的本能，如果你用手指轻轻的触摸其脸颊，他就会转向手指的方向并张开嘴巴表现出要吃奶的样子。该反射正常在生后3～4个月消失。

吸吮反射

把手指或母亲的乳头放进新生儿口中，不需经过教导，自然就会含住并规律的吸吮。该反射正常在生后4个月时消失。

抓握反射

将手指或其他物体碰触新生儿手掌时，他会紧紧抓住不放。该反射正常在生后3个月时消失。

拥抱反射

当你让新生儿头部向后仰时，他的四肢会伸直张开，呈拥抱状姿势。该反射正常一般在生后4～5个月时消失。

踏步反射

如果你抓住新生儿的腋下让他保持直立的姿势，并让他的足部能踏在坚实的表面上，他就会出现走路的姿势。该反射正常在生后2个月时消失。

从出生一开始的教育，是一种对生命必要的帮助。

◎ 呼吸系统

新生儿鼻腔短，无鼻毛，后鼻道狭窄，血管丰富，容易感染，发炎时鼻腔易堵塞，发生呼吸与吮吸困难。新生儿的呼吸肌发育差，呼吸时胸廓活动范围小，膈肌上下移动明显，呈腹式呼吸，呼吸时嘴合拢，肋间或肋骨下面的尖突处是平的。新生儿呼吸既快又浅，每分钟约40次，有时还伴有咳嗽、喷嚏，应将肺部、气管等呼吸道内的羊水和粘液清除干净。肺不能充分扩张、通气、换气，易因缺氧及二氧化碳潴留而出现青紫。年龄愈小，呼吸频率愈快，新生儿期又由于呼吸中枢尚未完全发育成熟，还会出现呼吸节律不齐，尤以早产儿更为明显。

◎ 血液循环

新生儿出生后随着胎盘循环的停止，改变了胎儿右心压力高于左心的特点和血液流向。卵圆孔和动脉导管从功能上的关闭逐渐发展到解剖学上的完全闭合，需要2~3个月的时间。新生儿出生后的最初几天，偶尔可以听到心脏杂音。新生儿心率较快，每分钟可达120~140次，且易受摄食、啼哭等因素的影响。新生儿的血流分布多集中于躯干和内脏，故肝、脾常可触及，四肢容易发冷和出现青紫。

◎ 消化系统

足月新生儿出生时已有舌乳头，唇肌、

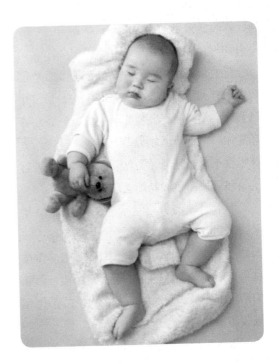

咀嚼肌、两颊的脂肪垫发育良好，故出生后即具备较好的吸吮能力和吞咽功能；早产儿则较差。新生儿出生时唾液腺发育还不完善，唾液及唾液中淀粉酶分泌不足，导致口腔黏膜干燥且容易受损。此外，新生儿可出现生理性流涎。

新生儿食管下端贲门括约肌发育不成熟，控制能力差，不能有效的抗反流，常发生胃食管反流，一般到九个月时消失。新生儿胃呈水平位，贲门括约肌发育不成熟、幽门括约肌发育良好，新生儿吸奶时常同时吸入空气，故易导致溢乳和呕吐。

胃排空时间因食物种类不同而不同。一般水为1.5~2小时，母乳为2~3小时，牛乳为3~4小时。早产儿胃排空慢，易发生胃潴留。胃容量分别为出生时30~60毫升，1~3个月90~150毫升，一岁时250~300毫升。

新生儿肠道相对较长，分泌面及吸收面较大，有利于消化吸收。但固定差，易发生肠套叠。早产儿肠乳糖酶活性低、肠壁屏障功能和肠蠕动协调能力差，因此，易发生乳糖吸收不良、细菌经肠黏膜吸收引起全身性感染和粪便滞留或功能性肠梗阻。

出生时胰液分泌量少，3~4个月时增多。但胰淀粉酶活性较低，一岁后才接近成人，故不宜过早地(生后3个月以前)喂淀粉类食物。新生儿及婴幼儿胰脂肪酸和胰蛋白酶的活性都较低，故对脂肪和蛋白质的消化和吸收不够完善。

新生儿最初排出的大便为深墨绿色、粘稠、无臭味，称为胎粪。胎粪由胎儿肠道脱落的上皮细胞、消化液及吞下的羊水组成，多数生后12小时内开始排便，总量为100~200克，2~3天渐过渡为黄糊状粪便。如24小时内无胎粪排出，应注意检查有无肛门闭锁等消化道畸形。母乳喂养儿粪便为黄色，糊状，不臭，呈酸性反应，每日2~4次。牛、羊乳喂养儿粪便为淡黄色，较干厚，有臭味，呈中性或碱性反应，每日1~2次。

◎ 神经系统

新生儿脑体积相对较大，其重量占出生体重的10%~12%；但脑沟、脑回、神经鞘未完全形成，大脑皮质的发育尚未完全成熟，神经系统功能尚不完善，他们最初的行为主要是通过皮层下中枢完成的无条件反射，来保证他的内部器官功能和对外界环境的最初适应。随着日龄的增长，在外界环境的不断刺激下，大脑皮质的结构和功能日趋完善，许多无条件反射逐渐消失，而条件反射逐步形成，这标志着儿童心理的产生。

新生儿对各种刺激所作出的反应定位不准，有一点不舒服如尿湿、疼痛、过冷、过热等，容易出现全身反应(如哭闹、烦躁、手脚乱舞乱蹬等)，对良性刺激如母亲喂奶等出现高兴反应时也表现出手舞足蹈。

因小儿对刺激的反应往往手舞足蹈，因此，要特别注意不要让小孩的手脚碰到如暖气片、烫水杯等危险物品，以免发生意外。

◎ 视觉

宝宝的双眼运动不协调，有暂时性的斜视，见光亮会眨眼、闭眼、皱眉，只能看到距离15厘米以内的物体，所以要想让宝宝看到你，就必须把脸凑近宝宝。大约从2个月开始，宝宝可以持续地注视他感兴趣的物体，并随着物体的移动来移动自己的视线；3个月的时候，注视的时间更长而且灵活，特别是对亲近的人的面孔能注视很长的时间；4个月的宝宝表现出对不同颜色的喜好，他们多数比较喜欢红色的物体；5~6个月以后，宝宝开始能够注视距离较远的物体，如飞机、月亮、街上的行人等，并开始对事物进行积极的观察。

◎ 听觉

宝宝刚出生的时候，因为耳朵里的羊水还没有清除干净，听觉还不很灵敏。随着宝宝的听觉慢慢改善，对强烈的声音刺激会产生震颤及眨眼反应。如果用持续、温和的声音在离宝宝耳朵10～15厘米处进行刺激，宝宝会转动眼球甚至转过头来。当然，宝宝最喜欢听的还是妈妈的声音，大概是因为在子宫里听惯了妈妈的语调。大约在3个月的时候，宝宝能分辨出不同方向发出的声音，并会向声源转头；3～4个月的时候，就能倾听音乐的声音，并且对音乐(如催眠曲)表现出愉快的表情；4个月的时候，宝宝能分辨出大人发出的声音，如听见母亲的说话声就高兴起来，并开始发出一些声音，好像是对大人的回答。

◎ 触觉

宝宝的触觉在刚出生时已经很灵敏了。他喜欢妈妈怀里的那种温暖的接触，喜欢大人轻柔地抚摸他的身体，这种接触让他感到安全，仿佛回到了在妈妈子宫里被羊水和软组织包裹的那段温暖的日子。嘴唇和手是宝宝触觉最灵敏的部位，他会经常吸吮手指来获得满足。

◎ 知觉

宝宝出生即有了味觉和嗅觉。他能感受到什么是甜、酸和咸，对他不喜欢的味道会表现出不愉快的表情，多数宝宝喜欢甜的味道。宝宝还能区别不同的气味，他喜欢妈妈身上的那种奶味，妈妈也能通过气味确定自己的宝宝，嗅觉成了母子之间相互了解的一种方式。当宝宝4个月时，就能比较稳定地区别好的气味和不好的气味。

◎ 味觉和嗅觉

知觉是人对事物整体的认识。有的研究表明，刚出生后2天的宝宝就可以分辨人脸和其他形状，他们看人脸的时间比看圆形或不规则形状的时间长。对出生至6个月的宝宝的研究更进一步说明了这种视觉偏好，他们凝视人脸图片的时间几乎两倍于任何其他图片，宝宝似乎天生对人感兴趣。其实，宝宝并非对人脸感兴趣，而是对人脸的轮廓和曲度感兴趣。

声音、微笑和眼神，是父母和新生儿的特殊沟通。

三 新生儿日常护理

◎ 正确包裹新生儿

在很多地方，有的人还喜欢用一块大方布将新生儿紧紧地包扎起来，因担心包扎不严实还在外面系上一根带子或绳子，人们习惯把这叫作"蜡烛包"。他们认为如果不把新生儿双腿绑直，长大会成为"八字"或罗圈腿。另外也因担心孩子受冷。

其实这种担心完全没有必要，因为腿变形不是小时候没有捆绑的原因，而是由于维生素D缺乏导致缺钙引起。如果把新生儿捆得太紧，不仅影响其正常发育，妨碍自由运

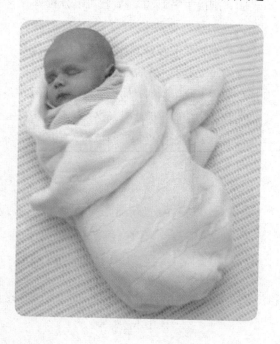

动，同时由于父母怕婴儿着凉，不敢打开包裹，甚至不给婴儿洗澡，大小便不易及时发现，很容易造成皮肤感染或尿布疹，这样既使孩子生病也不容易发现。

现代的研究发现如果把孩子包裹太紧，容易造成孩子髋关节脱位，因为如果把两腿硬拉直绑在一起，使大腿骨肌肉处于紧张状态，就能使股骨头错位，这不利于臼窝的发育，也容易引起脱位。另外包裹太紧还能限制孩子呼吸时胸廓运动，影响肺的功能。

为了不影响小儿生长发育，不要给孩子打"蜡烛包"，而应该给孩子穿上一件小衣服，盖上小被子。如冬天出生的小婴儿，可以给小儿穿上绒布衣服及薄棉袄或毛衣，盖上小棉被，让他们手脚自由活动。另外，有条件的话可以到商店买一种棉睡袋，样子像斗篷，下面有扣子固定，可随时打开更换尿布，睡袋比较宽松，既保暖又不影响孩子活动。

◎ 新生儿衣着

新生儿的活动一般是无意识、无规则和不协调的，四肢多为自然的弯曲状，为了不束缚他们的发育，衣服要做得宽大些，这样既易于新生儿的活动，又便于穿和脱。

新生宝宝的衣服，要求装饰少。为避免

划伤新生儿娇嫩的皮肤，衣服上不要钉钮扣，更不能使用别针，同时应避免有金属钮扣或拉链，可以用带子系住衣服。

目前普遍认为，刚刚出生的小宝宝皮肤娇嫩，容易出汗，内衣应选用柔软、吸水及透气性较好的浅色纯棉布或纯棉针织品制作。新生儿穿系带斜襟式衣服最为理想，这种衣服前襟要做得长些，后身可稍短些，以避免或减少大便的污染。此外，小婴儿脖颈短，容易溢奶，这种上衣穿着比较舒服，且便于围放小毛巾或围嘴。

裤子也要准备几条。虽然小婴儿每天大小便数十次，裤子很容易弄潮，但如果不给宝宝穿裤子，换尿布时容易受凉。婴儿内裤也应选用柔软的棉制品制作，式样为开裆系带或开裆背带，不要用松紧带。因为松紧带过紧，会影响孩子胸部的生长发育。另外要注意婴儿贴身的衣服不要有缝头，也就是婴儿内衣应该"反穿"。

炎热夏季，新生儿最适宜穿连衫格式的长单衣，背后系有带子，便于换尿布。

如果您的宝宝是在寒冷的冬天出生，您还应该为宝宝准备些毛衣、毛裤、棉衣、棉裤。毛衣应选择开襟式、无领，因为小婴儿不容易穿脱套头衫，翻领毛衣可能会磨伤婴儿颈颔下部皮肤。毛裤最好选择背带开裆式，毛衣、毛裤应选用全毛毛线或者棉纱线编织的。

新生儿系带斜襟式棉衣至少准备2～3件。棉衣、棉裤应选择棉布做面里，中间

>>育儿须知：新生儿衣服忌放樟脑球

存放新生儿的衣服时切忌放置樟脑球，因为有些新生儿接触了樟脑球后，易发生溶血性疾病；另外，新生儿的衣服要经常晾晒，以利于日光中的紫外线消毒灭菌。

可选用晴纶棉，因为婴儿的棉衣棉裤需经常清洗，晴纶棉衣棉裤易洗易晒，并且不会像棉花那样洗后板硬。另外要注意棉衣棉裤不要太厚。

还可让孩子穿其他健康孩子穿过的小衣服，因为宝宝生下来大小都差不多，并且这些衣服比新的柔软，但应该注意穿之前要用水煮沸消毒，晒干。刚做好的或从商店买回来的婴儿衣服，特别是内衣，一定要先用清水清洗，然后用开水烫后日光下晒干，存放在干燥的地方。

在某些地区的秋、冬季节，一般常使用襁褓包裹婴儿，这是一种既简便又实用的好方法，襁褓常分为适用于春秋的夹襁褓和冬季使用的棉襁褓；为新生儿更换襁褓时，要注意在室内温度适宜的情况下进行，冬季要先将襁褓烘烤一下，以驱散寒气，避免孩子着凉；襁褓最好准备两条，以便替换。

◎ 尿布的选择与使用

尿布的种类就材质而言，可分为布尿布与纸尿布。布尿布的吸收度与密合度较好，不易引起皮肤过敏或尿布疹，但是清洗、携带不方便；纸尿布的优点是方便携带、不必清洗，但有过敏肤质的宝宝必须勤更换。以性别为区分的尿布，按照男女宝宝尿喷出的位置作为设计重点，男宝宝尿布的前端较厚，女宝宝尿布则是后方较厚。尿布内层最好不要有任何添加物，选择时以干爽、易吸水、防漏性佳者为优。

1.尿布的准备

选材

❶ 柔软、清洁、吸水性能好。旧棉布、床单、衣服将是很好的备选材料。也可用新棉布制作，但必须经充分揉搓才可以使用。

❷ 深颜色的布料可能对宝宝的皮肤产生刺激作用，以致引发尿布疹。故尿布的颜色以白、浅黄、浅粉为宜，忌用深色，尤其是蓝、青、紫色的。

大小

尿布的尺寸一般以36×36厘米为宜，也可作成36×12厘米的长方形，也可以制成三角形。值得注意的是，尿布的尺寸应随孩子年龄的增大相应加宽、加长。

数量

尿布的数量要充足，一个婴儿一昼夜约需20～30块。尿布在宝宝出生前就要准备好，使用前要清洗消毒，在阳光下晒干。

2.尿布的使用

包裹方法

先用长方形尿布兜住肛门及外生殖器，男婴尿流方向向上，腹部宜厚一些，但不要包过脐，防止尿液浸渍脐部；女婴尿往下流，尿布可在腰部迭厚一些。三角形尿布包在外边，从臀部两侧兜过来系牢，但不宜系得过紧，以免影响腹部的呼吸运动。另一个角最后向上扣住即可。由于婴儿髋关节臼较浅，所以包裹尿布时，婴儿两腿的自然位置应摆成M形，酷似青蛙的两条腿。

换洗

对于换洗来说，一定要勤，父母一旦发现尿布有粪便，便应立即更换，以防粪便中的细菌分解尿液中的尿素产生氨类刺激皮肤，引起尿布皮炎。

洗涤尿布的步骤：

❶ 用肥皂水浸泡后搓揉。

❷ 用流动清水漂净。

育儿箴言　在孩子的世界里，一切东西跟人一样，都是有思想、有感情的。

③ 用沸水烫5~10分钟。

④ 在阳光下晒干；如遇阴雨天，用烘干机烘干。

⑤ 折叠起来，放在清洁的柜子里。

擦拭

值得注意的是：更换尿布时还要讲究擦拭方向。女婴因为尿道短，尿道与阴道基本无菌，而肛门及粪便是有菌的，为女婴换尿布时应从前向后擦拭，而不应从后向前擦拭，否则容易将肛门口的细菌带到尿道及阴道口，导致尿道、阴道感染。

3.注意事项

勿垫塑料、橡皮布

有人为了防止宝宝的尿液浸渍被褥，习惯于在尿布外再垫上一层塑料布或橡皮布。但是，由于这类物品不透气、不吸水，尿液不容易渗出，致使宝宝臀部的小环境潮湿，温度升高，容易发生尿布疹和霉菌感染。为防止尿液浸湿床褥，夜间不妨用棉花、棉布做成厚垫，垫在尿布外面，但更换的间隔时间不宜过长。

警惕发生异常

换尿布的同时，应认真观察婴儿臀部及会阴部的皮肤有无发红、皮疹、水疱、糜烂或渗液等症状，一旦发现，应及时清洗，然后用3%鞣酸鱼肝油软膏或蛋黄油涂抹。症状严重时，则要及时去医院皮肤科就诊。

另外，尿布或其他衣物脱落下来的线纱，大人掉下的头发，偶尔可能缠绕在宝宝的手(足)指(趾)及阴茎上，出现局部肿胀甚至坏死，应提高警惕。

注意季节变化

夏季气候炎热，空气湿度大，给宝宝换尿布时不要直接取刚刚暴晒的尿布使用，应待其凉透后再用，从防止发生尿布疹的目的出发，应该增加婴儿光屁股的时间。

而冬季气候寒冷，换尿布时应用热水袋先将尿布烘暖，也可放在大人的棉衣内焐热后再用，使宝宝在换尿布时感到舒服。

◎ 新生儿的睡眠

新生儿大脑发育还未成熟，容易疲劳，进入睡眠时大脑可以得到充分休息，有利于脑和全身的生长发育。如睡眠不好，会影响小儿生理功能紊乱，神经系统调节失灵，食欲不佳，抵抗力下降，容易生病。新生儿每天除了喂奶啼哭外，几乎都在睡眠，每天大

约需睡眠20小时。新生儿的睡眠与健康有着密切的关系。当孩子疲劳时，必须经过充足的睡眠之后，才能解除疲劳；睡眠充足才能吃得好，玩得好，长得好。在婴儿时期，每天应睡几次，睡多长时间，对婴儿生活的安排和习惯的培养都是非常重要的。

我们知道，小儿的神经系统是在不断接受外界环境的各种刺激而逐渐发展起来的。从小注意合理安排小儿的睡眠、活动，逐渐形成长期定时有规律的习惯，使大脑的有关区域对外界的这种习惯形成条件反射，从而为小儿生活规律的培养奠定良好的基础，这对小儿的生长发育是有利的。

小儿一岁前睡眠时间的长短，主要根据不同月龄小儿生理、神经系统发育和消化功能的特点来安排。月龄越大，白天睡眠次数及时间越少，但仍应注意到要保证充足的睡眠时间，以利孩子的生长。父母可根据自己孩子的具体情况，灵活安排睡眠的次数和时间。

要使新生儿睡得好，每次睡前要喂饱。吃奶后要把新生儿放在肩上轻轻拍背，将吞下的空气排出来。大小便后要把臀部洗干净，换上干净尿布。房间要保持安静，光线适中。盖被不要太厚，也不要蒙住新生儿嘴巴、鼻子，确保小儿呼吸通畅。

◎ 新生儿的睡姿

在正常情况下，新生儿在喂奶后一小时应右侧卧，之后再仰卧。新生儿大部分时间是采取仰卧睡觉姿势，因为这种睡觉姿势可使全身肌肉放松，对新生儿的内脏，如心脏、胃肠道和膀胱的压迫最少。但是，仰卧睡觉时，舌根部放松并向后下坠，容易堵塞咽喉部，影响呼吸道通畅，如果再给新生儿枕上一个较高的枕头，就会增加呼吸困难，这时应该密切观察新生儿的睡眠情况。最好不要给新生儿使用枕头。

新生儿俯卧睡觉容易发生意外窒息。另外，俯卧睡觉会压迫内脏，而且容易产生溢奶的现象，不利于婴儿的生长发育。

◎ 给新生儿洗澡

新生儿的皮肤非常娇嫩，加之新生儿新陈代谢旺盛，容易出汗，大小便次数多，因此新生儿皮肤较脏，容易成为细菌生长繁殖的地方。洗澡可清洁皮肤，帮助皮肤呼吸，加速血液循环。每次洗澡时还可以检查全身皮肤、脐带，观察四肢活动和姿势，及早发现问题。新生儿皮肤面积相对较大，经常洗澡是对皮肤触觉的最好刺激，皮肤能把各种感觉直接传递到大脑，促进脑的发育和成熟。

1.水温

新生儿出生后第二天即可洗澡，洗澡时室温应保持在26℃～28℃左右。水温以38℃～40℃为宜，成人感觉手背不烫为合适。

洗澡用水宜先加冷水后加热水，调好温度，以免烫伤。

2.洗澡的顺序由上而下

若天气寒冷或新生儿脐带还未脱落，应将上、下身分开洗。准备妥当后，先脱去上衣，下半身用毛巾或布包好，大人用左手托住宝宝头部，左手的拇指和中指从后面把耳廓像盖似地按在耳道口，防止水进入耳道，左手和腰部夹住宝宝下半身，右手拿小毛巾沾水将脸、头部洗净擦干，接着用同样方法洗颈部、腋下、前胸后背、双臂和双手，洗完后用干浴巾包裹上半身。再把婴儿头靠在左肘窝里，左手托住两大腿根部后开始洗下半身。洗下身时应注意不要将脐带弄湿。洗好后立即将婴儿抱出浴盆，用干净的大浴巾裹住，把水滴吸干，在颈项、腋下、会阴等皮肤皱褶处扑上婴儿爽身粉，迅速穿好衣服，垫上尿布后，最后用干毛巾把眼、耳、鼻、头发擦干。

若宝宝脐带脱落，脐部情况良好，可在宝宝洗完脸部、头发后，将宝宝全身浸入水中洗。刚开始不熟练，最好两人配合着帮宝宝洗澡，一个人将手伸入水中托住宝宝，另一个人洗。

3.洗澡次数

洗澡次数可根据气候和家庭条件决定，夏天每天至少洗1次，冬天每周洗1次，有时大便后特别脏也应增加一次。洗澡的时间最好安排在吃奶前，因为刚吃过奶的孩子容易睡觉，洗澡时容易吐奶。

4.注意事项

❶ 澡盆、毛巾应专用，以防止交叉感染。

❷ 为新生儿洗澡应选用刺激性小的"婴儿肥皂"，浴皂不要直接擦在新生儿身上，应该把肥皂在大人手上摩擦后，用带肥皂的手去擦洗孩子皮肤。有湿疹的小儿不要用肥皂洗澡，只用清水洗，否则会加重湿疹。

❸ 事先准备更换的衣服，毛巾被打开铺好。

❹ 洗澡时动作要轻柔敏捷，每次洗澡不超过10分钟，洗澡前半小时内不要喂奶，以免溢奶，洗后可喂一次奶，然后让孩子舒舒服服睡一觉。

◎ 正确使用爽身粉

宝宝洗澡后身上用些爽身粉，可使身体滑腻清爽、舒适。然而，专家指出，爽身粉如果长期使用不当，会直接损害孩子健康。

幼儿不仅在心理上是被动的，而且像一个空花瓶，是一个有待于充满及塑造的生命。

小婴儿代谢快，出汗多，尿也频，过多的粉遇到汗水或尿能结成块状或颗粒状。当孩子活动时，身体皱褶处的粉块或颗粒容易摩擦小婴儿娇嫩的皮肤，引起皮肤红肿糜烂。

爽身粉中含有一定量的滑石粉，如果扑洒爽身粉时，孩子吸入少量粉末，可以由气管的自卫机构排除；但是，如果长期使用，使婴儿吸入过多，滑石粉会将气管表层的分泌物吸干，破坏气管纤毛的功能，情况严重时可导致气管阻塞。而一旦发生"爽身粉综合征"，目前国内尚无有效治疗方法。近来发现，爽身粉会诱发卵巢癌。女宝宝生殖道短，搽在外阴、大腿内侧、下腹等处的爽身粉，甚至环境中的粉尘微粒，都可通过外阴、阴道、宫颈、宫腔及开放的输卵管进入腹腔，并附着积聚在输卵管、卵巢表面，刺激卵巢上皮细胞增生，这种长期慢性反复的刺激便可诱发卵巢癌。

因此，涂抹爽身粉时注意远离风道，先在远离宝宝处将粉倒在手上，然后小心涂抹在宝宝身上，勿使爽身粉乱飞。使用后应立即收拾好，妥善保存，且不可给孩子当玩具。天热流汗时不要扑洒爽身粉。

◎ 脐带的护理

脐带是胎儿与母亲相互"沟通"的要道，通过脐静脉将营养物质传递给胎儿，又通过脐动脉将废物带给母亲，由母亲代替排泄出去。在胎儿出生后，医生会将这条脐

>>育儿须知：新生儿脐疝

少数新生儿会出现肚脐眼突出(即脐疝)，主要是由于脐周腹壁组织发育尚未完全、腹肌力量较弱或腹壁发育缺陷引起，多发生于早产儿，而且多为出生后就存在，也有小儿是哭闹或用力大小便时突然出现。如果肚脐眼突出不厉害则可先观察一段时间，多数在出生后一年内可以自愈；如果肚脐眼突出较大或长时间未愈合则要请医生诊治。

带结扎，新生儿将与母体"脱离关系"，成为一个独立的人。但是残留在新生儿身体上的脐带残端，在未愈合脱落前，对新生儿来说十分重要。因为脐带残端是一个开放的伤口，又有丰富的血液，是病原菌生长的好地方，如处理不当，病菌就会趁机而入，引起全身感染，导致新生儿败血症。因此，护理好脐带是护理新生儿的重要内容之一。

脐带脱落的时间与新生儿出生后结扎脐带的方法有关，如残留端很短，则生后3~4天很快脱落。反之，则需5~7天才脱落。如果7天以上，甚至更长时间不脱落，应到医院做进一步检查并进行处理。如果残留的脐带变得干黑色，可用95%的酒精轻轻擦洗，干黑的脐带即可脱落，如仍不脱落，应到医院进行处理，决不可盲目地剪断。

脐带脱落前，要保持脐带干燥，新生儿从医院回家后，无特殊情况，如无脐部感染，则可以不用纱布覆盖，这样可促使脐带更快地干燥脱落。千万不能使湿衣服或尿布捂在脐部，如果覆盖的纱布湿了要及时更换，更换时打开纱布后，用75%的酒精棉球，轻轻地从脐带根部向周围的皮肤擦洗，不可来回地乱擦，以免将周围皮肤的病菌带入脐根部而发生感染。

脐带脱落后，脐部可能留有一层痂皮，但会自然脱落。正常情况下脐部是干燥的，不必再做任何处理。如果脐部潮湿或有少许液体渗出，可用消毒棉签蘸75%的酒精轻轻擦净，再用75%的酒精涂在脐根部和周围皮肤上，决不可用龙胆紫涂在脐部，这样做不仅影响对脐部感染情况的观察，还可使脐部表面结痂，使下面的脓性分泌物不易排出，而加重感染。

如果发现脐部有白色肉芽长出，或脐部有脓性分泌物而且周围的皮肤出现红肿等现象，应及时到医院进行处置，以防病情加重。

◎ 口腔护理

刚生下来的孩子就具有吸吮、吞咽的能力，但这只是一种原始反射的最初表现，随着孩子不断地生长发育，其口腔功能也将日趋完善。因此，家长从现在开始就必须关注孩子的口腔保健，帮助孩子迈出口腔健康管理的第一步。

现在还有人认为刚出生孩子的口腔内有羊水、血等脏东西，喜欢用纱布或手帕擦洗口腔，这样做很容易擦破口腔黏膜而引起感染。其实，新生儿口腔一般不需要特别清洗，因为这时口腔内尚无牙齿，口水的流动性大，可起到清洁口腔的作用。

所以，从新生儿期开始，在每次给婴儿喂完奶后再喂点温开水，将口腔中残存的奶液冲洗掉。个别确实需要清洗时，用棉签蘸水轻轻涂抹口腔黏膜，切记不要擦破。

◎ 新生儿居室环境

胎儿在舒适的母体内生活了9个多月，出生后的新生儿就像刚出土的苗，非常娇嫩，必须细心保护好。那么新生儿应该在什么样的环境下生活最好呢？

1. 阳光充足，温度适宜

应为新生婴儿准备一间向阳的、空气新鲜、清洁舒适的居室。冬季新生儿的住房不能过冷，一般室温在18℃~22℃为宜。最好选择朝南的房间作为新生儿居室，这样居室阳光充足，小儿可以晒到太阳，不容易因维生素D缺乏而引起佝偻病。同时朝南房间干燥，致病菌不容易生长繁殖。

2. 清洁、安静

新生儿大部分时间在睡觉，平均每天要睡20~22个小时，安静的环境是必要的。平时要经常开门开窗通风，保持室内空气新鲜。开窗时不要把风直接吹到小儿身上，可利用窗帘或屏风遮挡。如果天冷或风大时，也可以先把小儿抱到另外的房间，等通风以后再抱回来。居室要清洁，每天应打扫室内卫生，为避免空气中尘土飞扬，每天要用湿布擦拭桌、椅，并坚持扫地前洒水。

3.保持湿度

新生儿居室的湿度最好保持在50%左右。北方地区空气干燥，要采取些措施增加湿度。如冬天在暖器上放一盆水，炉子边挂一些湿衣服或毛巾，使水分蒸发。有条件的使用加湿器亦可。

4.安全

不要让过多的人探望孩子。新生儿抵抗力差，过多人进出新生儿房间，可能带来呼吸道传染病菌，而且人多嘈杂，也影响产妇和新生儿休息。

新生儿房间还要防止猫、狗等小动物的进入，一则防感染，另则防抓伤。

5.无化学危害

新生儿绝对不能住新装修的房子。涂料中的甲醛会有致癌作用，新生儿抵抗力差，极易引起白血病。因此最好是在监测过甲醛含量后，再住进新家。

◎ 选择合适的婴儿床

给宝宝选择婴儿床时，应把床的安全性能放在第一位来考虑。有的小床看上去很漂亮，但不结实，这样的床千万不能用。因为宝宝的活动量大，无形之中给小床增加了外力，这样，本来就不紧的螺丝、钉子等就会松掉，宝宝会出危险。同时，大人以为小婴儿不会乱摸螺丝，殊不知宝宝因无意识地弄松螺丝而掉下床的事故是经常发生的。因此，床的安全是最重要的。

金属小床最为结实，但金属的质感不好，冰冷且过于坚硬，不适合用于婴儿。木制的小床最为理想，既结实又温和。现在市场上有许多款式的木制婴儿床。有的下面安装有小轮子，可以自由地推来推去。这种小床，必须注意它是否安有制动装置，有制动装置的小床才安全，同时制动装置要比较牢固，不至于一碰就松。还有的小床可以晃动，有摇篮的作用，这种床也一定要注意它各部位的连接是否紧密可靠。最好不要买只能晃动、不能固定的小床，因为，婴儿的成长速度很快，睡摇篮的时间毕竟短，更需要的还是一张固定的床。

幼儿是一个细心的观察者，他特别容易被成人的行为所吸引，进而模仿他们。

1.栅栏

从安全角度来看，栅栏的间隔应在6厘米以下，防止孩子把头伸出来。要是间隔太大，孩子的头就有可能伸出去。栅栏的高度一般要高出床垫50厘米为宜。要是太低，等到孩子能抓住栅栏站立时，随时会有爬过栅栏掉下来的危险。如果太高，妈妈抱起或者放下婴儿都十分不便。

可以选择栅栏附有活动小门或栅栏可以整体放下的婴儿床，这样抱孩子或给孩子换尿布的时候就不必老弯下腰来抱婴儿，也就不会引起腰酸背痛了。

2.大小

婴儿床如果太小，用一年左右就要淘汰，似乎有点浪费。但是如果太大，又不能给婴儿提供安全感。现在有的床是可以调节长短的，这样的床比较实用，但要注意是否结实，以免发生事故。

3.缓冲围垫

围在婴儿床内四周围的海绵或充气尼龙制品，能够保护婴儿的头部。围垫最少要有六个以上的结缚处；将结缚的带子保持最短的长度，以防止勒到宝宝脖子。一旦宝宝能踏上围垫，便应该拿掉围垫，因为它们可能成为宝宝爬出床外的垫脚石。

4.调位卡锁

婴儿床两边的床缘通常有两个高低调整

位置，这些调整控制必须具有防范儿童的固定卡锁机能（即儿童无法自己把床缘降下）。有些婴儿床设计了单边调低控制，它可以减少意外松开的机会。

5.装饰

有些妈妈喜欢花纹比较复杂、雕饰比较多的婴儿床，事实上，这样的床对孩子是不够安全的。因为床栏或床身上凸起的雕饰容易勾住孩子的衣物，孩子竭力挣脱时，就有可能碰撞受伤。

婴儿床的表面不要贴上贴纸，如果贴纸翘开，孩子很有可能会把它撕下来塞进口中，而且印有鲜艳图案的贴纸易使孩子烦躁不安。通常暖色调的规律图案会使孩子平静并心情愉悦。

有的婴儿床涂有各种颜色，如果涂料中含铅，当婴儿啃咬栏杆时就会发生铅中毒的危险。

6.纱帐

婴儿床最好能配有挂纱帐的设计，这样夏天可以挡住蚊蝇对孩子的侵扰；光线太强的时候，也可以调节光照。

◎ 婴儿寝具的选择

婴儿寝具的选择，自然以纯棉为主，让宝宝睡得舒服。提醒父母为孩子多准备几套，方便经常清洗。

1.床 单

可以为孩子准备3~6条纯棉床单，以方便清洗、易干、不须整烫为原则。如果不想床单随着宝宝的扭动而弄得一团乱，你可以买尺寸较大的床单，以便可以将床单反折到床垫下，也可以将床单的四个角打结后塞到床底下，还可以在床单的四个角上缝制松紧带，这些都是解决床单乱跑的好方法哟！另外，建议在床单下的床垫上套一层坚固又厚的塑料套，作防水用，即使宝宝尿湿了床，只需换上新的床单就可以了！

2.棉被及毯子

以选择新的柔软的为宜。首先检查棉被或毯子有没有脱线，如果有，就必须将线头剪掉，防止宝宝的手脚被这些线缠住。另外，为小婴儿准备包裹的毯子，可以选择较薄的薄棉毯，既容易包裹，透气轻薄，也会让宝宝比较舒服。再大一些的宝宝，可以使用睡袋型的棉被，或将棉被的两边塞到床垫底下固定，都可以防止棉被被宝宝踢掉着凉。

3.枕头

此时的宝宝，最好不要使用枕头。因为有可能宝宝转头时会将脸埋在枕头上，造成窒息。一般进入3~4个月时可开始让宝宝使用枕头。

4.垫褥

垫褥选择旧棉花胎折叠比较适宜，因为旧的棉花胎有一定的硬度，孩子睡在上面不会往下沉，感觉较舒服，也有利于小儿脊柱的发育。要经常把垫褥、盖被拿到太阳下晒，这样不但使被子松软暖和，还起到消毒杀菌作用。

四 新生儿喂养

◎ 乳喂养益处多

母乳喂养与牛奶相比，有许多优点。

1.母乳营养丰富，蛋白质、脂肪、糖的比例适当，易于婴儿消化吸收。

(1)蛋白质总量虽略少于牛奶，但其中白蛋白多而酪蛋白少，(母乳中35%酪蛋白，牛奶为80%的酪蛋白)故在胃中的形成乳凝块小，易于消化吸收。

(2)含不饱和脂肪酸多，供给丰富的必需脂肪酸，人乳中的脂肪含有150多种不同的脂肪酸，脂肪颗粒小，又含较多的解脂酶，有利于消化吸收。

(3)乳糖量多，其中低聚糖含量为每100毫升为1~2克，是牛奶的10多倍。又以乙型乳糖为主，促进肠道乳酸杆菌生长。

(4)含微量元素较多，如锌、铜、碘等，尤其在初乳中，铁含量虽与牛奶相同，但其吸收率却高于牛奶5倍，故母乳喂养者贫血发生率低。

(5)钙磷比例适宜(约2:1)，易于吸收利用。

(6)含较多的消化酶如淀粉酶、乳脂酶等，有助于消化。

2.母乳缓冲力小，对胃酸中和作用弱，乳凝块小，有利于消化吸收。

3.母乳有利于婴儿脑的发育。

(1)母乳中的卵磷脂可作为乙酰胆碱前体；

(2)鞘磷脂可促进神经髓鞘形成；

(3)长链不饱和脂肪酸可促进大脑细胞增殖；

(4)乳糖有利于合成脑苷脂和糖蛋白；

(5)有较多的生长调节因子，如牛磺酸

等，这些均可促进中枢神经系统发育。

4.母乳有提高婴儿免疫力的作用，以防止感染。

(1)初乳中含SIgA最高，此外母乳中尚有少量IgG和IgM、B及T淋巴细胞、巨噬细胞和中性粒细胞，这些均具有免疫、抗感染的作用。

(2)含有比牛奶较多的乳铁蛋白可抑制大肠杆菌和白色念株菌的生长。

(3)其他还有双歧因子、抗葡萄球菌因子等，都具有一定的抗感染作用。

5.母乳温度、泌乳速度适宜，并随婴儿生长而增加，无致病菌，经济方便。

6.产后哺乳可促进乳母子宫收缩复原，也较少发生乳腺癌、卵巢癌。

7.母亲自己喂哺婴儿，有利于促进母子感情，密切观察小儿变化，随时照顾护理。

母乳是婴儿最好的食品已被公认，每一位母亲都应用自己的乳汁哺养自己的婴儿，以尽力保证婴儿健康地成长。

>>专家提醒：一定要把初乳喂给宝宝

产妇分娩后2～3天所分泌的乳汁，称为初乳。初乳成分浓稠，量少，微黄，其中含有婴儿生长发育不可缺少的营养成分和抗病物质，它能授给婴儿杀菌的武器，几乎能抵抗和杀死所有可能遇到的病菌，并有助于胎便的排出，防止新生儿发生严重的下痢。

通常在刚开始的时候时，新生儿不太习惯吸吮母亲的乳头，此时母亲要有耐性，绝不可放弃。几天后，初乳会渐渐变稀，最后成普通的乳汁。因此，即使初乳太少或者准备不喂奶的母亲也一定要记住把初乳喂给孩子。

◎ 提倡早开奶

母乳喂养新观点认为新生儿应该早开奶，提倡新生儿出生后半小时，便可由医护人员协助，开始吸吮母亲乳头，最晚也不应超过6小时。

为什么要提倡早开奶呢？因为乳汁分泌是一个神经反射的过程，新生儿强有力的吸吮是对乳房最良好的刺激。而且开奶越早、喂奶越勤，乳汁分泌就越多。再说，早开奶对婴儿的生长也有着重要的意义。出生后6个小时开奶的婴儿，其逐月体重增加量明显高于12小时才开奶的婴儿。如果分娩后10分钟便让新生儿吸吮母乳，其母乳喂养时限要比生后4～6小时再喂奶的时限长。而且，早开奶也有利于较快建立母婴感情，有利于产妇恶露排出、子宫复旧等等。因此，早开奶对母婴均有利。

另外，新生儿如不及时补充能量，出生

后2~4小时血糖就明显下降，从而可能影响新生儿的智力发育，早开奶还有助于新生儿排净胎便，这样就不至于因胎便中的胆红素通过肠道黏膜的毛细血管再吸收回血浆中而加重黄疸。甚至从生理性黄疸转为病理性黄疸，影响新生儿智力发育。

现在的产妇，绝大多数都是住院分娩。而且，我国开设"母婴同室"的"爱婴医院"也越来越多，这对于保证早开奶，勤喂奶提供了许多方便。所以，产后半小时，应争取让新生儿开始吸吮到母亲的乳头。

◎ 按需哺乳

科学的喂养，要做到"按需哺乳"。按需哺乳是指按照母亲和新生儿双方的需要进行的喂哺，它有以下含义：

❶ 婴儿饥饿时进行哺乳；

❷ 母亲感到乳房充盈时进行哺乳；

❸ 新生的婴儿睡眠时间一般不超过3小时，如婴儿睡眠时间较长，母亲感到奶胀，应该唤醒婴儿并哺乳。

频繁的吸吮，可刺激催乳素的分泌，使乳汁分泌得早而且多；可预防母亲发生奶胀，增进母子感情。

按需哺乳的具体做法如下：

❶ 判断哺乳后婴儿情况，若婴儿很满足，很安静，不哭闹，即是哺乳充分；反之，则是哺乳不足，还需补充哺乳。

❷ 对婴儿体重进行每周监测。若婴儿第一周平均增重150克左右，2~3月内每周增重200克左右，即说明哺乳充分；低于此指标，则说明哺乳不足。

❸ 哺乳后若母亲仍有乳房胀满感，说明婴儿吸吮不足，可在短时间内对婴儿进行补充哺乳。充分哺乳后的乳房应很柔软。一般认为，吃完一侧乳房再吃另一侧的方法较好。

❹ 哺乳次数与间隔要逐渐形成规律，但不宜过度严守时间，一般每天哺乳不少于8次，夜间也不停止哺乳。

❺ 每次哺乳时间无硬性规定。正常情况下，每次哺乳15分钟左右即可。在产后头一周内，奶量可能分泌较少，母亲不必担心自己的奶少，要勤给孩子喂奶，夜间也要勤喂奶，这样可以促进乳汁的分泌。

育儿锦囊

如果你懂得了孩子的语言，他们会与你更拉近。因为你这里有他需要的帮助，他会对你产生异样的亲切感。

◎ 哺乳方法

1.正确的哺乳方法

先用肥皂洗净双手，用湿热毛巾擦洗乳头乳晕，同时双手柔和地按摩乳房3～5分钟促进乳汁分泌。保持舒适体位，随后抱起宝宝，让宝宝与你胸贴胸、腹贴腹，让嘴与乳头在同一水平位。用拇指和其余四指分别放在乳房上、下方呈"C"形，托起乳房；若乳汁过急，可用剪刀式手法托起乳房。用乳头从宝宝的上唇掠向下唇引起觅食反射，当宝宝嘴张大、舌向下的一瞬间，快速将乳头和大部分乳晕送入宝宝口腔。哺乳结束时，让宝宝自己张口，乳头自然从口中脱出。

2.哺乳的注意事项

❶ 无论什么姿势，最重要的是您和宝宝感到舒适，才能充分享受哺乳的满足。哺乳时需要尽量放松自己，尝试采用卧位和坐位。取卧位喂奶时，应将婴儿置于身体的一侧，然后面朝宝宝侧卧，以奶头触及宝宝嘴唇为好，为了便于喂奶，母亲可以用枕头或手肘将上身支起一个最适宜的角度。

坐着喂奶时，可以把孩子放在腿上，喂奶侧的一条腿用凳子垫高些，以方便把孩子斜抱在怀里。

❷ 哺乳时一定要把乳头和乳晕的大部分放在小儿的口中。贮存乳汁的乳窦紧贴乳晕下面围成一圈，每个乳窦上都有一细管与乳头的若干小出口相连，小儿就靠牙床对乳窦

的挤压吸吮到乳汁，光靠叼住奶头吸吮是不可能吸到乳汁的。而且，孩子为了能吸到乳汁而拼命咀嚼乳头，会令妈妈感到阵阵钻心的疼痛，乳头也容易裂开。因此，正确的喂奶方法可以保护乳头不受伤害。

如果乳房充盈过度使乳晕变得扁平而坚硬，母亲应该先将乳汁挤掉一些，使乳晕区变得柔软有伸缩性，再给孩子吮吸。否则，孩子会叼住乳头咬来嚼去，使母亲疼痛难忍。

对于特殊乳房，例如悬垂乳、平坦乳、大乳头、乳头内陷的哺乳方法，请具体咨询专业医生。

❸ 喂奶时，两侧乳房要轮流喂。如果这次喂奶先喂左侧乳房，那么，记住下次就应先喂右侧乳房。而且，每次喂奶都要尽量保证有一侧乳房被完全吸空，这样才能使乳汁源源不断地产生，顺利地进行母乳喂养。

❹ 喂奶后别忘了抱直宝宝轻拍其背，让宝宝打个"嗝"；这时母亲一定要记得挤出剩余乳汁，并用少量乳汁均匀地涂在乳头上，让其自然干燥，保护乳头皮肤。

◎ 夜间喂奶

忙碌一天的妈妈，到了夜间，当宝宝要吃奶时，妈妈睡得正香，在朦朦胧胧中给孩子喂奶，很容易发生危险。尤其是躺着给孩子喂奶，就更容易发生意外了。

一方面，夜间光线弱，较难看清孩子皮肤的颜色，不易发现孩子是否溢奶。此外，

躺着给孩子喂奶，妈妈处于朦胧状态，孩子含着乳头睡着了，这时还有可能发生乳头堵住孩子鼻孔，造成孩子窒息，甚至还有可能出现溢乳窒息。

建议妈妈夜间也要坐起来喂奶。喂奶时，光线不要太暗，要能够清晰地看到孩子皮肤的颜色；喂奶后仍要竖直抱着孩子，并轻轻拍背，待打嗝后再放下。观察一会儿，如孩子安稳入睡，保留暗一些的光线，以便孩子溢乳时及时发现。

如果由于种种原因，妈妈必须躺着喂，一定要等喂完奶，将奶头从孩子嘴里拉出来后，再进入梦乡。

◎ 母亲的饮食

胎儿出生后，用母乳喂养最为理想，为了保证乳汁分泌旺盛，乳母在整个哺乳期都要重视饮食中各种营养物质的供给量。

热 能

乳母热能的供给量，应在原有的基础上每日增加1000千卡，直至小儿断奶为止。

蛋白质

蛋白质是产生乳汁最重要的物质，乳汁中蛋白质含量约为12%。正常情况下，乳母每天泌乳850~1200毫升，相当于消耗母体蛋白质10~15克，若饮食中蛋白质供应不足，就会减少乳汁的分泌量。故在小儿周岁之内，蛋白质每日应增加25克，鸡蛋、牛肉、动物肝和动物肾等富含蛋白质的食物，对促进乳汁分泌都十分有效。

脂 肪

乳母饮食中脂肪的种类与乳汁中脂肪的成分有密切关系。如果每天供给的脂肪量不足，不仅会导致泌乳量下降，还会导致母乳中脂肪含量下降。

无机盐

无机盐钙在乳汁中的含量是较为稳定的。如果饮食中供钙不足，就要动用母体骨骼中的钙以维持乳汁中钙的稳定含量。乳母常因缺钙而患骨质软化症。因此，每日应给乳母供钙2000毫克，比正常健康的妇女多供给1400毫克。同时要补充维生素D或多晒太阳。乳汁中铁的含量极少，每100毫克仅0.1毫克，不能满足乳儿需要，6个月内的婴儿靠自己肝脏中贮存的铁满足需要，6个月后依靠补充的辅助食物来供给铁。为了防治乳

母贫血和利于产后复原，每日饮食中应增加3毫克铁。

维生素

为了保证乳母健康，促进乳汁分泌，膳食中各种维生素必须相应增加，每天可供给维生素A 3900国际单位或胡萝卜素7毫克，维生素B_1、维生素B_2各1.8毫克，尼克酸17毫克，维生素C 150毫克。

水　分

乳汁分泌量与饮水量密切相关，水分不足时，乳汁的分泌量就会减少。为此，乳母应多喝些肉汤、骨头汤、果汁及粥类，既可补充水分，又补充了其他营养。

乳母的饮食必须营养全面，供应充足。为满足这个要求，专家建议乳母每日膳食中应包括以下食品：

1 牛奶或奶粉；

2 肉类、鱼类和家禽类；

3 水果和蔬菜；

4 谷类食品如米、面、面包等。

此外，注意不要对食品禁忌过多，没有根据说哺乳的母亲不能吃鱼、虾，不能吃盐。母亲吃了某些食品后婴儿表现不适的情况是偶然的，一旦出现，母亲只要停吃这种食品就行了，没有必要禁用在前。不是所有的孩子都对某种食品表现不适，母亲可以依照过去的饮食习惯，放心大胆地去食用。

◎ "乳头错觉"

"乳头错觉"是指小儿出生后早期进行了哺乳前喂养而出现了不肯吸吮母乳，造成了喂奶困难。

临床上，新生儿可由于各种原因产生乳头错觉，虽然为觅食反射强烈，但触及母亲乳头即哭闹拒食；有的烦躁不安，或触及乳头即撮口吸吮致含接困难，或嘴张大但不含接乳汁流入。

乳头错觉一旦产生，产妇也会感到苦恼焦虑，这种体验让母亲感到受抵制和受挫折，动摇母乳喂养的信心，所以应尽早纠正。

乳头错觉的纠正，要在婴儿不甚饥饿或未哭闹前指导母乳喂养，可通过换尿布、变换体位、抚摸等方法使婴儿清醒，产妇以采取坐位哺乳姿势为佳，可使乳房下垂易于含接。

对扁平内陷乳头，在吸吮前做好乳房护理，采用乳头伸展法、负压吸引法等拉开并离断与内陷乳头"绑"在一起的纤维，使乳头向外突出后尽快让婴儿含接。

在生活中学习，是幼儿最有效的学习方法。

对张嘴待乳汁流入再吞咽或触及乳头即哭闹的婴儿，采取先挤出少许乳汁至婴儿口中，在吞咽时一般会产生闭嘴吸吮动作；也可一人协助含接、一人用小匙将少许乳汁或水顺乳晕流向乳头至婴儿口中，诱发吞咽反射使吸吮成功。

撮口吸吮多因用小匙喂养引起，乳房触及口唇时嘴不张大，出现闭嘴吸吮动作，有时发出很响的抽吸咂嘴声。轻弹足底，在婴儿张嘴欲哭时，将乳头及大部分乳晕迅速放入其口中，使婴儿产生有效吸吮。

◎ 是否给婴儿喂水

对新生儿、婴儿是否喂水，说法不一。有的强调在两次喂奶之间应给婴儿适量喂些白开水、葡萄糖水、果汁、菜汁，但也有医生认为不需要喂水。母亲可以大体掌握一个原则：如果母乳充足，用母乳喂养的新生儿、小婴儿可以不喂水和其他饮料；而用牛奶或混合喂养的婴儿就需要喂水

婴儿出生时体内已储存有一定水分，再加上出生后半小时内吸母亲的初乳，又可得到10~20毫升母乳（包括水分）。生后2~3天母乳充足，奶量增多，母乳可提供婴儿生长发育所需的全部营养物质和水分。所以母乳喂养不必喂水。尤其在婴儿出生头4个月内，不必喂果汁、菜汁以补充水分。若过早、过多喂水，必然吸取乳汁量减少，致使母乳分泌减少。

对于人工喂养和混合喂养的婴儿，出生4~6个月以后，应在两次哺乳之间适量补充水分。因为小婴儿肾功能未发育成熟，而牛奶中的钙、磷、钾、氯比母乳高出3倍，需要一定水分把多余的元素从肾脏尿中排出体外。正常婴儿每日每千克体重需水150毫升，若扣除牛奶水分，即为每日喂水量。喂水以白开水为好，亦可适量喂新鲜果汁、菜汁，不宜喂过多糖水，更不宜喂茶水。在婴儿患发热、呕吐、腹泻时，不论母乳喂养或是牛奶喂养，均应补充一些淡盐水或糖水。

◎ 如何判断母乳不足

母乳的量是否充足，孩子是否吃饱，这是喂养孩子过程中首先需要了解的问题。奶量不足，孩子吃不饱，就会影响其生长发育。怎样正确判断这两个问题呢？

最好的办法是通过孩子吃奶中的表现来判断，如果母亲的奶充足，婴儿吃奶时很安静，一般吮吸3~5下咽一口，而且有吞咽声，吃奶不超过15分钟，吃饱后多数安静入睡或不哭不闹地玩耍。3个月的婴儿，吃一次母乳能维持3个多小时，在两次吃奶之间一般不会哭闹。如果母乳不足，婴儿吃奶时，吮吸次数多，咽的次数少；或边吸奶边哭闹，从婴儿口中拔出乳头后，孩子还要追着吃奶，这些都是奶量不足、孩子吃不饱的表现。

此外还可以通过其他方法估计母乳是否充足：

❶ 测体重：只要每天婴儿体重能增加

30克就是正常的。如果每天体重增加不到20克，可以认为仅用母乳喂养恐怕是吃不饱了。还要说明一点，母乳充足的母亲会有这么一个过程，在分娩后1～12周显得"母乳不足"，坚持哺喂1～2周后，奶的量就明显增多而进入母乳充足的母亲行列。出生3～4天的小儿有一个生理性体重下降的过程，一般在7～10天恢复到出生时的体重，这时称体重小儿没长是不奇怪的，千万不要归罪于母乳。

❷ 有的婴儿是天生"食量大"的，要区别由于想吃就哭和真正不够吃的哭。母乳不足的"食量大"的婴儿比较瘦，而爱哭的孩子不瘦。另外，如果婴儿吃完双侧母乳之后，还能吃完50毫升以上的牛奶，而且他的大腿很细，皮肤松弛，可以认为母乳不足。因为半个月的婴儿一般能吃80～100毫升的奶，如果吃过母奶后仍能很快吃掉50毫升牛奶，那么可以判断母乳的出奶量还缺少50毫升。

❸ 母亲自觉乳房不胀，乳房外观看不到"青筋"，也是母乳不足的一个表现。

◎ 增乳的方法

坚持母乳喂养的妈妈，应该积极主动地想办法增加乳汁。

1.要有信心

属于自身条件不足而不能完成给孩子纯母乳喂养的，只占不到1%的极少数。母乳喂养最大的天敌，不是年龄、不是肌体差异，更不可能是外界阻力，而是来自妈妈内心的沮丧、娇气或脆弱。只有妈妈的信心、无私和坚韧，才是乳汁源源不断的根源。

2.早接触、早吸吮

不论哪位妈妈的乳房都不是一开始就能分泌大量的乳汁的，都是在孩子吃奶的过程中逐渐增多的。在孩子出生后半小时内即开始母乳喂养。"吸得早，产得早，吸得多，产得多"。如果孩子吸吮不够，就会影响到妈妈的乳汁分泌，从而造成"母乳不足"的假象。

3.按需喂奶

什么时间喂奶是由孩子和妈妈的感觉决

定的。每当孩子饿了，或妈妈感到乳房充满时就应该进行哺乳。如果乳头的刺激减少，母乳会随之越来越少。

4. 正确的姿势

妈妈在喂奶时要注意让宝贝在含着乳头时将大部分的乳晕也含入口中。只有这样，宝贝的吸吮动作才能充分挤压乳窦，从而有效地吸到乳汁，促使乳汁分泌。

5. 排空余奶

每次充分哺乳后应挤净或用吸奶器吸出乳房内的余奶，充分排空乳房，会有效刺激更多乳汁的分泌。如果乳汁不够通畅，除了用热毛巾热敷之外，还可以经常用木质的梳子沿着乳腺从四周向乳头方向轻轻梳理。

6. 喝汤要讲究

宝贝刚出生的几天内，妈妈乳腺的泌乳

>>育儿须知：避免过早添加配方奶粉或其它食品

如果宝宝有条件接受纯母乳喂养，则应避免添加配方奶粉或其他食物。仅仅用奶瓶装一点点的配方奶、果汁、开水或任何其他补充物来喂宝宝，都会减少母乳喂养的时间，干扰母乳的产生。宝宝接受的非母乳食物越多，第二天母乳的产量就越少。

功能没有充分开动，这时候不应该喝像猪蹄汤等稠厚的下奶补汤，而要等到奶下来了、乳管通畅了再喝汤。

◎ 母乳不足时的喂养

尽管母亲非常希望母乳喂养，也会有母乳不足的时候。因此，不得不补喂一些牛奶来满足婴儿的需要。

当为了满足小儿生长发育，需要添加牛、羊乳或其制品，添加量和方法应根据小儿的需要量及母乳缺乏的程度，并注意对母乳供应的影响。常在下午或傍晚母乳缺乏时喂以牛、羊乳，这样使得喂哺母乳次数并未减少，仍能按时刺激乳房以利乳汁分泌。添加乳量的方法是让婴儿任意自奶瓶吸取，直至满足其食欲为止，并记录吸入的奶量。按这种方法试喂几天，观察婴儿有无消化道症状，可取其平均值作为补授奶量，以后随月龄增长而酌情增加。

当母乳充足时，即应停止加喂牛、羊乳。新生儿很容易接受奶瓶，以至于排斥母乳。最好的喂法是用一次牛奶代替一次母乳，而不能在每次喂光母乳后再添牛奶。这样，不至于影响母乳的供给。不能存有如果奶水不够可用牛奶来补充的想法，也不能每次喂完奶就急于添加牛奶，怕饿着孩子，这些因素加上婴儿热衷于对奶瓶的吸吮，会使奶水很快干涸。母亲应该考虑到这次添加的牛奶是作为临时的补救措施，等奶水多起来就要慢慢去掉这一次牛奶。只要有了这种想法，母亲会千方百计地去想办法增加奶水以能尽快地去掉添加的牛奶。

如果用尽办法也只能看着母乳日益减少，母亲可把乳汁留待夜间喂，以免深夜起来调冲牛奶影响睡眠。

◎ 选择代乳品

在不能实施母乳喂养时，一些动物的乳汁如牛奶、羊奶、马奶或豆浆等其他代乳品也可以喂养婴儿。尽管这些代乳品没有母乳优质、经济、方便，但如果选用得当，也是能满足婴儿营养需要的。

有如下代乳品可供选择：

牛奶 牛奶的蛋白质含量较高，但以酪蛋白为主，入胃后凝块较大，不易消化。牛奶的矿物质含量较高，易使胃酸下降，也可加重肾脏负荷，对肾功能较差的新生儿和早产儿不利。但如果在牛奶中加酸，制成酸牛奶，则酪蛋白凝块变小，又提高了胃内酸度，可有利于婴儿消化。如果是一个发育正常的婴儿，可直接选用牛奶。

羊奶 羊奶的营养价值较好，蛋白质和脂肪均较牛奶多，且脂肪球小，易消化。它的唯一缺点是含维生素B_{12}少，如长期饮用可引起大细胞性贫血。如自家养有母羊，可挤羊奶喂婴儿，但要添加维生素B_{12}和叶酸。

牛奶制品及其他代乳品

❶ 全脂奶粉：为鲜牛奶浓缩、喷雾、干燥制成。按重量1∶8或容积1∶4加开水即可配制成乳汁其成分与鲜牛奶相似。由于在奶粉的制备过程中已经加热处理，所以，其蛋白质凝块细小均匀，挥发性脂肪减少，较鲜牛奶易于消化。

❷ 蒸发乳：用鲜牛奶蒸发浓缩至一半容量装罐密封。其蛋白质和脂肪较易消化。加开水一倍即可复原为全脂奶。

❸ 豆浆：大豆营养价值高，蛋白质量多质优，铁含量也高。但脂肪和糖量较低，消化吸收也不如乳类容易。

❹ 豆代乳粉：是以大豆粉为主，加米粉、蛋黄粉、蔗糖、骨粉及核黄素等配制而成。

◎ 炼乳不宜作主食

炼乳是由奶制成的，是加入15%～16%的蔗糖并浓缩到原体积的40%的奶制品。炼乳中的糖含量可达45%左右，因此炼乳非常甜，必须经水稀释后方能食用。而稀释后的炼乳其蛋白质与脂肪的含量必将下降，甚至

母爱是人世间最神圣的感情，因为这种感情最没有利禄之心掺杂其间。

比全奶还低，不能满足婴儿生长发育的需要。体内的抗体都是来自蛋白质的，没有蛋白质的及时补充，抗体水平自然下降，婴儿经常感冒、发热便是必然的结果。如果为了取得较高浓度的蛋白质和脂肪而对炼乳只加少量的水，那么进食高甜度的炼乳又会经常引起腹泻，这是因为对糖吸收不良造成的。

炼乳不能做为婴儿的主要食品，只能作为较大宝宝的辅食，或者与其他的代乳品混合食用。市场上销售的乳儿糕(奶糕)一般用米粉或面粉制作，蛋白质含量很低，长期给婴儿作主食会引起营养缺乏，只能作为辅食添加，不宜作代乳品，麦乳精属甜饮料也不适合作代乳品。

◎ 鉴别真假奶粉

试手感 用手指捏住奶粉包装袋来回摩擦，真奶粉质地细腻，会发出"吱吱"声；而假奶粉由于掺有绵白糖、葡萄糖等成分，颗粒较粗，会发出"沙沙"的流动。

辨颜色 真奶粉呈天然乳黄色；假奶粉颜色较白，细看有结晶和光泽，或呈漂白色或有其他不自然的颜色。

闻气味 打开包装，真奶粉有牛奶特有的乳香味；假奶粉乳香甚微，甚至没有乳香味。

尝味道 把少许奶粉放进嘴里品尝，真奶粉细腻发粘，易粘住牙齿、舌头和上腭部，溶解较快，且无糖的甜味；假奶粉放入口中很快溶解，不粘牙，甜味浓。

看溶解速度 把奶粉放入杯中用冷开水冲，真奶粉需经搅拌才能溶解或成乳白色浑浊液；假奶粉不经搅拌即能自动溶解或发生沉淀。用热开水冲时，真奶粉形成悬漂物上浮，搅拌之初会粘住调羹；掺假奶粉溶解迅速，没有天然乳汁的香味和颜色。其实，所谓"速溶"奶粉，都是掺有助剂的，真正速溶奶粉是没有的。

掌握假品特征 有些假奶粉是用少量奶粉掺入白糖、菊花精和炒面混合而成的，其最明显的特殊特征是有结晶，无光泽，呈白色或其他不自然颜色，粉粒粗，溶解快，即使在凉水中不经搅拌也能很快溶解或沉淀。

◎ 使用及保存奶粉

大超市里的奶粉品种繁多，令妈妈们眼花缭乱，不知道选哪一种好。其实，不管哪一种奶粉，只要是由正规厂家生产的，其基本成份都是相似的，并不像广告上所宣传的那样有很大的差别，因此，家长一般认定选用当地厂家生产的奶粉就行。这样的奶粉一般出厂时间短，价格便宜。

婴幼儿奶粉外包装上标有适用的年(月)龄段，选购时一定要看清楚。要坚持给婴儿始终喂同一种奶粉，因为，哪一天孩子身体状况出现异常，首先可以排除奶粉的原因。

奶粉品牌的选择并不重要，关键是要为

婴儿调配适宜的浓度。家长一定要按奶粉外包装上的说明正确地冲调奶粉，因为婴儿的消化能力有限，调配过浓会增加消化系统负担，冲得太稀满足不了生长发育所需。

另外，奶粉的保存问题相当重要，保管不当会影响奶粉的质量。奶粉应贮存在干燥、通风、避光处，温度不宜超过15℃，市场上销售的奶粉主要有铁罐包装、塑料袋包装和玻璃瓶包装三种。其中铁罐包装最好，但常食用的还是以塑料袋包装的较为经济，由于它透气性大，不宜贮存时间过长，最好买回拆封后将奶粉换入铁盒或棕色玻璃瓶内，奶粉都应在有效期内食完。

◎ 牛奶喂养的用量

当完全用奶粉喂养婴儿时，应当计算奶粉的用量。在此介绍一种简单的计算方法：

按婴儿体重来计算，1千克体重每月供给全脂奶粉500克，如果一个婴儿体重6千克，每月应当供给奶粉3000克，约相当于市售奶粉6袋。可以选择婴儿配方奶粉或者全脂奶粉。当去商店购买奶粉时，最好认真阅读奶粉的产品说明书。

每次该喂的奶量一般可以这样来计算，婴儿每日每千克体重需要热能约418~500千焦。加了5%~8%糖的牛奶，100毫升可供热量418千焦，因此，婴儿每日每千克需要吃含糖5%~8%的牛奶100~120毫升。根据这个量可以计算出孩子一日所需牛奶的总量，再平分6~8次，就可知道每次喂牛奶的量了。这里需要注意一点，每个孩子的食量是不同的，也不是固定不变的，父母应根据自己孩子的具体情况，灵活掌握食量，吃饱为宜。

牛奶喂养用量及次数参考表

年龄	每次喂哺牛奶量（毫升）	喂哺次数
1~3天	15~30	7~10
4~7天	60~70	7~8
2~3周	80~90	6~7
3周~1个月	90~120	6~7
1~3个月	120~150	5~6
3~6个月	150~210	4~6
6~12个月	210~240	3~4

◎ 自制乳制品

1.脱脂奶

将牛奶中的脂肪(就是油)去掉，即为脱脂奶。制作脱脂奶最简单的方法是：牛奶经煮沸消毒后，让自然冷却，待牛奶冷却后，去除牛奶面上的奶皮、反复作几次即成。脱脂奶的特点是脂肪少，易于消化。主要用于一些腹泻病儿，但是不可长期食用，否则会导致婴儿营养不良。

2.酸奶

将牛奶发酵之后，牛奶成酸味，即为酸牛奶。酸牛奶的家庭制作方法是：煮沸后的牛奶，让其慢慢冷却至60℃左右，加入食用乳酸杆菌以发酵。或者，加入5%~8%的乳酸(或枸橼酸)5~8毫升搅拌而成。酸牛奶所形成的乳凝块小、易于消化；酸牛奶中的酸可以帮助消化，酸还有抑制细菌生长的作用。酸牛奶适合于消化功能较差的婴儿食用。

3.奶糊

牛奶与米糊的混合物。在米粉或奶糕的制作中加入牛奶，即成奶糊。一般以100毫升牛奶加入米粉5克左右为宜。奶糊适合喂养4个月后的婴儿。

◎ 多胞胎儿的喂养

双胞胎或多胞胎儿个子往往较小，组织器官发育不够成熟，抵抗力弱，更应注意合理喂养，宜采用少量多餐的喂养方法。

1.多胞胎的喂养方法

双胞胎出生后12个小时，就应喂哺50%糖水25~50克。这是因为双胞胎体内不像单胎儿有那么多的糖原贮备，若饥饿时间过长，可能会发生低血糖，影响大脑的发育，甚至危及生命。

第2个12小时内可喂1~3次母乳。此后，体重不足1500克的新生儿，每2小时喂奶1次，每24小时喂12次；体重1500~2000

克的新生儿，夜间可减少2次，3小时1次。这种喂哺法，是因为双胎儿个子瘦而轻，热量散失较多，热量需要按体重计算比单胎足月儿为多，每天每千克体重需35~60千卡。若无母乳或母乳不够，可用牛奶和水配成1:1或2:1的稀释奶，再加5%的精喂养。奶量和浓度可随孩子情况和月龄的增加逐步调整。在双胎儿出生的第2周起应补充鲜桔汁、菜汁、钙片、鱼肝油等，从第5周起应增添含铁丰富的食物如肝泥糊等。但一次喂入量不宜多，以免引起消化不良，导致腹泻。

2.多胞胎母乳喂养要点

母乳仍是双胎或多胎儿首要的营养品，更应重视早开奶、勤喂奶。一般来说，生双胎的母亲，其乳汁是够两个新生儿食用的，在喂养方法上应采取一个乳房喂养一个小儿。每次喂奶时，可让两个孩子互相交换吸吮一侧乳房。由于孩子的吸吮能力和胃口有差异，每次交换吸吮，有助于两侧乳房均匀分泌更多的乳汁。哺乳的母亲要承担两个孩子的奶量，这就需要加强营养丰富的液体饮食，如鱼汤、蹄膀汤和鸡汤等，每天至少需3000毫升，才能满足婴儿的需要。若乳汁不足时，体重较轻或体质较弱的一个婴儿应以母乳喂养，另一个用牛奶或其他代乳品喂养。

加强对双胎或多胎儿的护理也很重要，同时也要尽量减少与他人的接触以防止感染性疾病的发生。

三胞胎也可按上述方法交换吃母乳，但多数母亲的乳汁不能同时满足三个孩子的要求，需不同程度地添加牛奶及代乳品。一般认为三胞胎的孩子在每次喂奶时，最好两个孩子喂母奶，另一个孩子吃牛奶，每次轮换。换句话说，应该让三个孩子都能够轮流吃上母乳，做母亲的不能因怕麻烦而忽视这一点。这样，即使吃到的母乳量不多，但母乳毕竟营养丰富，含有大量免疫物质和抗体，能够增强小儿机体抵抗力，减少疾病的发生。

育儿小签

父母是孩子在生活中一切言行举止的最早启蒙老师。

一 养育要点与宝宝发育标准

◎ 养育要点

· 坚持纯母乳喂养，保证营养充足
· 保证体内水分充足
· 脐带脱落后可以洗澡，保持皮肤干燥，预防感染
· 如天气适宜，可进行适当地户外活动
· 在保暖的前提下，让宝宝四肢充分活动
· 丰富感觉训练，如看脸谱，握摇铃，听音乐
· 注意鱼肝油的补充

◎ 孩子满月了

	体重（克）	身长（厘米）	头围（厘米）	胸围（厘米）
1个月	男童≈50.30 女童≈46.80	男童≈57.06 女童≈56.17	男童≈38.43 女童≈37.56	男童≈37.88 女童≈37.00

二 新生儿生长发育

◎ 头面部

新生儿的大脑生长非常快，头围能增加2~3厘米，其生长速度比人生的任何时期都快。而头骨在迅速生长的过程中，并不一定呈左右均匀地生长的。

头骨的生长，不仅受到外部压力（如不良睡眠姿势所致）的影响，而更主要的是由内部的力量决定的，当然如果小孩患有佝偻病（俗称"缺钙"）等就更易发生偏头。

当左右两侧不均匀地生长发展到一定程度时，新生儿就总是喜欢朝着一个方向睡觉而使头部平衡得到保证。往往这时就已经到了左右不均匀的定型期，再将头部朝着一侧睡的新生儿扶向另一侧只能是白费力，当小儿头部长到能自由活动时，就更难强迫他朝着哪一侧睡了。以往有的家长发现小孩头部哪一侧稍有凹陷时，就把这一侧用枕头等垫起来，想不让其承重，而实际上这样做也很难达到纠正偏头的目的。

如果希望你的宝宝头形长得好看，就必须注意以下几点：

❶ 新生儿一般不要使用枕头，并且每隔2~3天换一个方向睡，不要总固定睡床的一头。

❷ 随时观察小儿头部，如发现出现偏头，则可通过改变躺着的姿势来纠正。如

小儿躺着时，让小儿头后部突出的一侧朝其父母、灯光、窗户或者其他令小儿感兴趣的东西处，不用枕头，小孩会自己将头转向父母、灯光、窗户或其他感兴趣的东西处，头后部较突出处就自然成了着力点，过一段时间头型就会得到纠正，大多数会恢复正常。

❸ 发现偏头后，要请医生检查，看看小儿有无佝偻病（俗称"缺钙"）存在，如果患病，应同时治疗。

◎ 皮肤

进入这阶段，新生儿脸部水肿一般已消失。胎毛通常从生后1周开始脱落，给新生儿洗澡时可以看到水中漂着许多细绒毛。在生后的10~15天，全身皮肤会呈现干燥、鱼鳞状纹路，以后会脱皮。脐带一般已脱落。有的新生儿出生时头上长有黑发，但不久就陆续脱落，这是正常的，新的头发迟早要长出来，这与胎毛完全不同。新生儿皮肤很娇嫩，局部防御功能差，所以很容易受损伤，而且受伤处也容易成为细菌入侵的门户，轻则引起局部感染发炎，重则可能扩散至全身（如引起败血症等）。

由此可见，这段时期的新生儿其皮肤的清洁卫生很重要，头、颈、腋窝、会阴部及其他皮肤皱褶处应勤洗并保持干燥，以免糜

>>育儿须知：胎记

胎记多出现在腰部、臀部、胸背部和四肢，多为青色或灰青色斑块，是新生儿常见的斑疹之一，也叫"胎生青记"，医学上称为"色素痣"。胎记的形状不一，多为圆形或者不规则形状，边缘清晰，手压不褪色，这是由于出生时皮肤色素沉着或改变引起的，一般在生后5~6年自行消失，不需治疗。

烂。每次换过尿布后，特别是大便后应该用温水冲洗臀部，再用清洁纱布或软毛巾吸干，以防发生尿布疹(即红臀)。脐带已经脱落的小儿，夏季最好每天洗1~2次澡，冬天可每2~3天洗一次澡。

◎ 大便

这一时期的新生儿，大便一般都已转为正常的黄色粪便。母乳喂养的小儿，大便呈金黄色、稀糊状；人工喂养的小儿，大便呈淡黄色，常常较干，有形；混合喂养者则大便性状介于以上两者之间。新生儿每天大便次数不定，一般为2~5次，母乳喂养的新生儿大便次数要多一些，部分新生儿每次换尿布时尿布上都有大便，如大便较均匀、水分不多、不含粘液或者偶尔带有少许奶块，这都属于正常现象。

人工喂养的新生儿如发现大便呈灰色、质硬有臭味，则提示所吃食物中蛋白质太多而糖分过少，应更换奶粉的品种或者改变牛奶和糖的比例。如母乳喂养新生儿的大便呈深绿色黏液状，多表示母乳不足，孩子处在半饥饿状态，必须增加母乳量，如果母乳确实不够则应马上添加鲜牛奶、奶粉等。

新生儿大便有以下情况出现时，就要检查喂养情况或请医生诊治：

蛋花汤样大便 每天大便5~10次，可含有较多未消化的奶块，一般无粘液，表示消化不良，多见于吃牛奶或奶粉的小儿。如为母乳喂养则应该继续用母乳喂养，一般不必改变喂养方式，也不必减少奶量及次数，多数小儿能够恢复正常；如果是混合或人工喂养，仍应继续喂养，但是可适当调整饮食结构，如是奶粉喂养者可以在配奶时适当多加一些水将奶稍调稀些，对吃奶减少者可以适当喂些含糖的盐水，也可以适当减少每次的喂奶量而增加喂奶次数。如果2~3天大便仍不正常，则应请医生诊治。

绿色稀便 多在天气变化着凉或吃了难以消化的食物后发生，每天大便次数多为5~10次。

水样便 多发生在秋季和冬季，多由肠道病毒感染引起。小儿大便次数每天超过10次以上，呈水样，量比较多。由于小儿丢失水分多，常常出现脱水表现，如口唇干燥、眼窝凹陷、眼泪少或无眼泪、小便少或无、皮肤弹性差等，小儿还可能出现精神不振、吐奶、不吃奶等表现，应该尽早去医院就诊，并且应注意婴儿用具如橡皮奶头等的消毒。

黏液或脓血便 多发生在夏季即天气较热时，大多是由细菌感染引起的，也应及早就诊。

深棕色泡沫状便 人工喂养儿多见，大多由于食物中淀粉类或糖过多所致(如奶粉中加糖过多、过早添加米汤等谷类食物等)，通过适当调整饮食结构一般恢复正常。

油性大便 粪便呈淡黄色，液状，量多，像油一样发亮，在尿布上或便盆中象油珠一样可以滑动，这提示食物中脂肪过多，人工喂养儿出现得较多，需要调整饮食结构，如适当增加糖分或暂时改服低脂奶等(注意，低脂奶不能作为正常饮食长期吃)。

◎ 小便

吃奶充足的小儿，小便次数和量较刚出生时增多，尿的颜色也多趋于正常，为清澈、透明、无色尿。如果母乳不足、或人工喂养儿牛奶过浓、或天气热小儿出汗多，小便颜色也可能呈现出淡黄色，表示小儿水分摄入不足，母乳喂养儿增加喂母乳次

数即可，人工喂养儿则应注意牛奶配制不能过浓，同时也给小儿多喝点水。

◎ 听觉

这段时期的新生儿，听力比刚出生时有所提高，并且具备一定的定向能力。

当新生儿觉醒状态时，让其仰卧，头向正前方，用一个装有少量玉米或者黄豆的小塑料盒，在距小儿右耳旁10～15厘米处轻轻摇动，发出很柔和的声音，小儿会变得警觉起来。先转动眼，接着转动头向声音发出的方向，但动作很弱。有时，他还要用眼寻找小塑料盒。如果你将小儿的头恢复到正前方，在小儿左耳旁轻轻摇动小盒，他的头和眼又会转向左方。这样可以连续多次地把头转向声源，好像小婴儿的头是自动天线，能自动地转动到接受声音的最好方向。小儿不但听，而且看声源物，说明眼和耳两种感觉器官内部由神经系统有机地联系起来了，这种联系使新生儿能更好地感受外来的刺激，更好地适应环境。

如果小盒发出的声音过强时，新生儿会表示厌烦，头不但不转向声源，而且转向相反方向，甚至会用哭来拒绝这种噪音的干

孩子有自我保卫和平和追求完美的内在冲动。

扰。新生儿喜欢听人的声音。在他醒着的时候，在他耳旁一定距离，在不让他看到的情况下，轻轻地不断地呼唤小儿名字并说话，他的眼和头会慢慢转向你，并亲热地看着你，脸上现出高兴的样子；如果在另一侧耳旁说话，他也会有同样的反应。如果一边是父亲的声音，一边是母亲的声音，多数小儿喜欢母亲的声音，将头和眼转向母亲一边。如果新生儿正在哭闹时听到母亲的声音，马上会变得安静起来，即刻转过去看母亲的脸。

◎ 触觉、痛觉和温度觉

触觉器官在人体的分布是最广，人的全身皮肤都有灵敏的触觉，这说明实际上在生命一开始，当胎儿被子宫内温暖的软组织和羊水包围时就开始有了触觉。习惯于被包裹在子宫内的胎儿，出生后仍喜欢紧贴着妈妈身体的温暖环境。当你怀抱婴儿时，他们喜欢紧贴着你的身体，依偎着你。全世界不论什么民族的父母，当他们的小婴儿哭时，可能会本能地抱起自己的孩子并轻拍、摇动他们，或是亲亲孩子的脸，或在他们的身上轻轻抚摸一下，小儿也就渐渐地安静下来，这就是利用触觉来安慰新生儿。但是要注意，不能在小儿一哭时就抱起来，以免养成不好的习惯。

在新生儿有疼痛、冷热的感觉，喜欢接触质地柔软的物体，也就是说新生儿对不同的疼痛、温度和物体的质地都有感受能力。从新生儿喜欢吸吮手指可以看出，嘴唇和手部的感觉都比较灵敏。

◎ 味觉和嗅觉

这一期间的新生儿味觉已很好，对不同的味道能产生不同的反应，对于浓度不同的糖水吸吮的强度和数量是不同的。他们喜欢较甜的糖水，吸吮浓度较高的糖水比吸吮浓度较低糖水的量要多、吸吮力也强。对咸的、酸的和苦的液体能表现出不愉快的表情。虽然新生儿较喜欢甜的味道，但并不是说出生后应加糖水，恰恰相反，小儿出生后应早吃母乳、多吃母乳，而不要在开奶前或每次吃母奶前先吃糖水，以免影响母乳喂养。

这阶段的新生儿还会识别不同的气味，当他们闻到一种新的气味时，心率加快、活动量发生改变，并且会转过头朝向气味发出的方向，这是对这种新的气味感兴趣的表现。一旦适应了这种气味以后，这种反应就会减弱或者消失。这段时期的新生儿已经能辨别母亲的气味，而且母亲也能分辨自己孩子身上的气味。因此，嗅觉也促进了母婴间的相互了解。

◎ 新生儿的六种状态

研究发现，新生儿的生活是有规律的，即在每一天里，每个新生儿都要循环往复地经历着以下六种状态。作为父母，如果能认识新生儿的不同状态，了解每个状态发生的时间、每个状态可有什么表现、对外界刺激可能有什么反应，那么，你们就不仅了解了自己的孩子，而且能很敏感地知道孩子的需要，恰当地满足他们的要求而又不致于打扰他们的休息。

1.安静睡眠

小儿处于安静睡眠时，脸部放松，眼闭合着，完全处于休息状态；全身除偶然的惊跳和极轻微的嘴动外，没有自然的活动；呼吸是均匀的。这时候最不容易唤醒小儿。

2.活动睡眠

小儿处于活动睡眠时，眼睛通常是闭着的，偶尔短暂地睁开一下，眼皮有时会颤动，甚至经常可以发现眼球在眼皮下快速转动；呼吸时快时慢不均匀；手臂、腿和整个身体时有轻微的抽动；脸上常见到微笑或做出怪相、皱眉等表情，有时出现吸吮动作或咀嚼运动。

3.安静觉醒

小儿处于安静觉醒时，眼睛睁得很大，明亮发光，很安静，很少动；此时，小儿表现得很机敏，喜欢看人脸、看东西、听声音，甚至还会模仿人的表情。这种状态一般出现在吃过奶、换过尿布时。

4.活动觉醒

小儿处于活动觉醒时，眼睛活动增加，眼和脸部活动也增加，好像在环视周围环境并发出一些简短的声音。有时运动很剧烈，甚至出现自发的惊跳。这种状态一般由强烈的内部刺激引起(如饥饿、寒冷、疼痛等)，也可由强烈的外部刺激引起(如抑制小儿，把他放进小床或从他嘴里移走奶头等)。

5.哭的状态

新生儿哭时四肢有力地活动，眼睛睁开或者紧闭，脸有时涨得通红。新生儿的哭是他与人交往的方式，他用哭来表示意愿，希望父母能满足他们的要求，如饿了、尿布湿了或身体不适等。还有一种没有什么原因的哭，一般出现在睡前，小儿哭一会儿就睡着了；也可出现在刚睡醒时，哭一会儿后就进入安静觉醒状态。

6.瞌睡状态

通常出现在刚醒后或入睡前，小儿眼睛半闭半睁，眼皮出现闪动，眼睛闭上前眼球可能出现向上滚动；有时出现微笑、皱眉或嘬起嘴唇等；目光变得呆滞，反应迟钝，对声音或图像表现茫然，常伴有惊跳。这是介于睡和醒之间的过渡状态，持续时间较短。

◎ 个性

小儿的个性既受遗传因素的影响，也与母亲怀孕期间的环境和生活方式有关。因此，小儿出生不久，就会表现出个性上的差异。

易抚养型的新生儿非常老实，表现得很安静；睡眠时间长，肚子不十分饿就不会醒；不管母乳喂养还是牛奶喂养，食欲好，食量大，肚子饿了就咕噜咕噜地吃奶，也不怎么哭；吃完奶就要小便，给他换尿布时显得很高兴，然后又不知不觉地睡着了。在夜里一般再醒1~2次，每次吃完奶换完尿布后又马上睡着了。这样的小儿每天大便次数不多，一般1~2次。

困难型的新生儿就不那么老实，带养起来特别费劲。他们对外界刺激反应很敏感，稍有声响马上会惊醒，醒来后尿布湿了哭，肚子饿了也哭，表现出不高兴。这种孩子如果是吃母奶，吃了6~7分钟后饥饿感一消失就不再吃了，此时肚子并未吃饱。如果再硬塞奶给他吃，他就会把吃进去的奶全部吐出来，待过十来分钟他又因饿而啼哭，再吃5~6分钟才能睡去。如果是喂牛奶的，奶嘴稍有不通畅就哭，甚至把奶嘴吐出来不吃奶了。有时很庆幸把奶喂完了，刚过20来分钟他又把奶给全吐出来，这种情况多见于男孩子。由于每次吃奶量和吐奶量均不同，饥饿的时间也就不同，所以喂奶时间上也就没有规律了。

利用不同的感官刺激，有条不紊地将注意力引导到儿童的活动中，即便是嗅觉也可以用理解的方式来训练，从而成为他们探索环境的器官。

◎ 手足运动

未满月的小儿不断地进行着睡眠－觉醒－睡眠的周期性变化。新生儿90%的时间在睡眠中度过，10%的时间为觉醒状态，睡眠和觉醒每30～60分钟循环一次。仔细观察就能发现，新生儿在觉醒状态时进行着有规律的手、脚运动，这种看似随意、无意义的状态，其实显示了一个内在规律。譬如，当母亲或其他人在床头与新生儿热情谈话时，小儿的躯体运动与说话同时发生，开始头会转动，手上举，腿伸直；当谈话继续时，新生儿可表演一些舞蹈动作，还会出现由一个音节引出一个新动作，如对你凝视、微笑等。

新生儿的运动与母亲谈话的内容是协调的，这就是其在能用语言表达之前用躯体活动谈话的方式，也是向父母学习的一种自然本领，这对促进新生儿的脑发育、心理发展是很有帮助的。

◎ 哭声的辨别

孩子生下来时第一声有力的啼哭是一个很好的预兆，这说明孩子的肺部是带着旺盛的生命力来到人间的；同时，也表明孩子的肺部开始成功地进行着重要的生命活动——呼吸。

啼哭是新生儿的一种生理现象，它能使呼吸加深、肺活量增加、全身血液循环加快，从而促进机体新陈代谢，对全身各系统的健康发展都有积极的促进作用。因此，适当地让小儿哭有利于小儿的生长发育。但在小儿哭时要密切注意，倾听哭声的音质音调，辨明哭的原因。

>> **专家提醒：新生儿的呻吟**

如果新生儿因呼吸道或心脏疾患，导致肺功能明显紊乱，或因脑部有疾患，呼气时有哼哼呻吟声，这是病情严重的表现。持续呻吟要比间断呻吟病情更重，应毫不迟疑地送医院诊治。

通常情况下，新生儿哭一会儿停一会儿，这种哭大多是由于饥饿、大小便、过冷、过热或蚊虫叮咬等原因引起的。一旦除去这些让其感到不适的因素，啼哭就会停止。

由疾病而引起的哭闹会有明显的不同。这时新生儿可能出现哭声尖、嘶哑或者低声无力的哭，同时，还可能伴随脸色苍白、神情惊恐等反常现象，此时即使将小儿抱起来也往往无济于事。小儿出现这种情况时就应当赶紧送医院检查。

还有一种哭声，是没有什么原因的哭。一般在睡前哭一会儿就进入睡眠状态，或者在刚醒来时哭一会儿就进入安静的觉醒状态，这种哭是不需要处理的。

◎ 潜意识的作用

心理学上通常把不知不觉、没有意识到的、不能用语言表达出来的心理活动称为"无意识活动"。由于"无意识"暗中对意识发生作用，故又称为"潜意识"。

即使在睡眠状态下，潜意识也在不停地活动，它有条不紊地将进入到潜意识领域的各种信息进行排列组合，最终将工作的结果输送到意识中去，在意识活动中发生它的作用。因此，潜意识工作的质量会对意识工作的质量产生一定影响。

但是，潜意识能力的发展同意识能力的发展又恰恰相反，孩子越小，越接近零岁，它的作用就越大。刚出生不久的婴儿就会把周围环境中的一切和生活中所经历的一切在头脑中记录下来，最大限度地运用潜意识进行复杂多样的排列组合，从而认识外部世界。也就是说，孩子后来所萌发的才能幼芽完全是从潜意识的记忆中生长出来的。

正因为潜意识的学习是婴幼儿的一种重要的学习，婴幼儿往往通过自己的无意注

意、无意记忆以及本能的好奇、模仿、揣摩，将较大孩子及成人需经过艰苦努力才能学到的东西轻易掌握，而且不会导致他们不愉快的情绪和造成过重的负担。

所以，父母应该充分认识到这一阶段孩子潜意识功能的重要作用，积极地为他们的潜意识学习创造适宜的条件。从孩子出生起就有计划、有目的地对孩子进行科学的教养，从各方面给他们尽可能多的经验，多跟孩子说话，多让孩子跟外界接触，家中的墙上不断换上色彩鲜艳的孩子爱看的图画，这都会增添孩子的潜意识学习的机会。

三 新生儿日常护理

◎ 选择理想的衣服

所谓理想的衣服，必须具备以下四个条件：

1.穿着宽松舒适

由于刚出生的小宝宝皮肤娇嫩，容易出汗，所以内衣应选用柔软、吸水及透气比较好的棉制品。衣裤的质地以浅色纯棉或纯棉针织品为好。贴身衣服不应有"缝头"，以免磨擦宝宝娇嫩的皮肤。裤子的式样为开裆系带或开裆背带，不要用松紧带，因为松紧带过紧，会影响宝宝胸部的生长发育。

2.容易穿脱

为使宝宝的衣服容易穿脱，式样最好是和尚领、斜襟，可以在一边打结，并且胸围可以随着宝宝长大而随意放松。此外，由于宝宝的脖颈短，容易溢奶，这种上衣便于围放小毛巾或围嘴。系扣的地方选用粘带要比纽扣好。

3.安全

为了保证宝宝的安全，衣服应选择那些装饰少、袖子宽松的样式。同时，应避免有金属纽扣或拉链，以免划伤宝宝。刚做好的或从商店买回来的婴儿衣服，特别是内衣，一定要先用清水清洗，然后用开水烫后日光

下晒干，放在干燥的地方。如果是穿其他健康宝宝穿过的衣服，也应该注意在穿前要用水煮沸消毒，晒干。

4.容易洗涤

最好选择那些易洗、易干，可机洗、不易褪色的衣服。

◎ 给宝宝剪指甲

刚出生的宝宝指甲长得非常快，平均每星期以0.1毫米左右的速度生长。长指甲容易藏污纳垢，滋生细菌，成为疾病的传染源。再加上宝宝的两只小手总喜欢到处乱抓，很容易把自己的小脸儿抓破，而指甲里的细菌也会趁机而入，易引起皮肤溃烂。而且宝宝的指甲又薄又软，指甲一长就容易在活动中被翻起并折断，有时会引起甲下皮肤溃烂。还有的宝宝喜欢握紧小拳头，长指甲就会在他们的手掌心上掐出深深的伤痕。因此，大人一定要认认真真地给宝宝修剪指甲。可是，对于没有经验的新妈妈而言，在什么情形下给宝宝剪指甲才安全呢？多长时间剪一次指甲才合适呢？

给宝宝修剪指甲时，要先剪中间再修两头，这样会比较容易掌握修剪长度，避免把边角剪得过深。修剪过后还要摸摸指甲边缘有没有突出的尖角，如果有，一定要把这些

尖角修剪圆滑，避免尖角成为宝宝抓伤自己或大人的"凶器"。对于一些藏在指甲里的污垢，最好在修剪后用清洗的方式来清理，而不要用坚硬的东西去挑。

宝宝手指甲的生长速度较快，建议每星期修剪1~2次；而脚趾甲生长速度则慢得多，一般1个月修剪1~2次就可以了。

清楚了给宝宝修剪指甲的方方面面，还得懂点儿给宝宝选择专业指甲钳的要点。婴儿指甲钳是专门针对婴儿的小指甲而设计的，安全实用，而且修剪后有自然弧度，尤其适合3个月内的宝宝。对于能够灵活使用指甲钳的前辈妈妈来说，建议选用专用婴儿指甲剪。这种工具灵活度高、刀面锋利，能一次顺利地修剪成型。而且顶部是钝头设计，即使宝宝突然发出动作，也不用担心会戳伤宝宝的皮肤。

◎ 眼、耳、鼻的护理

保持新生儿的眼睛清洁，一般在洗脸时，先用毛巾或小纱布蘸水清洗即可。有些刚出生的新生儿眼屎较多，家长可能会认为这是孩子"火气"大没关系。其实这不是"火气"大，而是孩子出生时通过母亲的阴道时被细菌感染所致。所以，如果孩子眼屎比较多，家长应该带孩子去医院看眼科医生，绝不可以擅自给孩子用药治疗。

给新生儿洗澡时要防止耳内进水，若不慎有水进入，可用干棉签轻轻擦拭。

小婴儿耳屎和鼻屎一般不需特殊处理。耳屎是外耳道皮肤上的耵聍腺产生的一种分泌物，医学上称为耵聍。一般婴儿的耳屎呈浅黄色片状，也有些婴儿耳屎呈油膏状，附着在外耳道壁上。由于婴儿吃奶时面颊的活动，耳屎会有松动，常可自行掉出。如果耳屎包结成硬块，不可在家自行掏挖，应到医院五官科请医生滴入耵聍软化剂，用专门器械取出，少量耳屎可起到保护听力的作用。如果发现孩子耳朵有脓性分泌物流出，应到医院请五官科医生诊治。

一般鼻屎可随着婴儿打喷嚏而自行排出，家长不要用手去掏挖，以防带入手上的细菌。如果鼻屎很多又黏稠，不易排出，家长可在孩子熟睡时用棉签蘸水或植物油在鼻腔前部轻轻擦抹，注意不可插入过深，以免损伤鼻腔黏膜。

◎ 清洗头垢

头垢是由于婴儿出生时头皮上的脂肪与后来头皮分泌的皮脂粘上灰尘而形成的黄色硬痂，留着很不卫生，还会影响婴儿头皮的正常作用。

头垢很厚，跟头皮粘得也很紧，硬剥硬洗容易损伤头皮，引起细菌感染。可用煮熟冷却后的植物油轻轻擦在头垢上，使头垢变软，然后再用肥皂和温水洗净。一次洗不干净，可多洗几次。有的虽然洗得很干净，但以后又长出来，这可能是孩子患了脂溢性皮炎，应该带孩子到医院看皮肤科医生。

◎ 生活习惯的培养

新生儿的生活习惯主要包括饮食、睡眠习惯。即孩子的饮食、睡眠有规律，吃奶后放到床上就自行入睡。新生儿的生活习惯不好主要包括：

1 吃奶每次吃一点；

2 含着奶头入睡；

3 睡眠时需又摇又哄；

4 要大人抱着睡，不肯自行躺在床上安睡。

这些不良习惯主要是由于大人过分溺爱造成的，因此家长每次喂奶要喂饱，不要孩子一哭就喂一点。不要让孩子含着奶头睡觉，也不要孩子一哭就抱起来或者每次睡眠时抱着又摇又晃，婴儿也不要使用摇篮和摇床。家长要注意培养孩子良好的生活习惯，以保证孩子有充足的营养和睡眠，促进孩子的身心健康。

如果不给孩子提供帮助，如果忽视他的环境，那他的精神生命将会处于持续的危险之中。

四 科学喂养

◎ 母乳喂养

坚持母乳喂养的母亲，这一时期乳汁会逐渐增多。到满月时绝大部分能够完全用母乳来喂养孩子了，部分母亲就从这个时候就开始纯母乳喂养。但也有些母亲尽管也坚持母乳喂养，但下奶还是不够理想，这种情况是有的，不妨仍然坚定信心，到了满月再看看，如果没满月就失掉了母乳喂养的信心未免为时过早了。

奶水充足的母亲应该记住，坚持两侧乳房轮流喂，吸空一侧再吸另一侧；喂不完时把剩余的奶挤掉。

母乳不足的母亲可按前阶段所讲的方法添加牛奶，但在思想上一定要坚信自己的奶水会慢慢增多以去掉添加的几次牛奶。

大多数母亲经过这段时间的实践，能逐步掌握孩子吃奶的特点，喂奶也显得得心应手了，原先焦虑的情绪也会好转，这是母乳喂养的良好开端。

◎ 喂奶的时间和次数

这一时期孩子的喂奶每天大约为6~8次，按需喂奶的原则仍不变。

按需哺乳并不意味着没有规律可循，一个出生体重正常(大于2500克)的小儿通常是3

>>育儿须知：如何判断孩子喂得好不好

养得好的婴儿，他吃得饱、睡得足、玩得好、大便正常、精神饱满，一副称心满足的样子；养得好的婴儿，母亲在为其洗澡时就能感到孩子开始胖了，体重也增长了。

体重有规律的增长能客观地反映出孩子喂养情况，一个正常的孩子，度过生理性体重下降过程，即出生后7~10天就能恢复到出生时的体重。接着，体重日益增长，平均每周增长200克左右，满月时体重增长应达到600~750克。如果体重增长缓慢达不到600克，应找原因。一般除了疾病的影响外，大多是喂养的问题。父母应该想想，是量没有喂足，还是牛奶太稀，或是选用的奶粉不适合等等。如果父母找不出原因，就得依靠医疗保健机构，尽快使孩子能达到正常体重。

~4个小时吃一次奶，要是父母稍加引导，养成孩子定时饥饿习性的倾向，那么，小儿自己会逐渐养成定时吃奶的习惯。父母可将4小时喂奶一次作一个计划，例如：早晨6点，上午10点，下午2点，下午6点，晚上10点，次日凌晨2点，一昼夜6次。若是婴儿表示饥饿时可灵活将喂奶时间提前，婴儿还有自己弥合时差的能力，这次提前吃奶后甜甜地睡上一觉，这一觉会有可能睡得时间长些超过4小时，那么与下次醒来吃奶的时间就又吻合了。当然，这4个小时一次的时间不会象钟表那样准时，一天下来前后相差几十分钟是完全可以的。

每个小儿胃的容量是有差别的，有的小儿胃容量小只能容纳供4小时消化的奶汁，尤其是出生体重偏低的小儿通常间隔时间要短些。母亲可以根据孩子的情况作出调节。关键的是要在小儿表示饥饿时再喂奶，饥饿的小儿吸吮有力，乳汁容易吸空，对乳房的刺激大，促使母亲的乳汁越来越多，而小儿每次吃得越饱排空的时间也就越长。

按需喂奶，决不是说婴儿一哭一醒就要喂，这样做会把父母搞得精疲力尽。母亲不能安心休息，就不能很好地下奶；奶水不足，婴儿吃不饱，就会频繁地啼哭，形成恶性循环。另外，父母千万不要一见婴儿动弹就迫不急待地抱起来喂上一通，要知道这是无意地在培养孩子少食多餐的习惯。父母可以试着换下湿尿布、喂些水、变换一下体位，或是在他的小脸上爱抚几下，可能用不

着喂奶，孩子又酣睡过去了。等到想尽办法皆无效时，再喂奶也不迟。

◎ 喂牛奶的误区

由于奶嘴比母亲的乳头容易吸吮，费劲小，吃起来痛快，大多数的新生儿很容易接受奶瓶。但是，用牛奶喂养婴儿时经常会遇到这样的问题：

1.太在乎剩余的奶

婴儿的食量不是固定不变的，往往每餐吃的量不一样，这样，奶瓶中经常会有吃不完的奶，节俭的妈妈会认为倒掉剩余的奶太可惜。没错，但是绝不能留到下顿再喂，因为热过的牛奶特别容易滋生细菌。另外，喂奶的时间最好在半小时之内，最多也不要超过一个小时。

2.没有完成定量可不行

哪一次孩子吃得少了，有的妈妈采取强喂硬灌，希望哪怕再吃一口也是好的。其实，即使成人也无法每餐都吃下相同的量的，这样的妈妈也是太过分了。既然爱孩子，对孩子就要宽容些，强灌只会让孩子感到吃奶不再是享受，而成了一种压力，逐渐孩子就会对吃奶失去兴趣，从而使喂奶陷入困境。

3.不会判断孩子的食量

妈妈应该相信孩子会根据自身的需求来调节食量，当然，也不是说孩子一停嘴就拿走奶瓶，因为，有时候孩子吃累了也需要休

息一下。如果，过一会再把奶头放入口里孩子仍然没有反应，那说明孩子已吃饱了。

4.羡慕别家 孩子吃的多

有的母亲认为食量大的孩子比食量小的孩子会长得更健康，所以有的母亲特别羡慕别人家的孩子能吃。其实，孩子与成人一样，食量是因人而宜的，食量小的，每次吃下不到100毫升的奶就够了，食量大的小儿每次要吃到120～150毫升才够，这两种情况都属于正常。

喂完奶后，一定要将剩余的奶倒出，洗好奶瓶准备消毒。千万不要将吃剩的奶留到下顿喂孩子。

◎ 人工喂养的卫生要求

从厂家出来的鲜牛奶和奶粉是经过严格杀菌和消毒处理的，可说是无菌的。母亲的责任就是要保证喂进婴儿嘴里的牛奶仍是无菌的。因此，须堵住每一个可能混进细菌的环节。

母亲冲调牛奶前一定要清洁手，如果手上带菌，在调配牛奶时，就有可能把细菌带进去。所以，在调配牛奶前要用肥皂洗手，然后用干净毛巾擦干。

从消毒器具中取出奶瓶、奶嘴。注意要用消毒过的镊子，如果用手取的话，剩余的奶瓶就有可能污染。装奶嘴时，注意手只能抓住奶嘴的边缘，不要碰到奶头上，因为，奶头是要放入婴儿口中的。将调好的奶倒入奶瓶，拧紧瓶盖。

准备喂奶前，一定要试试奶汁的温度，以免烫伤孩子。试温的办法是把奶汁滴到手背上或把奶瓶挨到脸上，不觉到烫为宜，千万别用嘴去试温，因为，成年人口腔里常有的一些细菌会趁机进入奶头。婴儿抵抗力差，吃进去后就容易得病。

◎ 选择奶瓶的消毒器具

选择奶瓶和奶嘴，应根据不同的功用和宝宝的年龄大小进行选择。奶嘴有不同形状的奶嘴洞，圆洞，十字型或Y型。较小的婴儿适合用圆洞奶嘴，但也应根据宝宝的大小和吮吸能力的强弱选择有不同大小圆洞的奶嘴。十字型或Y型奶洞的奶嘴倒置时，奶不会流出，适合较大的宝宝使用。

奶瓶要选用结构简单，口大，易清洁，能煮沸消毒的奶瓶。普通常用的是玻璃奶瓶，它价格便宜，易清洗、消毒，使用方

要给儿童提供一个使他们得到满足的环境，必须努力了解儿童的需要。

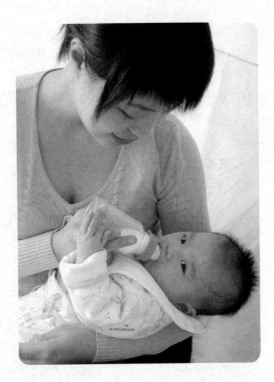

婴儿吮吸的力量大小来自动调节奶汁的流量，不易呛咳，不吮吸时，奶孔自然闭合，灰尘无法进瓶内。

消毒奶瓶和奶嘴应该用专门的器具，包括消毒用的奶锅、洗奶瓶用的毛刷、夹奶瓶用的钳子等。

完全人工喂养一般需要奶瓶6~8个，奶嘴8~10个，奶粉匙一把，镊子一把，一个能容纳6~8个奶瓶的锅。

◎ 奶瓶的消毒

奶瓶要消毒好才能用。消毒奶瓶的用具包括消毒用的奶锅、洗奶瓶用的毛刷、夹奶瓶用的镊子等。

喂完奶后，一定要倒出剩余的牛奶；然后反复用刷子、清水洗刷奶瓶、奶嘴，口朝下放好，准备煮沸消毒。牛奶是细菌最好的培养基，如果将吃剩下的牛奶长时间地留在里面，就容易繁殖细菌，要清除掉已经长出的细菌是很费事的。

每次用都要消毒是很麻烦的，可把当天要用的奶瓶、奶嘴放在专用锅内一起消毒。在锅内倒入大约满过奶瓶的水，盖好锅盖煮沸，煮开后再继续煮沸5~10分钟，熄火后让其自然冷却。每次用时用镊子夹出来。奶粉匙和镊子要定期煮沸消毒，放置在干净的容器里。玻璃奶瓶的奶嘴垫圈是塑料的，不宜用高温煮，每次用前拿开水烫洗一下。

如果同时消毒不同材质和不同品牌的奶瓶，事先应详细查看奶瓶包装上的说明，注

便，唯一缺点是玻璃制品易破碎，家长可以多备几个；另外一种，是价格昂贵的奶瓶，不易摔破，但消毒是很麻烦的。不管使用哪一种奶瓶，用前一定要洗净煮沸消毒。奶瓶口大的有好处，这样，容易用匙子往里装奶粉，如果瓶口小，就要先用奶锅调配好奶再倒入奶瓶。

有的奶瓶的奶嘴没有孔，买回后先要给奶嘴开口。开口的大小一定要合适，太大时奶汁流出太快，容易呛到小儿；太小了，婴儿吃得费劲。开奶孔可用烧红的缝衣针扎上两三个孔，大小以奶汁能一滴一滴地流出为宜。也可以用剪刀在奶头中央剪一个"十"字形，横直各3~5毫米，这种开口可以根据

意不同奶瓶在沸水中所能承受的消毒时间。玻璃奶瓶应与冷水一同放置在锅内，如将凉奶瓶直接放在沸水中易炸裂。消毒时间不宜过长，否则奶瓶易变形。

每天将奶瓶煮沸消毒过再喂孩子，不是所有的父母都能做到，有的父母嫌麻烦，每次用开水烫烫奶瓶就算消毒了。这种办法对大一点的婴儿还勉强，但对3个月以内的小婴儿来说就不行了。还要注意，不要用擦布去擦洗奶瓶，不赞成用药品去消毒。

◎ 奶瓶喂奶的方法

选择舒适坐姿坐稳，一只手把宝宝抱在怀中，让宝宝上身靠在你肘弯里，你的手臂托住宝宝的臀部，宝宝整个身体约呈45°倾斜；另一只手拿奶瓶，用奶嘴轻触宝宝口唇，宝宝立即会张开嘴含住，开始吸吮。

给宝宝喂奶时要注意，奶瓶的倾斜角度要适当，让奶液充满整个奶嘴，避免宝宝吸入较多空气。如果奶嘴被宝宝吸瘪，可以慢慢将奶嘴拿出来，等空气进入奶瓶，奶嘴就可恢复原样，否则可将奶嘴罩拧开，放进空气再盖紧。

注意宝宝吃奶的情况，如吞咽过急，有可能是奶嘴孔过大；如果吸了半天奶瓶中也未见减少多少奶量，则很可能是奶嘴孔过小，宝宝吸奶很费力。

不要把尚不会坐的宝宝放在床上，让他独自躺着用奶瓶吃奶，而大人长时间离开，这样非常危险，宝宝可能会呛奶，甚至引起窒息。

>>育儿须知：奶瓶对口腔发育的影响

有的家长在用奶瓶喂奶时，经常是将奶瓶压着婴儿的下颌骨，或让婴儿去够奶瓶，而使下颌骨拼命往前伸，久之，就会影响婴儿下颌骨的发育，形成"地包天"或上颌骨前突。

正确的喂奶姿势应该是将婴儿自然地斜抱在自己怀里，最好成45°，奶瓶方向尽可能与婴儿面部成90°。这样奶瓶就压不着婴儿的下颌骨，避免将来发生"地包天"或上颌骨前突。另外，长时间使用奶瓶还容易使孩子养成一种依物癖，甚至上下牙齿咬合时，前牙张开，无法并拢。

给宝宝喂完奶后，不能立即让宝宝躺下，应该先把宝宝竖直抱起，让其头趴在成人肩头，轻拍宝宝后背，直至他打个嗝，排出胃里的空气，再让他朝右侧卧下。

◎ 挤奶和吸奶器

现在的母亲，总是会遇到这样或那样的原因需要将奶挤出来。学会挤奶，能给母亲带来方便、减少痛苦，促进乳汁的连续、正常的分泌。挤奶可用手工，也可用吸奶器。

1.手工挤奶

挤奶前，母亲首先要洗净双手，取坐位或立位。挤右侧乳房以左手为主，挤左侧乳房以右手为主。如果挤出的奶是准备喂给孩子的，那接奶的杯子一定要先消毒干净，再准备一块干净的手帕以备擦手。正确挤奶的方法是将拇指放在乳头、乳晕上方，距乳头根部约2厘米处，食指平贴在乳头、乳晕的下方，与拇指相对，其他手指托住乳房。若能摸到豆荚或花生状的乳窦，挤奶的位置就更明确了。挤时先将拇指和食指向胸部方向轻轻压，感到触及肋骨为止，再轻轻挤乳头和乳晕下面的乳窦部位，进行有节奏的挤压运动。挤压片刻后，拇指和其他手指可朝顺时针方向移动一下位置，以确保所有的乳窦都得到挤压。

这里需要强调一点，手指不要触及乳头、更不能挤奶头。刚开始挤，可能没有乳汁挤出，但挤了几下后，乳汁就开始淌下。乳房充盈时，乳汁会喷射而出；乳房半充盈时，乳汁呈滴洒而下。挤压一侧乳房至少需要3～5分钟，为挤出足够的奶持续时间要20～30分钟。特别是产后最初几天，泌乳量少，挤奶时间短了不下奶，挤奶的次数每

天不应少于6～8次，挤奶次数越多，泌乳量越大。若奶量不足，可每小时挤一次，以增加泌乳量。刚开始挤奶时，动作总会有些笨拙，练习几次就麻利了。

2.吸奶器吸奶

市面上最普通的吸奶器是用玻璃制成的，一头连着橡皮吸球，另一头成广口，可罩在乳房上，中间是膨出部，便于吸出的奶汁积存。用时，先挤压橡皮球内的空气，再将吸奶器的广口罩在乳房上，一定要将吸奶器紧贴在乳头周围的皮肤上，不能漏气。放松球，将乳头和乳晕吸进管内，挤压和放松橡皮球数次后，乳汁开始流进并积存在管子的膨出部。吸奶器只适合在乳房充盈时使用，而且不易消毒，比不上直接用手挤。

作为一名保护者，父母可以通过拥抱与孩子接触。

◎ 开始补充维生素

人体缺乏了维生素会出现代谢紊乱，抵抗力降低，表现出各种症状。如缺乏维生素D会出现佝偻病，缺乏维生素A会出现眼睛角膜病变，严重的会导致失明，缺乏维生素C会出现身体各处出血，缺乏维生素B_1会出现神经、心脏的病变。如果孕妇偏食或在妊娠期间没有服用多种维生素制剂，婴儿体内的维生素储备就有可能不足，所以应提前补充维生素。

一般孩子出生15天后，每天补充一次复合维生素是比较安全的。

1.维生素D的补充

佝偻病是一种骨骼发育不良的疾病，是由于维生素D不足引起的。如果人体接触紫外线，皮肤就会合成维生素D，但新生儿一般不晒太阳，所以接触不到紫外线。因此在新生儿3周后应每天补充400国际单位维生素D。特别是早产儿，若出生时体重在2000克左右，由于其在母体中吸收的维生素极少，更应在出生后2周开始补充维生素。

2.维生素C的补充

坏血病是一种身体各处出血的疾病。是由于维生素C摄入不足引起的。在乳母授乳期间，只要乳母进食一定量的水果，就不会引起维生素C缺乏。在人工喂养时，因为需要用热水冲奶粉，所以也会损失一部分维生素C。因此，出生后2~3周后应每天补充25毫克维生素C(相当于50毫升橘子汁)。

3.维生素B的补充

维生素B不足会引起脚气病。婴儿每天需要0.5毫克的维生素B。如果乳母不喜欢吃麦片、面条等面食，而只吃精面米，或是以方便食品为主食，婴儿就会出现"脚气症"。所以，授乳的母亲应多吃些粗粮或面食等。由于乳母膳食中维生素B的量无法确实，所以预防性地给予婴儿每天0.5毫克的维生素B是比较安全的。

4.维生素A的补充

维生素A不足时，眼角膜就会干涩，严重时可引起失明。母乳中维生素A含量较高(100毫升中含200~500国际单位)，所以母乳喂养的婴儿不补充维生素A也可以。牛奶中含有维生素A，而且维生素A耐热，即使经过消毒，维生素A也不会破坏掉。所以一般说来，无论是母乳喂养还是用牛奶人工喂养的婴儿，都不特别需要补充维生素A。

5.维生素K的补充

维生素K是参与血液凝固的重要成分。人体的血液有一套自我保护的凝固系统，主要包括13个凝血因子，其中有4个必须在维生素K的参与下才能在肝脏内合成，因此，人体缺少维生素K就等于缺少4种凝血因子，出血自然不可避免。

五 异常与疾病

◎ 生理性体重下降

目前认为，加强对小儿生后的护理和合理喂养，早开奶、勤吃奶，按需喂奶，完全可以避免体重下降的出现。

相当一部分新生儿在出生后还是会出现生理性体重下降，通常在生后3～5天降至最低点，体重下降幅度一般为出生体重的3%～9%，最多不超过10%，以后体重逐步回升，大多在生后7～10天即可恢复到出生时的体重。

新生儿出现生理性体重下降，主要有以下原因：

1 排出胎便和小便；

2 吐出在母体内吸入的羊水；

3 经呼吸系统、皮肤蒸发和出汗丢掉一些水分；

4 刚出生的新生儿食量比较小；

5 母亲的乳汁分泌不足；

6 产程过长、室内温度过高或者过低。

如果体重下降超过出生体重的10%，同时伴有其他异常表现，或者2周后仍未恢复至出生时的体重，则要考虑可能存在病理因素，应找医生诊治。

◎ 生理性黄疸

什么是黄疸？人体内一种叫胆红素的物质增高所引起的皮肤、眼睛巩膜的黄染，称作黄疸。

胆红素是人体内红细胞衰老死亡后的产物，在肝脏内代谢，通过胆道进入肠道排出体外，亦有少量通过肾脏从小便排出体外，因此，正常情况下人的大便和小便都是黄色的。

如果以下环节某一个地方出了问题，都可以引起黄疸。例如：

1 红细胞破坏增多，胆红素生成过多超过了肝脏的处理能力；

2 肝功能受损，肝细胞对胆红素的处理能力下降；

3 胆道阻塞(如结石)使胆红素不能排出体外。

黄疸一般情况下是疾病的表现。

多数新生儿在出生后2～3天，皮肤、口腔黏膜和眼白部分开始出现轻度黄染，而手心和脚心一般没有黄染，4～6天黄染最重，而后逐渐减轻。足月儿黄染消退需到10～14天，早产儿需要2～3周，在此期间小儿除黄疸外无其他异常情况，如果查血则血清总胆红素浓度为足月儿不超过205微摩尔/升、早产儿不超过256微摩尔/升，这种现象称为"生理性黄疸"。生理性黄疸不需要治疗，预后良好。

生理性黄疸产生的原因是多方面的，主要是因为：

❶ 胎儿要生存，需要血液中有大量的红细胞从母体中运来足够的氧；出生后，呼吸系统开始工作，氧气供给充足，不再需要过多的红细胞来运输氧，以致红细胞破坏增多，胆红素生成过多。

❷ 新生儿肝脏的代谢功能尚不完善，正常的肠道菌群尚未建立，无法将胆红素进一步转化后排出体外。于是，过量的胆红素就积聚在血中，当超过一定量时，就把皮肤、黏膜和眼白染成黄色了。

如果新生儿黄疸出现过早，或黄疸过重，或黄疸持续时间过长(超出上述一般正常范围)，或黄疸反复出现，就可能不是生理性黄疸了，应该请医生诊治。

◎ 母乳性黄疸

纯母乳喂养的小儿中，有少数小儿出生2~3周后黄疸仍持续不退，而且黄疸程度也比较重，皮肤、眼白部分黄染较深，但是小儿精神好，能吃能睡，体重增长也正常，经化验检查发现除血胆红素增高外肝功能等均正常，如果停止母乳则黄疸逐渐减轻或消退，这称为"母乳性黄疸"。

母乳性黄疸主要是因为母乳中的某些成分影响小儿胆红素代谢所致。如果黄疸不严重，可以不作特殊处理，多在添加辅食后便

可以逐步减轻并消退；如果黄疸较重，可在医生的指导下调整小儿饮食，如暂时将吃母乳改为牛奶等，这既有利于诊断也可用于治疗，等黄疸减轻或消退后即可以恢复吃母乳。

◎ 假月经

出生5~7天的女婴，可能出现阴道有血性分泌物现象，量不多，小儿也无其他不适。这是新生儿的一种生理现象，称为"假月经"。

出现这种现象的原因是，妊娠末期母体内的雌激素进入胎儿体内，雌激素有刺激女婴生殖道黏膜增殖、充血的作用；出生后，由于从母体获得雌激素的来源中断，女婴体内雌激素浓度也随之急剧下降，3~5天就降至很低程度，雌激素对生殖黏膜增殖、充血的支持作用也随之中断，于是，原来增殖充血的子宫内膜随之脱落，致使从阴道里排出少量血液和一些血性分泌物，出现类似"月经"的表现。

正常情况下出血量很少，可以顺其自然，不需找医生治疗，一般经过2~4天即可自行消失。至于阴道流出的少量血液和分泌物，可以用消毒纱布或棉签轻轻拭去。不能局部贴敷料或敷药，这样反而会引起刺激和感染。

但是，如果阴道出血量较多、持续时间较长，应考虑是否存在新生儿出血性疾病，必须及时去医院诊治。

◎ 吐奶

新生儿吐奶是一种很常见的现象，称为"溢奶"或"漾奶"。

漾奶多发生在小孩吃奶后不久，体位由抱着改为躺下时发生，也可在吃奶后活动时发生；溢出的奶多顺着小儿口角边流出而不是从口中向前猛烈喷出，量可多可少；吐出的东西主要为刚吃下的奶或者稍经胃酸作用后形成的奶块，没有黄色胆汁或血液等成分；小儿吐奶后精神食欲仍好，一般无其他不适。

漾奶的原因是多方面的，有生理上的因素，也有喂养方面的因素。

生理方面

新生儿由于以卧位为主，所以胃的形状和位置是横位，当喂奶后婴儿一活动，奶就很容易从胃中又返流到食道、口腔，这就造成漾奶。漾出的奶量一般比较少，由于奶已进入胃后，与胃酸结合，故有时吐出的奶中有奶块。但婴儿无任何其他症状，也不影响新生儿的生长发育。

喂养方面

如喂奶量过多，奶嘴孔太大，喂奶过快，喂奶时奶瓶中的奶没有充满奶嘴，婴儿在吸奶时同时吸进很多空气，其次是母亲乳头过小且短，婴儿吸母乳时不能将母亲奶头含满口腔，婴儿吸奶时用力，同时吸进空气，另外在喂奶时翻动小儿过多，或婴儿边哭边吸奶都会引起吐奶。

对于溢奶小儿，父母在喂养的过程中应注意以下五个方面：

❶ 给小儿少食多餐。喂奶量要依据日龄特点，新生儿第一天约每次30～40毫升，到第一周末逐渐增加到75～100毫升，主要是应符合胃容量，当然每个婴儿个体也有差异。

❷ 喂奶时应将小儿抱起来、头向上方斜躺在母亲的怀里，母亲一手托住小儿背部、一手用拇指和其他四指分别放在乳房的上方和下方以托起整个乳房喂奶，如果奶流过急则可用拇指和食指分别放在乳头上、下方适当按住或夹住乳房以控制奶流速度，避免小儿吃奶过急引起胃部痉挛而导致溢奶。

❸ 人工喂养时奶瓶的奶头应充满奶而不能有空气。

❹ 吃奶后应将小儿抱起让其头朝上趴在大人的肩膀上，轻拍小儿背部，让吃奶时咽下的空气从口中排出后再让小儿躺下。

❺ 喂奶后最好取右侧卧位，尽量不要多

儿童有一种特殊的敏感性，促使他认识周围的一切。

翻动和逗婴儿，以免奶液溢出。

如果小儿吐奶重，或吐奶呈喷射状，或吐出物颜色异常等则应及时找医生查看。

◎ 呼吸时嗓子发响

有的新生儿呼吸时嗓子里发出一种吱吱的声响，特别是在啼哭及发怒时这种声响会更明显。但小儿的哭声很正常，不发烧，吃奶很好，精神也正常。

嗓子出现这种吱吱声响的原因，主要是有的新生儿的喉头出生时很软，每当呼吸时，喉头局部就有变形现象，使气管变得狭窄，也就容易发出声响了。随着新生儿的生长，柔软的喉头逐渐变硬，这种声响也就逐渐消失，对小儿的健康并无多大影响，不需特别治疗。可以让小儿在户外多晒太阳，可促进骨质和软骨坚硬。

◎ 乳房肿大

新生儿出生后一周，不论是女婴还是男婴，有时会出现两侧乳房肿大的现象，通常为双侧对称性肿大，如蚕豆至鹌鹑蛋般大小不等，有的还分泌少量奶汁，数量从数滴至1～2毫升不等，一般在8～18天时最明显，2～3周自然消失，少数可能要持续到满月才消失。这是一种正常的生理现象，称为生理性乳腺肿大。

发生这种现象的原因是，胎儿刚出生时，体内都带有一部分来自于母体的雌激素、孕激素和催乳激素，其中雌激素和孕激素在一定程度上起着抑制催乳激素的作用。在妊娠末期，母体的雌激素和孕激素可通过胎盘传给胎儿，使胎儿乳腺肿大。胎儿离开母体后，体内的雌激素和孕激素很快消失，而催乳激素却能维持较长时间，这就导致新生儿分泌奶汁的现象出现。

这种情况一般不需要治疗，切记不能用手去挤或搓揉，以免挤伤乳腺组织和引起继发感染。新生儿出现乳腺肿大后，也要进行观察，如果发现肿大的乳腺不对称，一大一小，局部发红发热，甚至抚摸时有波动感觉，同时小儿有哭闹不安等不适表现，则很可能是化脓性乳腺炎，应及时请医生诊治。

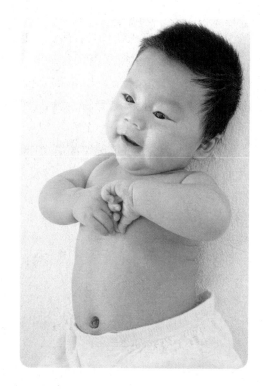

◎ 乳牙早萌

在正常情况下，新生儿的嘴里是看不到长出牙齿的，但在这个时期，乳牙已经在牙槽里形成，并不断地生长发育着。乳门牙的牙冠已经钙化并已接近口腔黏膜。有个别的新生儿生后不久就有牙齿萌出，医学上称为"乳牙早萌"。据统计，在1000个正常新生儿中，有1个会有"乳牙早萌"。

早萌的乳牙多为下门牙，这种牙可能是正常的乳牙，由于牙胚离牙龈黏膜过近而早长出，也可能是正常牙齿以外的牙齿。这种牙因为发育不全，牙根没有发育好，或根本没有牙根，常是极易松动的，有脱落被吸入气管的危险。因此，不论过早长出牙齿是否为正常牙齿，只要有松动自行脱落的可能性，就应及早请医生拔除，如无松动但影响吸吮动作，妨碍吃奶，或咬伤对颌黏膜而形成溃疡时，也应拔除，若无任何妨碍，可予保留。如果新生儿嘴里有多个乳牙过早萌出，则有可能与内分泌或遗传等有关，应请医生检查。

◎ 螳螂齿与马牙

每个新生儿口腔的两侧颊部各有一个较厚的脂肪垫隆起，俗称"螳螂齿"。新生儿吸奶时，前部用舌头和口唇黏膜、颊部黏膜抵住奶头，这时后部的脂肪垫关闭，帮助增加口腔中的负压，有利于婴儿吸奶。旧习俗认为"螳螂齿"妨碍新生儿吃奶，要把它割掉，实际上这是非常不科学的。它不仅不会妨碍新生儿吸奶，反而有助于新生儿的吸吮动作，属于正常生理的现象。

此外，在新生儿的牙路上，有时会看到一些淡黄色凸起的米粒大小颗粒，俗称"马牙"。"马牙"的出现也不是异常现象，它的产生是由于粘液腺管阻塞、上皮细胞堆积而形成的，属于正常生理现象，一般几个星期以后就会自行消失。同样，"马牙"的存在也不会妨碍吃奶，更不会影响日后乳牙的萌出。

因此，新生儿的"螳螂齿"、"马牙"千万不能用针挑、刀割或粗布擦拭。因为新生儿唾液腺的功能尚未发育成熟，口腔黏

孩子不能从环境中得到回应，与外界互动的机会就会遭受剥夺。

膜极为柔嫩，比较干燥，易破损，加之口腔黏膜血管丰富，所以细菌极易由损伤的黏膜处侵入，发生感染。轻者局部出血或发生口腔炎，重者可引起败血症，危及新生儿的生命，其后果是极其严重的。

◎ 新生儿鹅口疮

新生儿鹅口疮是由白色念珠菌引起的疾病，一般发生在新生儿或婴儿的口腔黏膜上。主要表现为口腔黏膜上附着一片片膜状的、奶块状的白色小块，分布于舌、颊内侧及腭部，有时可以蔓延至咽部。边缘清楚，若用棉棒擦试，不能擦掉。

轻者可无明显症状，不影响新生儿吮乳，严重者其口腔内黏膜各部均长满一层厚厚的白膜，周围充血、水肿且疼痛，会妨碍新生儿正常吮乳。鹅口疮是可以治愈的，但重在预防。

新生儿用具(奶嘴、奶瓶、毛巾、手绢等)要注意清洁，坚持消毒。母亲喂奶前要用湿毛巾擦洗干净，并注意给孩子多喂水，以利于病毒排出体外。

◎ 婴幼儿尿布疹

孩子的臀部出现一块红红的斑块，这就是孩子尿布疹。它是孩子大便中的氨产生的细菌引起的。

轻度的尿布疹也叫臀红，即在会阴部。肛门周围及臀部，大腿外侧，皮肤的血管充血、发红，继续发展则出现渗出液，表皮脱落，浅表的溃疡。不及时治疗则会发展为较深的溃疡，甚至褥疮。

对于轻微的尿布疹，不必到医院诊治，只需在换尿布时用热毛巾擦拭，再涂上含抗生素的软膏即可。至于较重的或时间较长的尿布疹，应及时到医院皮肤科诊治，以防恶化感染，也可在医生指导下在家里治疗。

婴幼儿尿布疹的家庭护理方法如下：

❶ 勤换尿布。孩了尿布最好是用旧棉布作，既柔软又吸水，化纤布不吸水又有刺激。尿布一般应有两块，一块叠成长方形，另一块叠成三角形垫在臀部。

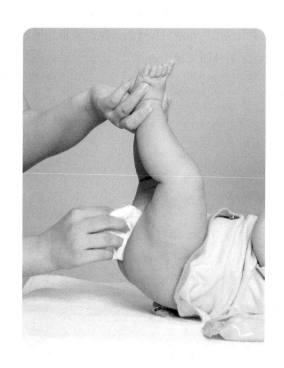

❷ 尿布下最好垫一块棉的或较厚的尿垫，尿垫下再放油布或塑料布，尽量不要让塑料布或油市直接接触皮肤，因为它们都密不透气，影响水分的吸收及蒸发，是造成尿布皮炎的主要因素。

❸ 每次大小便后要用清温水冲洗外阴及肛门部，然后擦干，多撒爽身粉，保持局部清洁。

❹ 污染大小便的尿布。首先要清除大便，然后用清水洗一遍，再用开水烫一下、接着打肥皂搓洗，用肥皂洗过后一定要多用清水冲几遍，以去掉肥皂的碱性痕迹，如果尿布洗不净，碱性物对皮肤有刺激。

❺ 洗净的尿布一定要晒干，潮湿的尿布也会沤出尿布疹。也可用一次性尿布，但尿湿后要及时更换。

◎ 新生儿溶血

胎儿与母亲血型不合致使胎儿的红血球受到破坏，大量血红蛋白释放血中，称溶血。一旦发生，病儿多会出现较严重的黄疸。

血型不合主要见于Rh血型及ABO血型两大类。前者东方人发生率较低，后者发生率较高，每80个产妇就有1个（1.5%）。

一旦发生溶血，主要症状是黄疸与贫血，黄疸继续加重，就会引起核黄疸，表现为惊厥、意识障碍。本病死亡率高，很容易留下后遗症。

本病患儿必须住院治疗。光照疗法和换血疗法比较有效。若处理得当，治疗及时，能很快痊愈，一般不留后遗症。

六 智能开发

◎ 听觉训练

研究表明，婴儿虽然并不成熟，却不像大人想像中的那般缺乏能力。相反的，他们也会利用自己不成熟的一切，透过各种方法来了解母亲和周围的世界，新生儿拥有与生俱来的能力。

婴儿听到震耳欲聋的巨响时会迅速地晃动手脚，好像要抱住某种物体一般，这就是所谓的摩洛反射，是新生儿所特有的反应之一。

研究表明，婴儿喜欢听柔和的声音。胎儿在母亲的腹中，就能听见较大的声音。而新生儿一旦听见关门声或激昂的音乐，便会吓得胡乱摇晃手脚(摩洛反应)，甚至放声大哭。如果大人以柔和的声音对他说话，或是播放柔美抒情的音乐让他聆听，婴儿的反应将会变得非常活泼。

对婴儿而言，女性柔细悦耳的声音要比男性低沉的噪音好听。授乳时，如果让婴儿

>>育儿须知：新生儿听力发育的里程碑

一般来说，到满月时，宝宝的听力发育里程基本是这样的：

听力从朦胧—到完全发育成熟—能辨认一些不同的声音—会将头转向自己熟悉的声音和语言。

听听玩具或母亲所发出来的柔和声，他将会停止吸奶的动作，面向着发出声音的地方凝神倾听。

当婴儿在好奇心的趋使下，将正在做的事情停下来，而把全副心神转移到发出声音的地方时，就表明婴儿的求知欲正在萌芽。

训练新生儿的听觉，可在孩子睡醒后或喂奶时和孩子多聊聊天。比如孩子睡醒后，

孩子的幽默是最自然、最坦率的人类语言，需要父母用心去发现和体会。

妈妈温情地以柔和温馨的声音和孩子讲话。如"宝宝睡醒了"、"宝宝在哪儿呢？噢，在这儿哪。"、"妈妈给宝宝换尿布喽，真乖。"还可念些儿歌，如："宝宝乖乖，把眼睁开，妈妈喂奶。"等儿歌。这样做可提早训练孩子的听觉能力及储存语言信息，进行感情交流，哄逗孩子的愉快情绪。

◎ 视觉训练

　　新生儿不只是对一定的刺激呈现反应，还能做出各种令人意想不到的事情。当新生儿正聚精会神地吸奶时，如果大人拿着有趣而会发光的玩具接近他，婴儿就会停止吸奶的动作，目不转睛地注视着玩具，忘了应该继续吃。人类是依赖视觉得到外界讯息的生物，家长应抓住时机，给孩子适宜的训练。

1.注视烛光

　　以蒙红布的手电光代替烛光，以距婴儿眼睛30厘米处为半径绕方形或圆形缓缓转动，让婴儿注视，每次绕十几环，隔天一次，到3月龄止。

　　此项活动有助于婴儿的视力发展。由于提前发展了眼球的活动，对大脑的发育也有促进作用。但是，注意勿让手电光直射婴儿的眼睛。

2.明暗刺激

　　自制一块白色硬塑料板(或硬白纸片)，涂上一半黑颜色，让孩子看，孩子的眼球会在黑白两面溜来溜去。每周2～4次，每次1分钟左右。

　　以强烈的明暗对比让孩子看，可活动眼球，提前刺激视觉。但要注意，刚开始孩子可能没什么反应，慢慢诱导、循序渐进，不可急躁。

◎ 触觉训练

1.给新生儿适当的刺激

　　大脑是支配新生儿日后知识能力的组织。刚出生的婴儿，在整个身体的比例上，以头部最大，重量约为成人的1/3，重达450克。但是，大脑的机能是靠神经细胞间的神经纤维互相交错而成的，新生儿神经纤维间的有效联系很微弱。这一点，使得出生未满3个月的婴儿，不得不靠中脑所产生的反射作用来维持生命。

丰富的生活经验，可促进孩子大脑的发育。因此，父母应在适当的时机，给予孩子启发性的刺激。

喂奶时，母亲应该轻柔地对他说话；换尿布时，母亲也必须握住他的手或脚，温柔地说话给他听，这些对孩子的智力发展是非常重要的。

喂奶后，如果孩子没有睡意，母亲可以轻声唱歌给他听、逗他笑，或是让他欣赏可以发出声音的玩具。这个时期的孩子，常会不自觉地发出微笑，他非常喜欢凝视母亲的脸孔，也愿意认识崭新的世界。

2.应常与婴儿肌肤相接触

孩子都喜欢肌肤接触时的亲切感。当他啼哭时，只要大人将他抱起来，放在怀中轻轻地摇晃，他就会安静下来；而在洗澡的时候，如果被较大的声音吓哭，大人就必须以较厚的布块，将他的手脚包裹起来，这样即可让他感到安心。

有些父母为了避免孩子养成缠人的习惯，即使在他放声啼哭时，也仍然置之不理，这对他的成长是不利的。一般而言，孩子的啼哭除了饥饿、不安之外，还有可能是患了某种病症。如果父母对孩子的这种讯号不加理会，孩子将会变得呆滞木纳，甚至对刺激毫无反应。

孩子放声大哭时，父母应该及时赶来照顾他，这样能培养孩子对于他人的基本信任感，同时，也能增加孩子对于周围人、事、物的兴趣。

3.为宝宝按摩

让孩子仰卧，双臂放于体侧，大人双手指掌面从肩开始向下徐徐捋顺，口中念"长—长—"。每日4次。

按摩能疏通孩子全身的脉络。父母轻柔地抚摸以及语言指示，能够给予孩子良好的心理安慰和语言刺激。但要注意，按摩时直接触摸小儿皮肤或以软布相隔，动作一定要轻缓，防止损伤皮肤。

七 亲子游戏

◎ 摸摸我的宝宝

对新出生的宝宝来说，抚摸可以促进母婴情感交流，促进新生儿神经系统的发育，加快免疫系统的完善，提高免疫力，加快新生儿对食物的吸收。

抚摸宝宝的顺序：头部——胸部——腹部——上肢——下肢——背部——臀部。

头部

(1)两手拇指指腹从眉间向两侧滑动。

(2)两手拇指从下颌上、下部中央向外侧、上方滑动；让上下唇形成微笑状。

(3)一手托头，用另一只手的指腹从前额发际向上、后滑动，至后下发际，并停止于两耳后乳突处，轻轻按压。

胸部

两手分别从宝宝胸部的外下方(两侧肋下缘)向对侧上方交叉推进，一直到两侧肩部，在胸部画一个大的交叉，但要避开新生儿的乳头。

腹部

食、中指依次从新生儿的右下腹至上腹向左下腹移动，呈顺时针方向画半圆，但要避开新生儿的脐部。

四肢

一手抓住新生儿的一侧手臂，手从腋窝向手腕轻轻滑行，在滑行的过程中从近端向远端分段挤捏，另一侧也如此。

手和足

用拇指指腹从新生儿手掌面或脚跟向手指或脚趾方向推进，并抚触每个手指或脚趾。

背部

以脊椎为中分线，双手分别放在脊椎两侧，从背部上端开始逐步向下按摩至臀部。具体做法如下：

(1)新生儿呈俯卧位，两手掌分别于脊柱两侧由中央向两侧滑动。

(2)以脊柱为中线，双手十指并拢由上至下滑动4次。

提 示 抚摸宝宝时应在温暖的环境中，母婴双方均需取个舒适的体位。不能在宝宝饥饿或刚吃完奶时抚摸。抚摸者的双手要温暖、光滑，指甲要短，无倒刺，并不戴首饰，以免划伤新生儿的皮肤。可以倒些婴儿润肤液于手掌中，起到润滑作用。

◎ 小帽子，不见了

这个游戏让宝宝理解数量的概念，感觉数量的变化。

具体做法

(1)妈妈分别将红色和黄色两顶帽子套在两只手上，晃动双手吸引宝宝的注意。

(2)妈妈念儿歌："小红帽，小黄帽，

一眨眼睛不见了。"念"小红帽"的时候，将戴红帽子的手稍稍举高，在宝宝面前慢慢晃动两下；念"小黄帽"的时候，将戴黄帽子的手稍稍举高，在宝宝面前晃动两下；念"不见了"的时侯，速度稍快地将两只手背在身后，或将一只手背到身后。

提 示

此游戏不仅能令宝宝感受到数量的变化，还能锻炼宝宝的空间知觉，并能让他感受物体在空中的运动。游戏时妈妈速度不要太快。

此时的宝宝，虽然数学智能表现微弱，但这并不代表宝宝没有数学智能。对于婴幼儿来说，早些理解数量的概念，有利于他们日后数学智能的提高。

◎ 举起小手来

这个游戏可以锻炼宝宝双手的灵活性，以此来提升新生儿的运动能力。

具体做法

(1)宝宝仰卧，双手垂放在身体两侧。

(2)拉着宝宝的双手，轻轻平举在他身体的两侧。

(3)把平举变为上举，高过宝宝的头部。

(4)慢慢回到双手平举的状态。

(5)恢复起始动作。

提 示 一边做动作，一边可以和宝宝温柔地说话，注意动作要轻柔。

◎ 宝宝真乖

这个游戏是通过触摸来传递妈妈对宝宝的爱，促进宝宝的触觉能力的发育。

具体做法

(1)一边跟宝宝说话，一边抚摸宝宝，从手抚摸到双臂，从脚抚摸到双腿及臀部。

(2)然后从上到下摸摸宝宝的胸。摸摸宝宝的脸蛋、眉毛、额头、小眼睛、小鼻子，并伴随着"宝宝真乖"、"揪揪小鼻子"等语言。

(3)把宝宝抱起来，用手抚摸宝宝的背部、颈部和头，按这样的步骤抚摸宝宝的全身。

提 示 这种疼爱的抚摸能帮助宝宝改善对环境的不适应，与外界建立良好的反应。妈妈的动作应轻柔、饱含怜爱之情，同时面带笑容，不断地对宝宝讲话。

◎ 做个铃铛宝宝

这个游戏的目的是让宝宝经常接触声音，习惯声音，从而提高宝宝的听觉记忆能力。

具体做法

(1)准备一个大小适当的铃铛，将铃铛系在宝宝的手上或脚上。

(2)宝宝自己动手或脚使铃铛发声，或者妈妈轻轻摇动宝宝的手和腿，使铃铛轻响，一边说："宝宝听，什么响？宝宝听，铃铛响"。

提 示 铃铛不能太响，以免刺激宝宝的耳膜，注意铃铛上不能有毛刺，避免划伤宝宝，在宝宝醒着时戴上铃铛，以免宝宝醒来突然听见声音会受惊吓。摇动宝宝手脚时动作要轻柔。

◎ 我的眼睛黑黝黝

这个训练可以开发宝宝观察能力和眼珠的运动能力。

具体做法

(1)准备一只大点的玩具，将宝宝喂饱后，放在舒适的小床上。

(2)将玩具放在宝宝眼睛的正上方，举到宝宝的视线之内，距宝宝20厘米左右。

(3)把玩具先晃动一下，然后向左移动，再向右移动，这时你会看到宝宝的眼珠随着玩具移动，如果宝宝不追踪玩具，可将玩具再向宝宝眼前移几厘米。

提 示 玩具一定要选择大一点的，颜色应以红色、黄色等鲜艳色为主，游戏时间不宜过长，每天进行1～2次。

◎ 握住我的手

这个游戏可以开发宝宝的肢体协调性。

具体做法

(1)把你的食指或拇指放到宝宝的手心处，宝宝会握住你的手指。

(2)根据宝宝的动作协调能力，你可准备花环棒、笔杆、筷子之类的东西让宝宝试握。

提 示 宝宝的这种抓握本领是无意识的，因个体差别而异，而不可能与什么预测或智商有关系。游戏的目的只是在于发展宝宝小手的运动能力，为以后宝宝抓握能力的发展打下基础。

第2~3个月 >>生长迅速期

一 养育要点与宝宝发育标准

◎ 养育要点

· 坚持纯母乳喂养，人工喂养儿要注意补充果蔬汁

· 训练规律的生活习惯，培养独自睡眠的习惯

· 开始把大小便

· 户外活动，坚持日光浴(弱阳光)、空气浴、水浴

· 做婴儿体操

· 多爱抚孩子，关心孩子，帮他解除焦虑

· 逗引看自己小手或者抓握玩具，增加手部精细动作训练

· 练习俯卧抬头及翻身，家长要注意看护

· 多与孩子说话，逗引发音

· 给婴儿舒适的活动空间，让他自由地说、看、听、摸、玩

◎ 身体发育指标

	体重(千克)	身长(厘米)	头围(厘米)	胸围(厘米)
2个月	男童≈6.03 女童≈5.48	男童≈60.30 女童≈58.99	男童≈39.84 女童≈38.67	男童≈40.10 女童≈38.78
3个月	男童≈6.93 女童≈6.24	男童≈63.35 女童≈61.53	男童≈41.25 女童≈39.90	男童≈41.75 女童≈40.05

二 生长发育

◎ 第一个生理弯曲形成

正常情况下，大多数新生儿在仰卧时能转动头部，在俯卧时能稍微将头抬起来转动。

随着月龄的增长，颈部肌肉的发育，婴儿头部的控制能力越来越强。

2个月的小儿俯卧时能抬头45°，若把他垂直抱起来，头部稍稍能够挺直，并能追视物体转动90°。

3个月的小儿，头部终于能够挺直，头能追视物体转动180°，自己俯卧时能用上肢支起上身，并且能抬头，在仰卧时也能把头抬离床面。

婴儿对头部的控制，扩大了自己的视野范围，也为自身今后动作的发展奠定了基础。同时，婴儿的抬头运动，使原先较直的脊柱产生了第一个生理性弯曲——颈部脊柱前凸。

◎ 手足运动

在这之前的新生儿的活动，主要是各种本能的生理反射。进入这一时期，小儿的手脚活动越来越强，力气也增长了。之前连玩具也拿不了，而这时能抓住玩具握在手里，而且时间逐渐延长；在吃奶时开始用手扶住奶瓶；俯卧时能用上肢把上身支撑起来；经常把手指或拳头放在嘴里吸吮，这并不是婴儿某种欲求没有得到满足的表现，而是婴儿快乐舒适的一种表现。

在情绪愉快时，腿能做较大幅度的舞动，并经常把腿高高举起又放下。在洗澡时，喜欢用脚乱踢打水。当将小儿抱起来站在膝盖上时，他会跃跃欲试地想跳呢。

◎ 皮肤

新生儿的皮肤要到三岁才能基本发育成熟，这一时期小儿的皮肤有很大的差别。初生几个月的婴儿，皮肤的结构和功能都还不完善。汗腺还不是很发达，排汗功能较差，汗腺管开口很容易被脱落的上皮细胞所堵住，因此，通过排出汗液来调节体温的功能还较差，容易发生高热。当然，这一时期的婴儿用发汗退热药时效果也较差。

对外界环境的刺激如碰、擦、冷、热、化妆品、护肤品、大小便污染等的耐受力比较差，除了容易被划破、感染外，也容易患婴儿湿疹(俗称"奶癣")等多种皮肤疾病。

这一时期常见的婴儿皮肤问题有：

奶 癣

出现在脸颊和眉毛上方的红色丘疹，宝宝经常会为此哭吵，这是"婴儿湿疹"、俗称"奶癣"，一般与宝宝体质过敏有关。用温水给宝宝洗脸，避免香皂或其他有刺激性的物品，洗脸后，涂抹奶癣药膏或止敏药物。剪短宝宝的手指甲，不要穿得太厚太暖，尽量减少刺激。

尿布疹

尿布疹是由于大小便刺激了宝宝的皮肤所引起的一种皮肤疾病，也可能是由于布尿布洗涤时，没有把肥皂水冲洗干净引起的。要及时更换被宝宝弄脏或弄湿了的尿布；每次换尿布时，要用温水洗净宝宝的臀部，不要用香皂或过热的水；涂抹婴儿护臀膏，严重时最好在医生的指导下用药治疗和加强护理。

痱 子

宝宝的皮肤在夏天很容易产生痱子。保持房间的通风和凉爽，不要穿得太多，用温热的水洗澡，保持皮肤的干爽。如果痱子症状持久、不能缓解，应去医院诊治。

◎ 大便

婴儿大便次数较多，是由于婴儿肠道神经支配功能尚未完善，肠壁肌肉还不发达，肠管内容易充气，其调节功能和消化功能都比较差所致。

到这一时期末大部分小儿的大便次数可减少到每天1~2次。母乳喂养儿比吃牛奶的婴儿大便次数要多，而且大便也稀些，这与母乳成分有关，但并不影响婴儿对营养物质的吸收，因此，家长不必有所顾虑。

也有的小儿在满月后会出现便秘，2~3天大便一次，甚至间隔的时间还要长些。出现这种情况，若是母乳喂养，首先应考虑是否为母乳不足；若是牛乳喂养，则提示是否每天吃进的水分太少了。如小儿排便困难，因疼痛而哭闹，可以给小儿口服蜂蜜或每天服用3~4滴浓缩鱼肝油，人工喂养的小儿注意多补充水分，这样，一般多数小儿的大便可恢复正常。若采用上述办法还不能解决问题，就请尽快看医生。

如果大便质地看起来很正常，人也无不适反应，精神和食欲都比较好，只是2~3天排一次，可不用去管它。

有吃母乳的小儿，这一时期大便次数仍多，每天都在4次以上，大便也较稀，无粘液、脓血。但是，小儿精神和食欲均好，也没有其他异常，而且体重增长正常。这种情况称为"生理性腹泻"，引起的原因主要与母乳成分有关，这样持续到开始添加辅食后

在帮助孩子健全发展的过程中，最常被人忽视的，就是人性的特质——孩子精神上的需要。

自然会好转，大便次数自然会减少。因这种腹泻对小儿生长发育无明显影响，一般不需要特殊处理。

◎ 小便

小便是显示身体健康情况的测量计之一。要检测小便的异常，应于平时仔细观察小儿小便的情况。

这一时期的婴儿，膀胱的肌肉层比较薄，弹力组织发育尚未完善，储尿功能还较差，神经系统对排尿的控制与调节功能差，肾脏对尿的浓缩功能也差，再加上小儿吃的都是流质，所以每天排尿次数可多达十几次。

一般情况下，吃牛奶的婴儿排尿要比吃

母乳的婴儿尿多一些，但具体到每个小儿，差异很大。有的小儿每次排尿量少然而排尿次数较多，有的小儿每次排尿量比较多然而排尿次数很少。

小便次数是随季节、气温而变化的。夏季因天热出汗，小便次数自然就会减少；而在凉爽甚至较冷的天气，通过皮肤蒸发、出汗等排出的水分较少，体内水分主要通过小便排出，小儿小便次数就会多。

作为母亲要随时注意小儿小便颜色的变化。夏天流汗多又不多喝水时，尿色自然会较深，宜多给予水分。若水分摄取得多，尿量又多时，尿色自然变淡。

尿布带脓或血应检查阴茎或外阴部有无发炎，应观察并记录小便颜色及次数，带脓或血的尿布宜带往医院给医生检查。

小便时疼痛、小便次数多等且症状持续，并发高烧，则有可能是尿道感染症，应立即去医院诊断。

◎ 听觉能力逐步提高

随着月龄的增长，小儿的听觉能力在逐步提高。

满月后的婴儿已具备了明显的听力，对成人与他说话能作出反应。比如当他哭的时候，听到了音乐声或成人的说话声，他会立即停止哭闹；若正在吃奶时听到大人的说话声，他会中断吸吮动作；对突如其来的响声会表现出惊恐感。

到2个月时，婴儿已能分辨出声源的方

向，能安静地倾听周围的声音和轻快柔和的音乐，特别喜欢听成人对他说话并表现出愉快的表情，但对强烈的噪音表现出不愉快。

3个月的婴儿能很快把头转向声源。这时可选择色彩鲜艳，带有悦耳响声的玩具给婴儿看，他的视线可追随玩具转动；当在另一侧摇晃玩具发出声响时，婴儿听到声音头便转向声音传出方向，并表现出极大的兴趣；当成人与他说话时，他会发出声音来表示应答。

听觉是语言发展的先决条件之一，是学习、运用语言的基础。对婴儿的发育大有裨益。因此，父母在照护孩子时，应多给孩子语言刺激，适当让孩子听一些轻松愉快的音乐，避免噪音环境，这将更好地促进孩子"听、说"能力的发展。

需要注意的是，父母给孩子听音乐时，音量不要太大，时间不要太长。有关资料显示，超过70分贝的噪音会对婴儿的听觉系统造成损害。80分贝的声音会使儿童感到吵闹难受，如果噪音经常达到80分贝，儿童会产生头痛、头昏、耳鸣、情绪紧张、记忆力减退等症状。如果长期受到噪音刺激，儿童容易出现激动、缺乏耐受性、睡眠不足。

◎ 最初的语言

孩子在学会说话以前是先学习理解语言的，这一时期称为语言的准备期或语言的发生期。

>>育儿须知：要和婴儿亲善相处

在婴儿的成长过程中，父母及周围亲人除了供给他物质营养外，精神上的爱抚也是十分的重要。不管在什么时候，与婴儿在一起时都要对他温和友善。在你陪护他的所有时间里，婴儿一直在领悟你们之间的相互关系。当你将他拥入怀中或微笑着和他说话时，当你表现出他是你最心爱的宝贝时，他会感到心情愉快，精神由此而得到发展。

这里所指的要和婴儿亲善相处，并不是要在婴儿醒着的所有时间里对他连珠炮似地讲话，或者不断地颠摇他，和他逗乐。这样做会令他感到疲劳、紧张。一般来说，温和文雅、平易近人的友好关系对父母和婴儿都有益处。当你抱着他时，一种舒适感便会沁入心田；当你看到他时，你脸上会立即露出宁静与喜悦，音调也会温柔动听。

据一项新的研究显示，如果婴儿缺少关注和爱抚，其大脑发育就会受到微妙的影响，长大后可能更易出现焦虑，而且不善于与人交往。研究还发现，父母和其他人的关爱对婴儿应付压力和形成社会关系的那部分大脑回路的发育起着关键的作用。

满月的婴儿已经能分辨噪音和其他声音之间有不同。比如在他哭闹的时候，听到有人在对他讲话，他会立即止住哭声。

2～3个月时，婴儿开始理解别人对他讲话中所流露出来的感情。当听到愤怒的声音时，往往会躲开；对友善的语声，往往报之以微笑，且咿咿呀呀地响个不停。他们还能区别熟悉的和不熟悉的声音以及男的或女的声音。这阶段的婴儿哭声明显地减少了。在他们状态好的时候，如对他们讲话或点头，他们会笑，还会发出"呃"、"啊"的声音来回应。这虽然不是语言，但却是婴儿与成人相互交流的一种形式，是语言的萌芽，也是一种发音练习，是婴儿自我感觉良好的一种表现。

◎ 最初的交往

婴儿出生后，要从生物的人变为社会的人，他首先要与人交往，这种最初的交往会影响他成人后的社会交往，故应重视培养婴儿最初的交往能力。婴儿交往的第一个对象是母亲，也就是说母子关系是婴儿与人交往的最根本的基础。母亲一定要注意婴儿的情绪变化，要学会辨别婴儿不同的哭声，掌握他哭声的规律，以便即时满足他的要求，使他保持愉快的情绪。我们既不提倡婴儿一哭就去抱他，也不要对婴儿的哭置之不理，这样他会感到不安全。母亲要经常地抱或抚摸婴儿，不要待他啼哭后才去抱他，要在密切观察和精心照料下培养好最初的母子感情，这样，他会对更多的人微笑，愿意与更多的人交往。

这一时期婴儿的大脑在不断迅速地发育，在外界环境的影响下，与人交往的能力也在不断发生变化。满月不久的婴儿看到人脸或听到人的声音时，便会微笑，会注视母亲的笑脸，能与别人的目光对视，看到人脸时就会安静下来。

2个月时，会表现自己的情绪，如苦恼、兴奋或快乐。除了会对母亲微笑外，还会对别人微笑。

这一时期末，婴儿会明显地表现出对照顾他的成人，特别是母亲发出一种特有的所谓"天真快乐反应"。每当他见到母亲或他所熟悉的人时，他总是注视着他的脸，手脚乱动起来，甚至微笑、咿呀学语地扑过去，而对陌生人却没有这种反应。这种行为是人类婴儿所特有的，也可以说这是婴儿最初发生的人与人之间的交际形式或"社会关系"。因此，为了促进婴儿的心理发展，让婴儿多与成人接触是非常必要的。

◎ 最初的微笑

语言和笑是人与动物之间的主要区别。笑是表达复杂多样的感情的手段，它和语言一样，是使人们互相了解的工具。幼小的婴儿具有感受气氛的功能，这一点我们绝对不能轻视。在与婴儿接触的时候，不管婴儿脸上是否露出微笑，我们都应该明白，他能感受到成人的内心活动。

在新生儿的脸上，我们时常会看到他浮露在嘴角上的奇妙的笑，这种笑与外界因素的刺激无关，不是由于看到什么东西而引起的，所以又称为自发性、内在性或反射性微笑。

这一时期的婴儿，当你对他说话且面带微笑时，他也会对你抱之微笑，而且女性的高音比男性的低音更能诱发孩子的笑。这就称为"诱发性微笑"，它是婴儿与人交往的一种方式，也是婴儿表示自己快乐的一种方

式，是他博得人们喜爱最有力的手段之一。从这点可以看出，婴儿是多么需要成人的陪护和微笑。父母给予孩子充分的爱，促进他与周围人物之间的感情，这对婴儿的心理健康发展是非常有利的。

◎ 哭声的辨别

哭是婴儿表示不满的主要手段。这段时期的孩子啼哭的原因已不再仅仅是生理因素引起，如饿了、渴了或大小便等，开始出现依恋成人、想让人抱等社会因素。不同原因所致的哭声有了较明显的区别，主要体现在音调和节奏上。父母要仔细观察，准确掌握婴儿不同哭声包含的真正含义，以便针对不同情况进行不同处理。

婴儿闭着眼睛，嘴左右觅食或吮吸手指，双脚紧蹬、嚎叫不停，说明小儿是饥饿或口渴，应给婴儿喂奶或喂水。

持续不断悲悲切切地哭叫流泪，可能为尿布湿、衣着太紧或身体不舒服，成人可给婴儿宽衣带、更换尿布。

如小儿是因为生病或身体不适啼哭，可抱抱婴儿，轻拍婴儿，和婴儿说说话，安慰他。

有的婴儿啼哭是因为成人离开他或者拿

一个人的幼儿时期，其实就是一种不断获得能力的过程，这个周期性的刺激，将带给儿童无限的欢乐和乐趣。

走他熟悉的玩具，一旦成人返回他身边或者将玩具放回原处，哭声随即停止。

哭而无泪或注视着成人，脸仅有哭的表情"哼哼"直叫，是想成人抱，可抱抱婴儿，但不要让婴儿养成非抱不可的习惯，可坐在婴儿床边逗逗小儿或在婴儿床头挂些色彩鲜艳的玩具，让他自己玩玩。

夜间烦躁啼哭，夜惊多汗则常见于佝偻病的早期表现，大声阵发性尖叫常为腹部疼痛，均应尽早到医院就诊治疗。

◎ 生活在自我天地

刚进入这一时期的婴儿还不会关心自身以外的世界，他们只关心自己的满足，要求得到满足时他们会显得很平静，然而一旦受到饥饿、寒冷、疲劳以及疾病的刺激时，就会觉得非常难受而哭闹，完全生活在自我的天地里。

到这一时期末，他们对外界环境的兴趣逐渐增强，似乎对进入视野的一切都感到新奇、愉快。

◎ 性别差异

人在婴儿时期，性别之间的差异是多方面的，大致如下表所列。

	女婴	男婴
哭的反应	听见别人哭往往跟着一起哭，哭的时间较长	虽然也跟着哭但很快就停下来
听觉反应	听觉敏锐，不安时对她多说抚慰的话会使她安静稳定下来	敏锐程度较女婴差，同样情况下较女婴难以平静下来
视觉反应	从出生起就对所给予的视觉刺激如看到鲜亮的颜色，物体反应热烈	在四个月以前，视觉发育比女婴更慢，你给他看一些东西如图片他很快就失去了兴趣，同样的刺激要比女婴需要得更多，才能有同样的反应
关于声音与声源	较早就知道用声音来吸引妈妈的注意力，而且经常这样做，对声音的来源很快就能找到	对妈妈声音的反应较迟钝，这方面终生都会较女婴差，分辨声音来源不如女婴敏锐
兴趣	对人的面孔很感兴趣，所以女孩长大后常能较准确分辨别人的表情，对特殊的事情有兴趣	对各种人及事都有兴趣，而且对事物之间的差别感到好奇有趣，比女婴更喜欢品尝、触摸物体，经常喜欢移动各种东西

三 日常护理

◎ 四季穿的衣物

这段月龄的宝宝的皮肤仍然很娇嫩，衣服还是要柔软、干净宽松，样式简单、易穿易洗。

宝宝夏季衣服的面料应该是凉爽轻柔型的，可选用棉布、府绸、麻布或丝纺织品，透气性好，利于排汗。冬季服装的面料应该温暖轻便，可选用绒布、棉毛布类等。化纤衣料虽然色彩好看，但是吸水性和透气性较差，质地相对较粗硬，有些小儿的皮肤对化纤过敏，容易产生皮炎或湿疹。毛织品容易摩擦婴儿娇嫩的皮肤，最好不要贴身穿。

婴儿衣服的袖子，裤腿不要过长，应露

出婴儿手脚，让其自由活动。衣服上带子要尽量少，扣子要缝结实，避免用金属扣子及拉链，以免划伤婴儿皮肤。不要用橡皮筋或松紧带系紧袖口，衣服上也不要有过多装饰物，衣服颜色以浅色为宜，脏了便于发现并随时洗换。

冬季衣服应保暖、轻软。棉袄式样仍可选择和尚领，腋下用带子系好，以这种式样可以根据小儿的胸围及里面衣服的多少而随意调节。棉裤最好选择晴纶棉制成的背带连脚开裆裤，以便常洗易干。为防止开裆裤透风，在腰间用带子系一个薄棉屁股帘。棉袄棉裤不宜太大、太厚，这样会影响宝宝活动。穿棉袄棉裤时里面需穿内衣、内裤，若气温再降低还可以加穿毛衣毛裤，这样有利于保暖和换洗。棉袄外面罩一件单布罩衣，以方便每天换洗。罩衣式样为无领后面开口系带子，前面还有一个小口袋。内衣仍可穿和尚领的小短衫，也可穿棉织的棉毛衫(和尚领开口衫)、棉毛开裆裤，棉毛裤选择系带子或用背带固定最好不用松紧带。婴儿外出时可用斗篷包裹，也可准备一件斗篷式棉被。

春秋季，宝宝可穿棉织品薄绒衣裤、棉毛衫裤、棉布夹衣裤、棉制的和尚领或娃娃领长袖开襟上衣、开裆裤，还可以穿毛衣毛裤。但是，毛衣毛裤的里面一定要穿棉织内衣裤，并且要把内衣领翻到毛衣领口处，以免毛衣领口摩擦婴儿皮肤。

夏季可让宝宝穿棉、麻、丝织品制作的短袖或无袖圆领开襟上衣、开裆短裤、半长的裤子及背心等，这样凉爽透气，又可使宝宝多接触空气及阳光。夏天炎热时，也可用手帕或方形棉布缝制几个肚兜，用正方形棉布一个角折叠固定后再缝上带子，相邻两个角上分别系上带子，上面带子分别系在宝宝颈部和腹部，使用这种肚兜，既凉快方便，又保护宝宝胸部、腹部不致于受凉。

冬、春、秋季可给孩子戴上布制或毛绒织的小帽子，有湿疹的婴儿，最好戴布制的帽子。这一时期的婴儿冬天可不穿鞋子，只穿连脚裤即可。春、秋季可穿棉线织的小袜，再穿上软底软帮的布鞋或毛线编织的小软鞋。夏季婴儿只穿一双小袜就可以了，不需穿鞋子。

◎ 睡眠时间

小儿睡眠与小儿的生长发育有着密切关系。小儿大脑容易疲劳，只有在适当的、足够的睡眠以后，大脑才能得到完全休息而解除疲劳，这样孩子才能吃好、玩好。

一般来说，小儿的睡眠时间要比成人长得多，而且年龄越小，所需睡眠时间就越长。

这一时期的小儿一天要睡16～18小时左右。一般白天喂奶后能醒一阵子，夜晚睡眠时间相对要长一些。白天大约要睡4～5次，

每次1.5～2小时，晚上可睡10小时。有些小孩白天睡得很沉时间很长，晚上就哭闹磨人，就是不好好睡。不仅婴儿得不到休息，还闹得全家和周围邻居不得安宁。出现这种情况，家长应查找原因：

1 白天睡得太多；

2 奶不够吃；

3 口渴；

4 衣被太厚；

5 尿布潮湿；

6 感冒或消化不良、腹胀等异常情况。

家长要仔细观察，并尽量设法消除影响孩子睡眠的因素。也有些家长不去查找原因，而是将孩子抱起来又哄又摇，这样也许暂时能收效，但经常这样把孩子抱在怀里摇晃入睡，不仅影响孩子的睡眠质量，还会使孩子养成不好的睡眠习惯。

为了培养孩子一个良好的睡眠习惯，婴儿的房间还必须保持安静，光线适中，温度适宜，空气新鲜。

◎ 睡眠姿势

小婴儿每天大部分时间都在睡眠，他们还不能自己控制和调整睡眠姿势，因此母亲应为孩子选择一个好的睡眠姿势。一般睡眠姿势分为三种：仰卧、俯卧和侧卧。

大多数家长喜欢让孩子仰卧睡，但仰卧睡存在两个缺点：

1 头颅容易变形；

2 吐奶时容易呛到气管内。

俯卧睡是国外特别是欧美国家常常采取的姿势，他们认为俯卧时小婴儿血氧分压比仰卧时高5～10毫米汞柱，这就是说俯卧时肺功能比仰卧时要好。另外小婴儿吐奶时不会呛到气管内，头颅也不会睡得扁平。近年来在美国，婴儿突然死亡的人数增多。有的学者认为这种突然死亡可能与婴儿俯卧睡眠有关。

所以，目前主张6个月内婴儿采取仰卧位或侧卧位姿势睡眠。最好经常变换睡眠姿势，避免头颅变形。为提高孩子颈部力量，训练他抬头，每天可以让孩子俯卧睡一会儿，但时间不要太长，注意不要堵住鼻口。等孩子头能抬起来，能自己翻身时，也可以俯卧睡眠。

◎ 抱婴儿的姿势

对于从未抱过幼小婴儿的新手父母来讲，抱婴儿的确是一门学问。

这一时期的婴儿，由于颈部和背部肌肉发育还不完善，不能较长时间支撑头的重量。因此，抱婴儿的姿势是很讲究的，关键是要托住婴儿的头部。

抱起婴儿前可先用眼神或说话声音逗引，使他注意，一边逗引，一边伸手将他慢慢抱起。抱仰卧的孩子可一手伸至头颈后及背部，另一手从另一侧托住臀部和大腿，让他在你手臂上躺一会儿，使他感到安全舒适，再轻轻将他抱起，使他尽量贴近你的身体，紧紧依偎着你。轻柔而安全的拥抱会让婴儿感到十分满足。抱俯卧的婴儿可一手托住婴儿下巴、颈胸，一手从外侧伸入下腹，抓住对侧臀部及大腿，轻轻将婴儿翻过来拥入你怀中。抱婴儿可采用下列不同姿势和位置：

1.横抱

可让小婴儿横躺在你前臂上，用手掌托住他背部，手指捏住外侧臀部及大腿根，婴儿的头和颈搁在臂弯处，胸腹近侧靠近母亲胸及上腹部，母亲另一手还可用玩具逗引小儿或做其他事。待婴儿稍长大，则要用两手横抱、一手臂托住婴儿头的枕部和颈背，手掌从背部握住婴儿外侧肩和手臂，另一手从下托住婴儿臀部和双腿，这样横抱婴儿不易滑落。你坐在椅子上，可将婴儿仰卧

理解孩子对他们来说是莫大的希望，当你拍拍他或摸摸他的头，他们就会领会其中的善意，同时也为他们打开了爱的大门。

于你大腿上，双手从两侧托住婴儿头、颈和上背部，让婴儿双脚顶住你的腹部。也可将婴儿横放在母亲大腿上，用双手上下托住婴儿。

2. 坐式抱

婴儿从小喜欢看四周人物，坐着竖直抱时显得特别高兴活跃，可逐渐提高横抱婴儿的头颈、上身，使其慢慢习惯上身直立，待婴儿头部能竖直时，可采坐势怀抱，婴儿臀部及两下肢置于母坐着的大腿上，上身坐直，婴儿脸向一侧，用一手臂绕过婴儿颈背握住外侧腋下，将婴儿另一侧肩身紧靠母胸前，坐姿怀抱不仅婴儿可环视四周，尚可母婴对视，进行谈话和逗引。另一坐式抱为婴

儿背靠母亲胸部，脸手向前，母一手从腋下经前胸环抱婴儿。另一手从同侧婴儿大腿下伸向另一侧抱住另侧臀部和大腿。

3. 竖抱

婴儿伏于母亲肩头，将婴儿抱直，胸腹紧贴母亲前胸，一手臂绕背抓住对侧婴儿上肢，小婴儿头尚不能竖稳时可将手掌托住婴儿头和颈，母亲另一手从背后托住婴儿臀部和双腿，撑住全身重量，紧紧抱住婴儿，这样婴儿头靠母肩向后可看见四周人物，又锻炼了头颈部肌肉，训练竖头抬头动作。将婴儿从抱着位置放到床上或桌上时也要动作轻柔缓慢，母亲手臂可在放下婴儿后在原处停留片刻，待婴儿感到不晃动，安全舒适后，才慢慢把两手相继抽出。

抱婴儿既要注意保护好婴儿，还要抱得舒服，同时要让婴儿有安全感。抱起和放下的动作要慢要轻。

◎ 给宝宝理发

按有些地方的习俗，孩子满月时，一定要刮剃光头，甚至连眉毛也不放过，认为只有这样，孩子今后的头发、眉毛才能长得好。

其实，这种做法很不科学，而且具有很大的危险性。

人的头发的好坏受遗传因素及自身健康状况的影响，与刮剃光头并没有直接关系。

生活中我们常能发现，有些孩子的头发

与父母一方很相似，这正好说明头发的生长与遗传有关。另外，有的人营养状况好，身体健康时，头发又黑又密，当营养不良、体质较差或生病后体质虚弱时，头发也会变得稀疏发黄。所以，这个时期的孩子，只要身体健康，生长发育正常，头发少点、黄点都不是问题。父母应该相信，孩子头发的生长与身体长高一样，有早有迟，有快有慢，坚持给孩子合理的喂养，孩子的头发会长好的。

不赞成刮剃光头，也是结合这个时期婴儿的特点来考虑的。小婴儿的颅内较软，囟门还没长好，头皮稚嫩，理发时也不懂得配合，稍有不慎极易擦伤头皮。头皮受伤后，由于婴儿对外界抵抗力低，头皮的自卫能力、解毒能力不强，常常使细菌侵入头皮，使头皮发炎或形成毛囊炎，反而影响头发的生长。因此婴儿最好在3个月以后再理发。如果在夏季，小儿头发较长，为避免头上长痱子，可适当提前理发。

为婴儿理发要用剪刀而不要用剃头刀，最好先用75%酒精消毒。为防止婴儿不配合，可在其熟睡时进行。

另外，小儿的神经系统的发育尚不完善，调节汗腺的功能比较差，出汗多，容易形成乳痂、乳垢引起细菌的繁殖，若小儿的胎发油腻浓密，头垢就不容易清除，小儿的头部皮肤很容易发生感染。这样，及时理发对保持小儿头部的清洁卫生显得非常重要。

◎ 洗手和脸

这一时期的孩子，生长发育迅速，特别容易出汗；手的动作逐渐灵活，喜欢到处乱抓，还常常把手放到嘴里，因此从这一时期开始需经常给婴儿洗手脸。

婴儿要有专用的洗手脸的布(纱布或小毛巾)及盆，并要定期用开水烫一下，洗脸巾可放到太阳下晒干，洗脸的水温不要太热，和体温相近就行。

一般洗的顺序是先洗脸，再洗手。1~3个月婴儿洗脸不需用肥皂，洗手时可适当抹一些婴儿皂。

给小婴儿洗脸时，大人可用左臂把婴儿抱在怀里，或直接让婴儿平卧在床上，也可让他坐在大人的腿上，但头要靠在大人的左臂上，右手用小毛巾蘸水轻轻擦洗，先洗眼睛，以拧干的洗毛巾一角由眼睛内侧往外侧擦拭，再取毛巾的另一角以相同的方式擦另一眼，再轻拭鼻也与耳廓。注意不要把水弄到婴儿眼、耳、鼻、口中，洗完后要用洗脸巾轻轻沾去婴儿脸上的水，不能用力擦。

另外小婴儿喜欢握紧拳头，因此洗手时要先轻轻扒开，手心手背都要洗，洗干净后再用毛巾擦干。

给婴儿洗手脸时，动作要轻柔，因为婴儿皮肤细嫩，皮下血管丰富，容易受损伤并发炎。

◎ 给婴儿洗头

孩子的新陈代谢旺盛，头部分泌物多，易出汗，所以，需要经常给他洗头。

为婴儿洗头要轻柔，因为婴儿头发非常细软，比粗壮的头发更容易蓬乱或缠结。为此，要经常给婴儿洗头，而不能梳头。婴儿的自然发式似乎是一种头发有点儿竖立的蓬松类型。所以喜欢给婴儿刷头发的母亲，要尽可能使用刷毛最柔软、最纤细的婴儿发刷。也可以轻轻地抚摩头发，尽量不要刷头皮。因为过多地刷头发会损伤发丝外皮，而使劲地刷头皮也会损伤头皮。婴儿不宜使用成人发梳，一定要用柔软的幼儿发梳。

在孩子不会坐之前，洗头洗澡可以一次完成。这时，洗头是采用仰卧的姿势，先用清水将头发打湿，再用一点点婴儿洗发露轻轻地揉搓揉搓(大人不能有长指甲)。洗囟门时动作稍微轻一点，以洗干净为原则，

不要害怕会弄伤孩子，囟门上那一层皮膜具有天生的保护作用，只要动作轻点就不会有问题。

孩子会坐之后，可以给孩子干洗。干洗时，先在孩子脖子上围一条干毛巾，准备好一盆水，水温要适宜；大人将洗发露挤一点于掌心，另一只手在水中浸一下，再双手对搓，将洗发露化解开，产生泡泡后，抹在孩子头发上；然后轻轻揉搓，直至干净了，大人再坐下来，让孩子仰卧在腿上，头部稍稍向下倾斜，角度不能太低，否则孩子会有不适感(可准备一个高度适宜的小凳，将水盆放在上面垫高)。再将孩子的头放在水盆中清洗，第一遍洗完后稍稍擦干，再换一盆水，完全清洗干净后，用围在脖子上的干毛巾将孩子头上的水分擦干。

清洗的时候注意不要让水流入孩子眼内和耳内。

>>育儿须知：宝宝洗头时哭闹怎么办

小儿害怕洗头，这种现象与小儿在被洗头时缺乏安全感有关。洗头时，小儿的躯体往往被悬空横放，仿佛摇摇欲坠，改变了原本安全稳定的姿势而使小儿产生恐惧心理，因而在洗头时哭闹不休。不妨在洗头时让孩子的身体尽量靠近妈妈的胸部，与妈妈的上身接触，小孩的头部也不要过分倒悬，稍微倾斜一点便可以了。洗头时，妈妈可一边洗一边唱儿歌或与他讲话，分散他的注意力，短短几分钟很快就过去了。

哭闹的另一些原因，如与水的温度以及洗发剂的使用是否得当有关系。一般使用温和的水及婴儿专用洗发剂，可使小儿不致因为不适而哭闹。

◎ 皮肤护理

1.选择合适的洗护用品

初生婴儿皮肤较薄，容易吸收外物，对于同样量的洗护用品中的化学物质，宝宝皮肤的吸收量要比成人多，同时，对过敏物质或毒性物的反应也强烈得多。所以，保护好宝宝的皮肤，妈妈要做的第一步就是选择合适的洗护用品。

❶ 选择婴儿专用洗护用品；

❷ 尽量不要用成人洗护用品来替代；

❸ 使用时千万注意每次使用的剂量。

2.选择与皮肤接触的日用品

婴儿的皮肤仅有成人皮肤1/10的厚度，表皮是单层细胞，而成人是多层细胞；真皮中的胶原纤维少、缺乏弹性，不仅易被外物渗透，而且容易因摩擦导致皮肤受损。所以，为了宝宝的皮肤避免伤害，妈妈要做的第二件事情，是仔细选择和宝宝皮肤经常接触的日用品。

❶ 选用纯棉、柔软、易吸水的贴身衣物和尿布；

❷ 衣物和尿布用弱碱性肥皂清洗；

❸ 选用细腻优质的婴儿爽身粉。

3.选择专用护肤品

婴儿皮肤的角质层尚未发育成熟，真皮及纤维组织较薄，皮肤非常娇嫩、敏感，抵抗干燥环境的能力比较弱。所以，妈妈需要仔细给宝宝涂抹润肤露。

❶ 选择和使用不含香料、酒精的婴儿专用润肤品；

❷ 和宝宝经常接触的成人，最好与宝宝使用同样的婴儿润肤品；

❸ 不要随意更换品牌。

选择婴儿护肤品，要注意地区差别。在南方一些地区，气候本身就很湿润，甚至可以不用护肤品；而在北方，气候干燥、风沙大，则要注意婴儿皮肤的保湿护理。婴幼儿护肤品有润肤露、润肤霜和润肤油三种类型。

润肤露 含有天然滋润成分，能有效滋润宝宝皮肤。

润肤霜 含有保湿因子，是秋冬季节宝宝最常使用的护肤品。

润肤油 含有天然矿物油，能够预防干裂，滋润皮肤的效果更强。

4.宝宝更需要防晒

婴儿皮肤黑色素生成很少，因而色素层比较薄，很容易被阳光中的紫外线灼伤。所以，妈妈可能需要改变观念：防晒的主要目的不仅是为了美容，而是为了保护皮肤，对宝宝尤其是这样。

❶ 阳光有利于宝宝的健康，可以预防佝偻病，但过分强烈的紫外线会损伤宝宝肌肤中的天然组织。因此，宝宝不能过度暴露在阳光下。

❷ 宝宝外出时，需要涂抹婴儿专用的防晒剂。

5.注意冷暖保护皮肤

宝宝的汗腺及血液循环系统还处于发育阶段，体温调节能力远远不及成人，所以，当环境温度升高时，宝宝的体温也会随之升高。所以，注意宝宝的冷暖是妈妈经常要做的功课。

❶ 不要给宝宝穿戴得太多，被褥也应厚薄适中，即是在寒冷的冬天也不要包裹太严实；

❷ 如果宝宝有汗湿现象，应及时用柔软的干毛巾擦拭。

◎ 培养生活规律

进入这一时期，父母应着手培养孩子良好的生活规律，使婴儿能按时睡眠、玩耍、吃奶。婴儿的睡眠香甜安稳，玩耍情绪饱满，吃奶食欲旺盛，不但可以促进其身体健康发育，同时还可推动其神经心理的发育。

孩子生活规律的培养可以利用婴儿最初条件反射形成的规律，比如开始喂奶前，要让小儿感受到妈妈喂奶的姿势和语言，可以和孩子说："宝宝肚子饿了吗？我们来吃奶。"以促进其口腔和胃的准备工作，分泌消化液，经过多次反复，建立起神经系统和消化系统的暂时联系。吃完奶妈妈可以和孩子玩耍一会儿，再让孩子睡觉。睡觉前给孩子脱掉外衣、鞋袜，换好尿布。大人拉上窗帘，说话的声音也相应压低，让孩子意识到该睡觉了。一般情况下父母都能按照这种睡眠－吃奶－玩耍规律来安排婴儿的生活。

孩子的理性是不断成长的，不要喂养他们，而要引导他们。

◎ 给宝宝定期做体检

定期给孩子做健康检查，可以掌握孩子的生长发育及健康情况，以便提早发现生长异常、身体缺陷和疾病，指导家长尽早采取相应措施进行干预，这是保障儿童健康成长的重要措施之一。一次健康检查的结果只能反映小儿当时的健康状况，即使当时体重和身长的数字稍低，也不能就此认定孩子发育缓慢、营养不好或者存在其他问题。只有再经过定期多次的连续检查，对检查结果进行前后对比，才可以看出小儿生长发育和其他健康状况的动态变化，才可以对小儿的健康状况作出比较准确的评估。

一岁以内定期健康检查的次数是4次，其时间分别是生后3个月、6个月、9个月和12个月；1~3岁，每半年检查一次；3~7岁，每一年检查一次。如有问题，应根据医生要求增加检查次数。通常，在孩子生后3个月内，就应带孩子到当地的儿童保健部门进行健康检查，为孩子建立一个健康档案。

健康检查的内容通常包括以下几个方面：

❶ 询问小儿的生活、饮食、大小便、睡眠、户外活动、疾病等一般情况；

❷ 测量体重、身长、头围等并进行评价；

❸ 全身体格检查；

❹ 必要的化验检查(如检查血色素)和特殊检查(如智力检查)等。

四 宝宝喂养

◎ 全母乳喂养

前一阶段母乳充足的母亲，这一阶段她的奶一定会很好；不少月子里母乳相对不足的人，经过一个月的喂哺，奶水会日益增多，孩子也逐渐适应了母亲的奶头，这段时间是个太平时期。

这一时期还是主张按需哺乳，只要婴儿想吃，就可以喂；如果母亲奶涨，孩子肯吃，也可以喂。这样做，既可以使乳汁及时排空，又能通过频繁的吸吮刺激脑下垂体分泌更多的催乳素，使分泌的奶量不断增多。母亲还应顺其自然，不要因为到了喂奶时间就叫醒熟睡的孩子，如果孩子不太清醒，他会很不合作地马马虎虎吃上几口就又睡去，反而不利于搞清孩子吃得怎样。婴儿大多了解自己的需要，奶供过于求，他会拒而不受，奶供不应求，则会提前醒来，母亲大可不必担心。

◎ 调整夜间喂奶时间

这个月龄段的孩子，大多数夜间还要吃奶，只有少部分婴儿能自动停止夜间吃奶或减少夜间吃奶的次数。如果孩子长得很好，父母为了保证睡眠可设法引导孩子断掉凌晨2点左右的那顿奶。母亲不能一见孩子动弹就急忙抱起喂奶，可以先看看他的表现，等

他闹上一阵子，看他能否重新入睡，如果婴儿大有吃不到奶不睡的势头，可给他喂些温开水试试，说不定能使他重新入睡，再不行那就只好喂奶了。

从营养角度看，白天奶水吃得很足的婴儿，并无夜间吃奶的需要。为了能顺利地断掉凌晨这顿奶，父母应该调整一下临睡前的一顿奶，如果方便，可把晚上临睡前的奶放到11～12点。那么，这样就可避免午夜12点至凌晨4点之间喂奶的可能，可能孩子会在次日凌晨5～6点醒来，这时，父母已基本上安安稳稳睡上5～6个钟头了。因此，在保证孩子营养充足、遵循孩子吃奶规律的基础上，父母应适当调整夜间吃奶的时间，以保证母亲充分的休息，便于她分泌更多的乳汁。

◎ 母乳不足

许多父母担心孩子吃不饱，又不知怎样衡量孩子是不是吃饱了。注意以下几个方面，就可以保证孩子吃饱。

体重增长 孩子一周体重增长125克以上。

小便 每天至少有6次尿。

大便 每天大便1～2次或更多，颜色质地均匀而稠，有点微微的酸味。也有的孩子要1～2天大便一次，但大便性状正常就可

放心。孩子饥饿时大便量小，颜色发绿，混有黏液。

如果孩子吃不饱，可以见到以下表现：

❶ 在正常情况下，体重长时间增长缓慢。

❷ 哺乳时长时间不愿放开乳房，哺乳后不久又哭着想吃。

❸ 孩子吸吮很用力，但不久就不愿再吸而睡着，不到2小时又醒来哭闹。

这时，母亲要考虑添加牛奶。每次喂牛奶的量，可根据自己孩子的食量而定，这个年龄的孩子一般每顿可喂牛奶100~150毫升不等，孩子吃饱了就会变得安静，夜间啼哭减少，这样喂一周后称体重，若体重增加了150克以上，就可以继续这样喂下去，不然，说明母乳很少，应再增加喂牛奶的量和次数。

◎ 母乳和牛奶不要同时喂

对于混合喂养，最重要的一点是，不可同时用母乳牛奶混合着喂宝宝。也就是说，不能一次喂奶时既吃母乳，又吃牛奶，这样会导致宝宝消化不良或腹泻，久而久之，会影响宝宝的生长发育。

正确的做法是，要喂母乳就全部喂母乳，即使这次宝宝没吃饱，也不要马上喂牛奶，而是应该等下次喂奶时间再喂。如果宝宝上一顿母乳没饱，那么，下一顿一定要喂牛奶；如果宝宝上一顿母乳吃得很饱，到下一顿喂奶时间了，妈妈感到乳房很胀，那么，这一顿就仍然喂母乳。

总而言之，应该以母乳为主，牛奶为辅。宝宝可以连续两顿吃母乳，中间加一顿牛奶；也可以连续三顿吃母乳，中间加一顿牛奶。这样做有两个好处：一是有利于母乳的分泌，宝宝越吃母乳，乳汁分泌得越多；相反，妈妈的乳汁越不让宝宝常吃，也就越少。二是母乳仍然是这个阶段宝宝的最佳食品，因此，妈妈不要轻易放弃或减少对宝宝的哺乳，母乳吃的时间越长，越有利于宝宝的生长发育，为宝宝以后的身体素质，打下良好的基础。

◎ 提高母乳质量

母乳的质量对于孩子营养的摄取是至关重要的。母亲的饮食一定要做到营养全面、平衡膳食，不要挑肥拣瘦和偏食，要确保能量充足。婴儿机体生长迅速，需要较多的糖、蛋白质和脂肪。作为乳母，要喂养好孩子，首先要保证自己摄入足够的热量和优质蛋白质。其次，婴儿的食量有限，为防止乳汁过稀，乳母在哺乳期间要尽量避免大量喝水，以免乳汁含水量过高。

注意营养齐全。乳母吃的主食不一定要精米白面，应粗细粮搭配，以增加乳汁中的维生素B，每天喝上一定量的牛奶，无论对下奶还是提高奶的质量都有莫大的好处。婴儿的生长发育，需要足够的矿物质和维生素。维生素D有调节钙、磷代谢作用，对婴儿十分重要；锌是50多种酶的组成部分，缺乏可影响婴儿大脑神经系统的正常发育。维生素B_1在哺乳期应摄入5倍的需要量，才能保证乳汁内的含量。维生素B_2、维生素B_{12}、维生素C及维生素E等，都应增大摄入量。乳母可在医生指导下服用维生素和微量元素制剂。

乳母应多吃菜，多吃含蛋白质、钙、磷、铁含量多的食品，比如：鸡蛋、瘦肉、鱼、豆制品等；多吃含维生素丰富的各种蔬菜，比如：青菜、菠菜、胡萝卜等；另外，多喝些菜汤，如：鸡汤、鱼汤、排骨汤等，使乳汁量多营养又好。饮食中要排除那些带刺激性的食物，如辛辣、酸麻等食物。此外还应讲究卫生质量，农药污染的蔬菜、瓜果，经常使用化学洗涤剂、清洁剂或使用含有铅、汞、氢醌等有毒性作用的染发剂、唇膏等化妆品的乳母，都有可能致自身乳汁污染。哺乳期间，乳母如患有感染性疾病和病毒性感冒、肝炎等，其乳汁就不宜喂养婴儿。

乳母在饮食丰富的前提下，为了保证乳汁的分泌还需要有规律的生活，睡眠要充足，情绪要饱满，心情要愉快。

总之，食用母乳对婴儿有益，要真正使母乳喂养的优越性得以发挥。还取决于母亲自身。好在做母亲的为了孩子什么都舍得，加上生育后胃口大开，在吃上不会太挑剔。倒是做爸爸的要让妻子吃得好，得花点心思在食品采购上，要注意合理搭配，因为没有一种食物能包纳所有的营养素，食物多样化能弥补单种食物的不足，以保证乳母营养全面，授给孩子优质的乳汁。

人类不像其它动物那样，生来具有协调的动作，人必须学会协调自己的动作。

五 异常与疾病

◎ 打嗝

打嗝是婴儿期一种常见的症状。不停地打嗝是因膈肌痉挛，横膈膜连续收缩而引起，而此时的小宝宝由于调节横膈膜的植物神经发育尚未完善，一旦受到轻微刺激，如吸入冷空气、喝奶太快，膈肌就会突然收缩，引起快速吸气，发出"嗝嗝"的声音。不过打嗝本身对孩子的健康并无任何不良影响，父母不必担心。待孩子3个月后，调节横膈膜的神经发育趋于完好后，打嗝现象会自然好转。那么，有什么办法可以让宝宝停止打嗝呢？解除宝宝打嗝的巧妙方法有以下几种：

❶ 宝宝打嗝时，先把他抱起来，轻轻拍下他的后背，再喂点温开水。

❷ 抱起宝宝，用一只手的食指尖在他的嘴边或耳边轻轻挠痒，待小宝宝发出哭声，打嗝现象自然会消失。

❸ 抱起宝宝，刺激他的足底，让他啼哭，也能终止膈肌的突然收缩。

◎ 厌食牛奶

有些婴儿在3个月左右会忽然不爱吃奶了(牛奶或配方奶)，妈妈往往找不出原因。如果孩子只是不爱喝奶粉，但喝水、吃母乳正常(许多孩子此时为混合喂养或仍有少量母乳)，而且孩子的脸上经常挂着笑(这一点很重要，有疾病或不舒服的孩子是不会面带微笑的)，此时就不要太着急。这也许是给孩子一个自我调整的好机会。研究表明，此种情况可能与孩子的肝肾功能发育相对不成熟有关。3个月左右的婴儿，对奶中蛋白质的吸收会较以前增加，但肝肾功能相对不足。长期超量工作，会使肝肾"疲劳"，需要适当地"休息"与"调整"。因而，就出现了进食牛奶减少的情况。

实际上，厌食牛奶不是一种病，而是小儿自身为了防止肥胖而采取的自卫措施，也可算是对父母发出的警告。所以，即使小儿厌食牛奶，父母也不要太着急，不要担心孩子不吃牛奶会饿坏，更不能硬灌。应该谅解孩子，使孩子体内的脏器得以充分的休息。父母要调整一下喂养方法，把牛奶冲稀些或换用一下奶粉的品种，多喂些糖水和果汁，只要婴儿平均一次能吃下100~200毫升的牛奶，父母就不用担心会饿坏了孩子，因为孩子体内有充分的贮备，经过8~10天的调整，孩子就有可能慢慢恢复到从前喝牛奶的量了，等孩子恢复了，父母千万不要让孩子过食了。

◎ 痉挛性动作

有时宝宝在试图抓玩具等东西会失败，甚至动作似乎有点痉挛。出现这种情况请不要着急，因为这并不能说明宝宝的神经系统有问题，而是宝宝成长过程中的必然现象。

第三个月的宝宝虽然有了一定的抓握能力，但由于这时的宝宝还太小，太缺乏经验，才在努力尝试去抓住某个玩具时，却无法瞄准或抓牢目标。这种状况不会维持多久，宝宝很快就会学会所有拿东西的技巧的。当然，如果你实在不放心，或许需要得到进一步的肯定，也可以到妇幼保健医院向大夫请教。

◎ 沟纹舌

所谓沟纹舌，就是在宝宝的舌部出现深浅、长短不一的纵、横沟纹，一般无任何不适，但可出现刺痛感。目前，沟纹舌的成因虽然不明，但人们常认为是先天性的，而且可能与地理条件、维生素缺乏或摄入的食物种类等有关。沟纹舌随着年龄的增长可能逐渐加重，但不需要任何治疗。为防止宝宝出现沟纹舌，妈妈应经常注意保持宝宝的口腔清洁，比如吃完奶或果汁后给宝宝饮点水，冲刷一下口腔；还可用棉签蘸温开水轻轻擦拭宝宝的口唇。

◎ 地图舌

所谓地图舌，就是有的宝宝舌面上出现不规则的、红白相间的、类似地图形状的东西。地图舌的成因一般与疲劳、营养缺乏、消化功能不良、肠寄生虫、维生素B族缺乏有关，所以出现地图舌的宝宝一般体质都比较虚弱。患了地图舌的宝宝多无明显的不舒服症状，有的可能出现轻度瘙痒或对有刺激性食物稍有敏感，这种症状可长达数年，随着年龄的增长可自然消退。发生地图舌后，应注意口腔卫生，适当地给予口腔清洗。症状明显时可用1%的金霉素甘油等涂布。服用B族维生素及锌剂有一定疗效。

◎ 颌骨异常

所谓颌骨异常，主要指上颌骨前突或下颌骨前突，也就是人们常说的"天盖地"或"地包天"。这种情况一般发生在人工喂养的宝宝身上，主要原因就是使用奶瓶的姿势不当。使用奶瓶喂宝宝时，如果经常将奶瓶压着宝宝的下颌骨，或让宝宝的下颌骨拼命往前伸去够奶瓶，久而久之就会影响宝宝下颌骨的发育，形成上颌骨前突或下颌骨前突。正确的喂奶姿势应当是将宝宝自然地斜抱在怀里，奶瓶方向尽可能与宝宝的面部成90°角。

◎ 便秘

这个阶段的宝宝，极易发生便秘。这时，宝宝的大便次数减少了，大便异常干硬甚至拉不下来，以致引起宝宝排便时哭闹不止。宝宝便秘的原因很多，最常见的是缺水。特别是人工喂养的宝宝，因为牛奶中钙的含量较高，容易导致宝宝"上火"，如果水分补充不足，就会引起便秘。

所以，为了防止宝宝发生便秘，爸爸妈妈应注意多给宝宝喂些水，特别是在天气炎热的情况下，更要不时地给宝宝喂水。也可在牛奶中加些白糖(100毫升牛奶中可加5~8克)，白糖可软化大便。还可以给宝宝适当喂些菜水、果汁等。如果宝宝便秘比较厉害，粪便积聚时间过长，不能自行排出时，爸爸妈妈可试着用小肥皂条蘸些水轻轻插入宝宝

>>育儿须知：帮宝宝按摩缓解便秘

让宝宝仰躺在床上，妈妈用右手掌根部紧贴腹肌，自右上腹—左上腹—右下腹方向边揉边推。按此方向反复进行，手法不宜太重，每次持续约十分钟，每日2~3次，直至便秘好转。再持续1~2周，以巩固疗效。揉腹能促进腹部胃肠血液循环，增加肠蠕动，不但能使大便通畅，还能增进婴幼儿食欲。

肛门刺激排便；或用小儿开塞露注入肛门，一般就能使宝宝顺利通便。但以上两种方法对宝宝均有一定的刺激，而且容易让宝宝产生心理上的依赖，最好不要常用。便秘严重时要请儿科医生诊治。

◎ 腹泻

宝宝到了第3个月，可能会出现大便次数增多，粪便中混有硬块或多少带有黏液等情况，对于这种情况妈妈也不必过于担心，要仔细分析病因对症处理。

一般吃母乳的宝宝不会出现腹泻，如果出现腹泻，首先应考虑引起腹泻的其他原因，是否宝宝吃奶量增多造成的。要先测一下宝宝的体重，如果体重增长太快，就说明确实是母乳增加引起的。这时可在宝宝吃

奶前先喝一些白开水以减少喝奶量，这样宝宝的大便次数也会随之减少，腹泻状况也会得到改善。

对于用牛奶喂养的宝宝，只要奶瓶及奶嘴消毒严格，一般不会出现腹泻。如果宝宝有腹泻现象，但不发热、精神好，而且也爱喝牛奶，只要将牛奶的浓度调稀一些腹泻就会消除。

还有一种就是因妈妈患了感染性腹泻。如果妈妈不慎患了痢疾，在1~2天后宝宝也可能出现腹泻现象。一旦发生这种情况，即使宝宝的大便中没发现血或脓，也应带宝宝去医院检查治疗。

◎ 佝偻病

此时的宝宝，由于生长发育很快，以致造成某些营养素缺乏的现象，如果宝宝缺了维生素D和钙就会得佝偻病，这也是第三个月宝宝比较容易患的常见病。出现这种情况的原因主要有两个方面，一方面，是因为宝宝从母体里带来的钙，在近三个月的生长发育过程中已经差不多消耗完了。另一方面，母乳中虽然有钙，但已经满足不了宝宝的需求。特别是冬季出生的宝宝、早产儿、低体重儿(出生时体重低于2500克)、人工喂养儿或经常患腹泻的宝宝更容易患佝偻病。

佝偻病的早期表现主要是：宝宝好哭、睡眠不安、夜惊，即使屋内并不热，宝宝也会常常出汗。由于多汗刺激，宝宝的头经常在枕头上摇来擦去，造成枕后秃发(枕秃)。若不及时治疗，发展严重者就会出现骨骼及肌肉病变，如3个月后的宝宝仍出现颅骨软化，有乒乓感头；1岁以后的宝宝出现鸡胸或漏斗胸；7~8个月后的宝宝出现方颅、囟门闭合延迟，出牙晚、出现"O"型、"X"型腿；重度佝偻病患儿还可出现全身肌肉松弛、记忆力和理解力差、说话迟等现象。

所以，爸爸妈妈要随时注意观察宝宝，如果发现宝宝有缺钙现象，马上给补维生素D和钙，不要等到缺失严重了才补。为防止宝宝得佝偻病，爸爸妈妈最好能未雨绸缪，防患于未然。应在天气好的情况下，带宝宝到户外活动，呼吸新鲜空气，吸收一下太阳紫外线，一般活动一个半小时为宜。也可以在医生指导下让宝宝服用鱼肝油，补充钙剂。

生命的初期，一定要从环境中吸收大量的讯息，这是心智活动最频繁的时期，孩子需要从环境中吸收一切的事物。

◎ 先天性股关节脱臼

先天性股关节脱臼是一种比较常见的，影响宝宝健康的疾病。治疗先天性股关节脱臼的最佳时间，是在宝宝出生后3个月以内。先天性股关节脱臼的症状是，宝宝的两腿不能向两侧自然展开，左右两腿的长度不一，而且大腿也不一般粗细。作为爸爸妈妈，要格外留心宝宝的双腿，发现宝宝有上述症状，就要抓紧时间到医院检查，争取早日治疗。

◎ 腹股沟疝

腹股沟疝一般在婴幼儿期发生的比较多，这是因为，男宝宝的睾丸最初是在腹部，在即将出生前降入阴囊。睾丸经过的从腹部到阴囊的这个通道，一般在出生后就关闭了，但也有闭锁不好的情况。这样的宝宝到了2～3个月，由于剧烈哭闹或便秘等原因，当腹腔压力增高时，腹腔内的肠管就会顺着这个闭锁不全的通道，穿过腹股沟(大腿根部)降入阴囊中，这就是腹股沟疝。

腹股沟疝一般见于男婴，但女婴也有类似的病，肠管及卵巢从腹股沟降至大阴唇。如果是卵巢降下，就会肿得像枇杷树种子一样大的硬块。肠管从通道降下是不会感觉到痛的，也不会有任何障碍。即使阴囊肿起或卵巢下降，只要治疗及时也不会影响宝宝的正常发育。

但是，宝宝患腹股沟疝也是有危险的，因为有时肠管在通道中会出现拧绞在一起的情况，这就是医学上所说的嵌顿性腹股沟疝。出现嵌顿性腹股沟疝时肠腔会梗阻，此时宝宝虽然不发烧，但常因疼痛而突然大哭起来，怎么哄也不停止。所以，当发生这种情况时，妈妈或爸爸应立即打开尿布看一看，如果与平时不同，患病部位肿得非常厉害，而且不能复位，应立即去看医生。如果嵌顿发生时间短，可以用手慢慢推着复位。但如果持续2～3个小时以上，且出现呕吐，就只有进行手术了。

◎ 婴儿湿疹

湿疹是宝宝在婴儿期比较容易得的一种常见病，如果在以前患病而没有照料好，到了这个月时，宝宝的头顶上就会生出一层脂肪性的疮痂，有时宝宝的脸上也可能长出同样的疮痂。有的疮痂由于外皮脱落而糜烂变红，渗出露珠状的透明分泌物，甚至裂纹处还会渗出血。由于发痒，宝宝不管白天黑夜，只要一睁开眼就闹，还会难受得不停地用手抓自己的头或脸。

如果宝宝的湿疹不太严重，而且也没有明显的体征，就暂时不要急着去看医生，因为这么小的宝宝到了医院，有可能接触到其他传染性皮肤病的患者而更不安全，更何况这些疮痂可以自然脱落，而且愈后也不会留下瘢痕。所以，如果宝宝湿疹不愈，应以自我调理为主。

由于妈妈最了解宝宝的湿疹病情反复情况，所以要时时注意湿疹的发作情况，及时采取相应的措施。

一般有湿疹不能洗澡，也不能让日光照射，否则就要恶化。这时应适当控制洗澡的次数，尽量使用不刺激皮肤的香皂，如果觉得不用香皂对湿疹更好，最好不要再用。

外用的肾上腺皮质激素药物最好选不含氟、且浓度低的。每天使用1次，洗澡后少量涂于患处。脸上不能随便用含氟的肾上腺皮质激素药物，否则会留下瘢痕。

人工喂养的情况下，在奶粉中加一定比例的脱脂奶粉，或许会使症状减轻。但如果长时间把奶粉全部换成脱脂奶粉，可能造成宝宝营养失调，所以在全部改成脱脂奶粉时，必须在奶粉中加复合维生素。如果服用多种维生素会使症状加重，最好停用多种维生素，而只给果汁。

还应注意的是，要每天换枕巾，不要让湿疹沾染上化脓菌，接触面部的被子部分可缝上棉布被头并要每天勤换。而且枕巾或被头要和宝宝的衣物及尿布分开来洗，洗前先用开水烫一下，然后放在阳光下晾晒消毒。如果冬天宝宝因棉被盖得过厚，也会使搔痒加剧，这时就应该适当调整室温或被褥。

此外，在变红糜烂处也可敷上沾有清洁凉开水的消毒纱布，每天3～4次，每次20分钟。

六 智能开发

◎ 感觉器官的发育规律

2~6个月的孩子最喜欢吃，不管好吃不好吃，能吃不能吃，拿过来就往嘴里塞，先吃吃看，用嘴辨别一下就懂了。原来，他是用嘴的尝试来识别各种事物，嘴成为认识工具。这个阶段发育速度仍很快，一个月一变样。

孩子喜欢看美的东西。不仅能盯住进入眼帘的东西，还会主动追随物体移动的去向，东张西望地寻找周围好看的东西。开始学会用眼睛涉猎周围的信息。

3个月找人，以后寻找成人手里摇动着的玩具，再后便会积极寻求周围各种活动的、发亮的、色彩鲜艳的有趣味的东西。很会欣赏，看到以后情绪欢快，有时手舞足蹈，表达内心的感受。学会自己哄自己。

◎ 视、听觉的发育规律

最初只能用眼睛追随在他面前按左右方向移动的东西。东西移动的速度不能太快。而后才能追视向各种方向移动的东西。

能注视某个物体的时间很短，距离很近。如把烛光放大距离2~3步远的地方，能够注视，再远些就看不见了。2~3个月能够注视在房间里较远的地方走动着的人，注视时间可达2~3分钟。

对不同形状的东西，注视时间也不同。有人做过这样一个实验，让婴儿看三个不同的头像，第一个是人脸的画像，第二个是把人脸的五官胡乱颠倒，第三个只是类似人脸的外部轮廓，顶端涂上黑色。出生4天~6个月的婴儿，注视第一个图形——人脸，看的时间最长。可见，小家伙真会看，还能看出好坏，此项试验说明，婴儿期的视觉能力很强，并且出现明显的选择性。

喜欢听语音：婴儿期的孩子对语音反应更为积极。每当听到说话声或摇铃声，就要积极扭头寻找声源，当他正在哭闹时，只要妈妈大声同他说说话，他很快就会安静下来，成人忙着给他准备尿布、奶瓶时，常常可先同他说话哄他。3~4个月，逐渐能够分

辨不同的语音；和蔼可亲的，还是训斥的；妈妈的，还是生人的；都能辨别。高兴时喜欢用自己的声音游戏，不断发出一些喉声，好像在唱歌。

婴儿的视、听能力发展，对认识能力的发展起着重要的作用。因此，根据上述规律，创造良好条件，精心引导孩子多看，多听，及早进行视、听能力训练，为说话、观察等能力的发展打好基础。

◎ 婴儿被动操

准备活动 孩子仰卧在床上，妈妈一边轻轻抚摩孩子，一边轻柔地跟孩子讲话，使孩子很愉快，很放松，就像做游戏一样。

第一节至第七节，每次每节做4个四拍。

第一节 伸展运动

预备姿势 妈妈双手握住孩子腕部，拇指放在孩子手心里，让孩子握住，孩子两臂放在身体两侧。

方法

(1)妈妈拉孩子两臂到胸前平举，拳心相对。

(2)妈妈轻拉孩子两臂斜上举，手背贴床。

(3)复原(1)的动作。

(4)复原成预备姿势。

(5)重复以上动作。

提醒 孩子两臂前平举时，两臂距离与两肩同宽。妈妈动作要轻柔，斜上举时要轻轻使孩子两臂逐渐伸直。

第二节 扩胸运动

预备姿势 同第一节。

方法

(1)妈妈轻拉孩子两臂，向身体两侧放平，拳心向上，手背贴床。

(2)两臂胸前交叉，并轻压胸部。

(3)同(1)的动作。

(4)还原成预备姿势。

(5)重复以上动作。

第三节 上肢屈伸运动

预备姿势 同第一节。

方法

(1)妈妈将孩子左臂向上弯曲，孩子的手触肩。

幼儿的手十分精细和复杂，它不仅使心灵得以展现，还能使自己跟整个环境建立一段特殊的关系。

(2)还原成预备姿势。

(3)妈妈将孩子左臂向上弯曲,孩子的手触肩。

(4)还原成预备姿势。

(5)重复动作。

提醒 屈肘时妈妈稍用力,孩子的上臂不离床,臂伸直时要轻。

第四节 双屈腿运动

预备姿势 孩子仰卧,两腿伸直,家长两手握住孩子脚腕。

方法

(1)妈妈将孩子两腿屈至腹部。

(2)还原成预备姿势。

(3)同(1)的动作。

(4)还原成预备姿势。

(5)重复动作。

提醒 孩子屈腿时两膝不分开,屈腿时可稍稍用力,使孩子的腿对腹部有压力,有助于肠蠕动,屈、伸都不能用力过大,以免损伤孩子的关节和韧带。

第五节 翻身运动

预备姿势 孩子仰卧,妈妈将孩子四肢摆正。

方法

(1)妈妈一手握住孩子的两脚腕,另一手轻托孩子背部,然后稍用力,帮助孩子从身体右侧翻身,成为俯卧位,同时将孩子的两臂移至前方,使孩子的头和肩抬起片刻。

(2)再将孩子两臂放回体侧,妈妈一只

手握住孩子两脚腕,另一手插到孩子的胸腹下,帮助孩子从俯卧位翻回仰卧位。

(3)同(1)动作,但孩子身体从左侧翻身。

(4)同(2)动作。

(5)重复动作。

提醒 妈妈帮孩子作操时要轻柔、缓慢,翻身或俯卧时逗引孩子练习抬头。

第六节 举腿运动

预备姿势 孩子仰卧,两腿伸直,妈妈握住孩子膝部,拇指在下,其余四指在上。

方法

(1)妈妈将孩子两腿向上方举起,与腹部成90°。

(2)还原成预备姿势。

(3)同(1)动作。

(4)还原成预备姿势。

(5)重复动作。

提醒 孩子两腿上举时,膝盖不弯屈,臀部不离床。

第七节 体后屈运动

预备姿势 孩子俯卧,两臂放前方,两肘支撑身体,妈妈两手分别握住孩子脚腕。

方法

(1)妈妈轻轻提起孩子双腿,身体与床成近似45°。

(2)还原成预备姿势。

(3)妈妈轻轻握住孩子肘部，将上体抬起，身体与床面成近45°。

(4)还原成预备姿势。

(5)重复动作。

提 醒 提腿和抬肘时，孩子身体要直，不能歪斜，以免损伤脊柱。这一节难度较大，须在孩子有一定体能时再做。做这一节时，妈妈也要小心，动作轻柔，不要勉强。

第八节 整理运动

妈妈两手轻轻抖动孩子的两臂和两腿，或让孩子在床上自由活动片刻，使全身肌肉放松，不要做完操立刻抱起。

注意事项

(1)做操前，妈妈要洗净手，摘下戒指、手表，以免划伤孩子。

(2)做操时，妈妈的动作一定要轻，态度要和谒，一边做要一边与孩子说笑。

(3)做操时，孩子尽量穿少点。

(4)做操时如能放些音乐更好。

(5)做操要在孩子进食半小时到一小时以后为好，做完操将孩子放小床休息，然后哄他入睡。

(6)2～4个月的孩子可先学这套操的前4节，随着孩子长大，再逐渐一节一节地增加到做8节。

◎ 感官训练

2个多月的婴儿对周围的环境更有兴趣了，他喜欢用目光追随移动的、颜色鲜艳明亮的玩具，特别是红色。对暗淡的颜色冷漠、不感兴趣，更喜欢立体感强的物体。

两个多月婴儿的视觉与听觉比以前灵敏了许多，此时，可以在孩子床的上方25～50厘米处，悬挂色彩鲜艳的玩具，如各种彩色

气球，彩色布球具、灯笼、哗啦棒、花手帕等，但注意不要总将这些玩具挂在一起，要经常变换位置，以免引起孩子斜视。逗孩子玩时，可将玩具上下左右摇动，使孩子的目光随着玩具移动的方向移动，左右可达45°。这样做是促进孩子视觉发育的好方法，但应注意不要让强光直射孩子的眼睛。

为了促进孩子的听觉发育，可以给孩子多听音乐。当妈妈的也可以给孩子多哼唱一些歌曲，也可以用各种声响玩具逗孩子。声音要柔和、欢快，不要离孩子太近，也不要太响，以免刺激孩子引起惊吓。剧烈的响声，会对孩子产生不良刺激，而轻快悦耳的音乐，可使孩子精神愉快并得到安慰。每天给孩子做操时，可以给孩子播放适宜的乐曲，优美的旋律对孩子的智力发育十分有利。如果孩子经常自己躺在一边没人理睬，对他的要求不主动理解，没有哄逗，就会影响其心理发育，表情会显得呆板，反应相对迟钝。

◎ 动作训练方案

每个孩子发育的情况不同，可请医生为婴儿设计适合于孩子的训练方案，以下是专家为3个月大的孩子设计的动作训练方案：

❶ 当孩子要某个东西时，妈妈用话语和动作鼓励他自己去抓，并将东西放在适合孩子的距离之内。

❷ 当孩子随意碰到某个玩具时，妈妈指示他去抓它。

❸ 用语言提示孩子注意某一物体，并引逗他去抓。

❹ 当孩子抓住玩具后妈妈要表扬和鼓励。

❺ 妈妈反复教孩子使用手指抓东西的动作。

❻ 鼓励孩子用双手。

❼ 帮助孩子结合爬练习抓握。

在孩子6个月前，要给他足够的动作训练，这对他今后的生活有全面的影响。

听力及视力是开启心智之门。

七 亲子游戏

◎ 找朋友

这个游戏可以提高宝宝的视觉反应能力。

具体做法

把几个不同表情的绒布娃娃头缝合在一起，中间缝一根吊带，挂在宝宝手能够到的地方，让宝宝拍打，观察他喜欢什么表情的脸。此时宝宝的手眼协调能力极弱，拍打完全是无意识的触碰，你可以送上宝宝的手去帮助他触碰。看不同娃娃的表情，可以刺激宝宝的视觉。

提 示 手的运动也会刺激宝宝把动作和效果联系起来。

◎ 嗅一嗅

让宝宝接触各种基本气味，使宝宝嗅觉灵敏起来。

具体做法

准备好酸、甜、香的液体，浓度不要过高。妈妈持装有少许溶液的杯子，站在离宝宝约30厘米处。妈妈用手轻轻扇动，边扇动边说："宝宝闻一闻，好酸，（甜，香 ）啊！"妈妈一边说话，一边做出不同的表情、动作，增强宝宝对不同气味的感觉。

提 示 初生宝宝的器官都很柔嫩，注意溶液一定要稀，以免刺激宝宝的鼻子；离宝宝的距离既不宜太近，也不能太远。

◎ 听歌谣

具体做法

把宝宝抱坐在膝盖上，托住宝宝的背部边有节奏地前后摇晃，边念歌谣。例如："摇啊摇，摇啊摇，摇到外婆桥，外婆叫我好宝宝，给我吃甜糕。"

让宝宝在动作配合中听简单的歌谣，刺激语言接受系统的发育。

提 示 语音要轻柔，声音不宜过大。

◎ 你好，宝宝

促进宝宝的发音，从而提高宝宝的语言能力。

具体做法

(1)准备一面中等大小的镜子，妈妈带宝宝照镜子，拉着宝宝的手摸镜子，对他(她)说："镜子，光光的、凉凉的、滑滑的。"

(2)妈妈对着镜子中的宝宝打招呼："你好，宝宝。"并用手做"招手"动作，表示向宝宝问好，或用一个有声的玩具娃娃配合妈妈的话："宝宝，你好。"逗引宝宝愉快地笑。

(3)妈妈指着镜子中宝宝和自己的影像，对宝宝说："这是宝宝，这是妈妈。"妈妈可做出各种表情，让宝宝注意镜中妈妈的表情。

提 示 注意宝宝的表情，不要让宝宝感到疲倦。每天练习2~3次，每次约5分钟。

◎ 宝宝的耳朵在学习

具体做法

为宝宝准备一个可爱的八音盒，在宝宝开心时为宝宝播放几次。短小又活泼的乐曲或歌曲会培养宝宝的节奏感和审美情趣，你会惊讶地发现，虽然他只是不足3个月的宝宝，却很快就记住了某一段动听的乐曲。

提 示 可将音乐盒分别放在宝宝身体的两侧轮流进行。注意距离，声音不要太大了。当然，并不是只有专门的音乐玩具才能发展宝宝的听觉，生活中也有许多让人着迷的声音。例如，妈妈温柔地说话，小闹钟在"滴管滴答"地走，树叶在风中沙沙响，这些细微的声音让平凡的生活也变得有诗意起来。

◎ 妈妈的声音

训练宝宝的听觉和头部运动能力，并学会辨别声音方向。

具体做法

(1)宝宝仰卧，妈妈在宝宝的一侧，轻轻地呼叫宝宝的名字，宝宝听到妈妈呼叫会将头部转至妈妈那侧；妈妈再转至宝宝的另一侧，以同样的方式呼叫宝宝，反复练习。

(2)爸爸竖抱宝宝，妈妈在宝宝的另一侧，轻轻呼叫宝宝的名字，宝宝转动头部至妈妈呼叫的一侧，妈妈转至宝宝的另一侧，再轻轻呼叫宝宝的名字，宝宝会转动头部至妈妈呼叫的一侧，反复练习。

提 示 宝宝熟悉妈妈的声音后，可以换成家中其他的亲人。

◎ 神奇的小手

通过看、玩小手，感知手与手指，促进手的精细动作发展。

具体做法

擦净宝宝的双手，并剪去指甲。妈妈拉住宝宝的小手，吸引宝宝看、玩自己的手。

还可以引导宝宝吸吮自己的手。

提示　可以在宝宝的手上拴块红布或戴个发响的手镯，激发宝宝看手和玩手。

◎ 找爸爸

扩大宝宝的视野，发展头部动作的灵活性，提高宝宝的运动能力。

具体做法

妈妈抱着宝宝，爸爸躲在妈妈的身后轻轻地叫宝宝的名字。宝宝听到声音后会转头找爸爸，一旦找到了，他会手舞足蹈地扑向爸爸。这时，爸爸可抱住宝宝转个圆圈以表示亲昵。

提示　爸爸妈妈也可变换角色。

◎ 美丽的图画

在墙上挂3~4幅彩图，通过视觉分辨彩图，从而提高宝宝的审美能力。

具体做法

(1)抱着宝宝观看挂着的彩图，一面看一面说图的名称，你会发现宝宝的视线会长久地落在其中一幅彩图上。每天重复1~2次，逐渐地宝宝会对其中一幅显出特有的兴趣。

(2)一周后更换为另外3~4幅彩图，宝宝观看时大人要说出图中的人或物的名称，每次词句要一致，渐渐地，宝宝会选出他喜欢看的图画。

提示　这种图片每周更换一组。到第四周将宝宝每次选出的图片重新罗列展出，让宝宝在喜欢看的图片中选择最喜欢看的一幅。也可以将看过的图片按不同组合再展出，看看宝宝在选择上有无改变。

育儿锦囊

孩子的精神比一般人认为的更为高尚。

一 养育要点与宝宝发育标准

◎ 养育要点

- · 主食仍然是母乳
- · 补充维生素A、维生素D，预防佝偻病，预防贫血，及时添加辅食
- · 孩子的衣服要宽松舒适保暖
- · 延长户外活动时间，满足孩子对外界的兴趣
- · 练习翻身及坐，注意做好安全防护
- · 丰富视听训练内容，如儿歌、童谣、音乐、母子舞蹈等
- · 让宝宝尽情地多看、多听、多摸、多运动、多闻、多尝
- · 培养良好情绪，注意心理卫生

◎ 身体发育指标

	体重（千克）	身长（厘米）	头围（厘米）	胸围（厘米）
4个月	男童 ≈ 7.52 女童 ≈ 6.87	男童 ≈ 65.46 女童 ≈ 63.88	男童 ≈ 42.30 女童 ≈ 41.20	男童 ≈ 42.68 女童 ≈ 41.60
5个月	男童 ≈ 7.97 女童 ≈ 7.35	男童 ≈ 66.76 女童 ≈ 65.90	男童 ≈ 43.10 女童 ≈ 41.90	男童 ≈ 43.40 女童 ≈ 42.05
6个月	男童 ≈ 8.46 女童 ≈ 7.82	男童 ≈ 68.88 女童 ≈ 67.18	男童 ≈ 44.32 女童 ≈ 43.20	男童 ≈ 44.06 女童 ≈ 42.86

二 生长发育

◎ 头部

4～6个月的婴儿，眉眼等五官也"长开"了，脸色红润而光滑，显得更加可爱，而且婴儿全身肌肉功能这期间也逐渐增强。4～5个月时，练习小儿拉坐时头已可直立而不再向后垂，并且头可自由转动，环顾四周，甚至轻而易举的转回去看脑后的人了，在俯卧时能用上肢把上身支撑起来，而且能把头抬得很高的。

◎ 出牙

在婴儿4月龄时，已有不少孩子长出1～2颗门牙，但多数婴儿过6个月后才开始萌出下前牙，不同的婴儿的出牙时间还存在着差异。这些差异受种族、性别等遗传因素的影响，还受气温、营养、疾病等环境因素的影响。正常情况下营养好、身高和体重高的婴儿比营养差、身高和体重低的牙齿萌出早；寒冷地区的婴儿比温热地区的牙齿萌出迟。

婴幼儿期长出的牙龄，到长大以后会脱落，并再长出新牙，所以此时的牙被称为乳牙。乳牙共20个，包括8个门牙、4个尖牙、8个乳磨牙。一般出牙顺序为最早出下颌门牙，以后依次为上颌门牙；下颌第一乳磨牙，上颌第一乳磨牙；下颌尖牙，上颌尖牙，下颌第二乳磨牙，上颌第二乳磨牙。时间大约是：6个月左右最先长出下切牙（下门牙），然后长出4颗上切牙，多数小儿一岁时已长出4上4下共8颗乳牙。接着再长出上下4颗第一乳磨牙，该牙长出的位置离切牙稍远，为即将长出的乳尖牙（虎牙）留下空隙。略有停顿后4颗尖牙在这空隙脱颖而出，一岁半时长出14～16颗乳牙，最后长出的4颗是第二乳磨牙，其位置紧靠在第一乳磨牙之后，一般在2～2.5岁时20颗乳牙全部长出。如果孩子一周岁后仍迟迟不长一颗乳牙，则应带孩子到医院去检查并找出原因。

◎ 手足运动

这个阶段的婴儿，拇指较以前灵活多了，手部动作也较前熟练且呈对称性，喜欢把双手相握并在眼前玩耍。能抓住眼前的东西，并用力摇晃。这说明婴儿的眼、耳、手的协调功能发展了。

父母应该留意婴儿手的动作，原始的握持反射在4～6个月逐渐消失，新生儿期该反射缺失或二侧不对称均为病态；6个月后仍存在，也提示大脑病症。

5～6个月的婴儿伸手动作就更多了，只要在眼前的东西，不管是什么伸手就抓，并且还会两手同时抓。但是，这时还不会用手指尖捏东西，只能用手掌和全部手指生硬地抓东西。此时，婴儿的手已经有许多用处，既能充当玩具又能充当工具。

婴儿双手动作的发展是经由被动到主动，由不准确到准确，由大动作到细动作，由把着手教、模仿成人到听语言指挥而动这样一个过程。据研究，大脑负责指挥手和面部肌肉活动的区域比其他区域要大得多。所以，婴儿手的活动由低级向高级发展，很大程度上表明他的智力水平的增长。

父母应重视对婴儿手指功能的训练，这对开发其大脑功能，提高智力水平是大有帮助的。

◎ 手眼协调

前一阶段的婴儿，由于手眼不协调，看见喜欢的东西时，尽管表现出兴奋、手臂舞动，但还不能准确地抓住。

进入这个时期，随着视觉和运动功能的不断发展，婴儿不仅能够用眼睛观察周围的物体，而且可以在眼睛的支配下，准确地抓住东西。一看到感兴趣的东西，立即伸手就抓，一边在手里翻来倒去，一边目不转睛地盯着看，有的甚至还能把东西从一只手传到另一只手。这表明，手眼的协调功能逐渐增强。

另外，手的精细动作及翻身、坐起等大运动的发展，有助于婴儿手眼协调运动的发展。而手眼协调运动的发展对促进儿童心理的发展有着非常重要的作用。因此，在发展婴儿运动功能的同时，父母要注意引导婴儿手眼协调功能的发展。比如，在孩子的视野范围内，先吸引他们注意地板上的一件玩具，再鼓励他用手去触摸，然后问孩子："玩具在哪儿？"经过多次训练，孩子就会随着眼睛的转动，手自然地去摆弄起玩具了。

婴儿通过玩弄物品，可从中感觉物体的大小、形状、颜色、软硬等，从而加深对物体特征的认识，使小儿从中学到更多的东西。

◎ 翻身

这个时期，小儿全身肌肉的功能逐渐地增强。双下肢更加有力，仰卧时手脚乱动，会试着用力翻身，但还翻不过来，可以从侧、俯卧位转为仰卧位。

到这一时期末时，部分小儿的翻身动作能发展到相当灵活的程度，可以迅速地从仰卧位翻到侧卧位，或者从侧卧位翻到仰卧位。

翻身动作能够使小儿随意变换自己的体位，是非常有意义的初步运动。婴儿学会翻身，标志着运动技能的进一步增强，同时，也可扩大孩子的视野和接触范围，促进小儿大脑的进一步发展。因此，父母这段时期要经常帮助孩子练习翻身。

学会翻身的婴儿，从床中间翻到床边缘的速度之快常常是惊人的，所以，这一时期，孩子的安全问题必须提请家长注意。

◎ 第二个生理弯曲形成

4个月的婴儿被抱着时，头部能完全挺起，可以竖抱了。可以由大人扶着坐2～3分钟了。这一时期末，有的婴儿就会独坐。

从卧位发展到坐起，是运动系统发育的又一大进步。小儿能够坐起后，扩大了活动范围，使双手有更多的活动机会。这样，大大增加了小儿主动地去接触各种事物的兴趣，扩大了儿童的认识范围，从而更有利于听觉器官、视觉器官等各种感觉器官的发展，也为今后的站立、行走打下了基础。

因此，父母应该为这个时期的孩子提供练习坐的机会，但切记不可操之过急。因为过早或是过长时间让小儿坐着，会造成脊柱的异常弯曲(如脊柱侧弯)，影响正常发育。应该循序渐进，从几分钟起逐步延长坐的时间。

随着小孩逐步会坐，形成了脊柱的第二个生理性弯曲——胸部脊柱后凸。

◎ 吮手指

这个时期的孩子喜欢把手指放入口中吸吮，而且乐此不疲，不管妈妈怎么阻挠都无济于事。

吃手指到底好不好呢？其实，婴儿喜欢吃手指、咬东西并不一定是他想吃东西，有人说"小儿的手指二两糖"，那就更荒唐了。吸吮手指或咬东西，是孩子想了解自己，及积极探索的表现，说明婴儿支配自己行动的能力有了很大的提高。婴儿能用自己的力量把物体送到嘴里是不容易的，这标志着婴儿能使手、口动作互相协调的智力发育水平，而且对稳定婴儿自身的情绪也起到一定作用。当婴儿肚子饿了、疲劳、生气的时

孩子对环境美丑的直觉是非常敏锐的。

候，吸吮自己亲密的手指头情绪就会稳定下来。所以，做父母的不要强行制止孩子的这种行为，只要孩子不把手弄破，在安全的情况下，尽可能让他去吸吮。

对于常吮手指的小儿，父母可将他喜欢的玩具给他，以占住他的双手，使其没有机会把手放入口中。

◎ 流口水

"口水"是人体口腔内唾液腺分泌的一种液体，又称唾液，含有丰富的酶类，是促进食物消化吸收的一种重要物质。这个月的婴儿流口水与其发育特点有关。

4个月的婴儿，中枢神经系统与唾液腺均趋向于成熟，唾液分泌逐渐增多，再加上乳牙的长出，对口腔神经产生刺激，使唾液分泌更加增多；而婴儿的口腔较浅，吞咽功能又差，不能将分泌的口水吞咽下去或贮存在口腔中，于是口水就不断地顺嘴流出来。

另外，在这一时期，父母一定要注意保持小儿手的清洁，玩具的卫生，还要注意硬的、锐利的东西及小的东西如别针、钮扣、豆子等不能让孩子放进嘴里，以免发生意外。

◎ 自己喂吃东西

手、眼、口的协调能力有了较大发展的婴儿，不但能吃手指，而且抓到东西就往嘴里放。当给他饼干时，也能抓握着往嘴里送，开始时往往是吃吃扔扔，或边吃边用手捏着玩，饼干浪费很多，但孩子却吃得津津有味，甚至是口水直流。随着时间的推移，浪费的饼干就会越来越少，有的小儿还可以把饼干送到爸爸、妈妈的嘴里。

◎ 认人

俗话常说，婴儿精神发育的规律是"一哭、二笑、三认母"，意思是婴儿出生第一个月会哭，第二个月会微笑，第三个月能认识母亲，见到母亲脸面会露出笑容。

这个时期的婴儿对周围环境的认识又进了一步。能认识母亲的脸，一见母亲就笑，母亲要是突然从身边离开他就会哭。从这一

时期末开始，小儿对周围的人还会持选择的态度，当看到陌生面孔时就会变得敏感、呆板、躲避，甚至哭闹，不要生人抱。这种行为称作"认生"或"认人"。

对于婴儿出现的这种现象，心理学家们是这样解释的：他们把三岁前的婴幼儿期称为"图谱时代"，就是说三岁以前的儿童认识外界事物时，不是对事物的某些特征进行分析辨认，而是把事物当作一个综合整体——图谱来接受的。初生的孩子没有辨别人的面孔的能力，到了3～4个月后，由于母亲或其他亲近他的人反复在孩子的眼前出现，这张面孔就作为同一图谱不断地传入大脑留下印象，这样就产生了最初的记忆。以后，当熟悉的面孔出现时，孩子就会认得这熟悉的面孔，并根据已经建立的条件反射，知道母亲就要给他喂奶或抱他玩，因而表现出天真活泼的表情，做出"认人"的表现。这时候的孩子对与母亲形象相近的、年龄差不多的、穿着打扮一样或相近的女子也会表示好感。如果出现的是另一张陌生的面孔，因为陌生人的"图谱"和孩子大脑中妈妈的"图谱"差别太大了，孩子就会因"认生"而做出不要的表示，或者又哭又闹。

◎ 知道自己的名字

6个月的婴儿能够确认自己的名字。当别人叫他的名字时，婴儿会做出应答的反应。如果妈妈在另一个房间里唤他，他会将头转向发出声音的方向。当家里人在房间里说话时，他能在一席话中听出自己的名字，而且一旦他听到、确认是自己的名字后立即会表现出兴奋关注的神情。

◎ 味觉和嗅觉

这个月龄段的婴儿已能比较稳定的区别好的气味和不好的气味，能比较明确而精细地区别酸、甜、苦、辣等各种不同的味道，对食物的任何变化都会表现出非常敏锐的反应，例如，吃惯了母乳的婴儿在刚刚换吃牛奶的时候往往会加以拒绝。

这个时期也是婴儿舌头上起味道感觉作用的味蕾的发育和功能完善最迅速的时期，对食物味道的任何变化都会表现出非常敏锐的反应并留下"记忆"，小儿就比较容易适应新的食物，因此，在此期间给婴儿添加各种味道的辅食，均可被婴儿接受，至儿童期就能接受各种食物。

不管小儿是母乳喂养、混合喂养还是人工喂养，如果在5个月时还不给婴儿添加辅食，仍以单调的流质乳类哺养婴儿，那么，他以后就会拒绝吃各种辅食，从而引起严重的偏食。所以，在这一时期应该适时地给孩子品尝各种味道的辅食。

◎ 听觉

这个时期的孩子开始能集中注意力倾听音乐了，并且对悦耳动听的音乐表示出愉快的情绪，而对强烈的声音表示出不快。听到声音能较快转头，还能分辨不同人的声音，

>>育儿须知：陪孩子一起玩

这个时期的婴儿，睡眠时间渐渐地少了，醒着的时间明显多了。他醒着时，不会静静地躺着不动，他会转动小脑袋看看周围环境中他感兴趣的物品，吸吮或者玩自己的小手，或者尝试着翻身。由于婴儿的心理功能和手的活动发展还较差，还不能独立地玩耍。还需要成人带他玩，教他玩，和他一起玩。

婴儿是靠模仿来学习的。这个时期婴儿的行为活动主要还是无意性的，注意也是无意性的，而且极不稳定。成人要多陪婴儿一起玩，在玩的过程中，婴儿通过模仿成人，学会玩玩具和做游戏。在玩的过程中，通过看看、听听、摸摸、摇摇等，不但可以发展婴儿的视、听、触觉等感知觉及手的动作，同时也可以使婴儿对客观事物产生表浅的认识和感觉。

尤其是能区分爸爸、妈妈的声音。听见妈妈说话的声音就高兴起来，并且开始发出一些声音，似乎是对成人的回应。听到叫他的名字已有应答的表示。能欣赏玩具中发出的声音。

◎ 视觉

这个时期婴儿的视觉功能已经比较完善，开始能够辨别不同的颜色，对红、橙、黄等暖色较偏爱，特别是红色的物品最能引起婴儿的兴奋。大约在5~6个月时，婴儿就开始对镜子中的自己感兴趣了，还可以注视远距离的物体，如飞机、月亮、车辆、街上的行人等，并且开始形成视觉条件反射，比如看见奶瓶会伸手要，会玩自己的小手等。

◎ 最初的记忆

一般婴儿明显地出现记忆现象是大约在出生后4~5个月时。例如，当见到妈妈或者奶瓶时，手舞足蹈，非常高兴，说明他已能记住自己熟悉的人和物品，但这时记忆保持的时间极短，只能记住相隔几天的事物。随着时间的推移，孩子身体各方面的发育进一步完善，婴儿记忆的范围会逐步扩大，记忆的对象也会增多，保持的时间不断延长。

婴儿期的记忆是无意记忆，即在无意中不知不觉记住了很多东西。他们的记忆还明显地带着情感色彩，如色彩鲜艳、动态的能吸引注意力的事物，及能引起他们强烈情绪如令他感到高兴、兴奋、害怕、痛苦等的事物，都容易被孩子记住。平淡、枯燥的事物则不容易记住。

◎ 安慰物

当小婴儿感到父母离开了时，他们会在疲劳或者不高兴的时候利用各种东西和方法，以此来挽回父母以往给予他们的安全感。

目前，还没有发现孩子对安慰物的依恋有什么明显的害处，但在安慰物的选择上家长还是应该加以注意。有这样一个孩子，他对尿布有着强烈的依恋，不管在哪手里都要拽着块尿布，如不给他，他会拽下自己正垫着的尿布抓在手里，甚至放在鼻子上闻，以获得快乐和安慰，这样的安慰物就太不雅观了。另外，有的婴儿把橡皮奶头作为安慰物也不妥，一则容易引起吃母乳的婴儿对奶头的错觉，从而影响母乳喂养；另则也不卫生，甚至可能影响牙齿的整齐。因此，家长要注意不要将尿布、橡皮奶头等放在孩子的枕边等易被孩子抓到的地方，更不能为哄孩子而将这些物品给他。家长平时还要注意观察，一旦发现小孩对某些不适宜的物品产生依恋的萌芽，就尽早采取办法来加以纠正。

若孩子已经完全形成对一件安慰物的依恋之后，再去制止孩子的这种依恋是很难成功的，这样对孩子也不公平。最好的办法是在孩子睡着后把安慰物拿走，洗净、消毒，保持安慰物的清洁卫生。

必须容许孩子选择物品，这可以让原来的发展得以持续，清除孩子尚无意识的心智之间的障碍。

三 日常护理

◎ 四季的衣物

这一时期小儿的衣服仍要求宽松、舒适，式样简单，便于常洗易干。

这个时期的孩子的生长发育比较迅速，活动量也比以前大，如果衣服过紧会妨碍孩子的活动和呼吸。但注意衣袖不能过长，以免影响孩子手的活动。衣服质地应柔软，以透气性能好、吸水性强的棉织品为宜。衣服式样应简单，这样穿脱比较方便。

夏天婴儿穿背心或短衣短裤即可。春秋天可选择棉的单衣单裤。为更换尿布方便，可穿开裆裤，但不要用带子或松紧带束腰，以免影响孩子胸部发育，造成胸廓畸形。最好穿背带裤，背带长一些，以利于随着婴儿生长发育可适当调整背带长度。冬季棉裤也应选择背带开裆裤。这时候婴儿内衣可穿有小翻领的，翻在罩褂外面，既使颈部保暖，而且美观；外面应有罩衣，罩衣以款式为小圆领，背后开口系带的宝宝衫为宜，这种衣服便于穿脱和清洗；还应给孩子穿鞋袜，鞋要宽松，帮底应软。冬天外出时要给婴儿带上帽子、手套，穿上毛线袜及棉鞋，注意头颈部和手脚的保暖。帽子、手套、袜子要勤洗，手套袜子的套口处不能太紧。

◎ 该戴围嘴了

小儿从出生后4个月起的一年多的时间内，流口水是一种生理现象，不需特殊处理。但为了保护颈部与胸部不被唾液弄湿，可给婴儿围上围嘴，并记住不要用硬手巾给孩子擦嘴，以免擦伤嘴角而诱发口角炎。

围嘴可用吸水性强的棉布、薄绒布或毛巾布制作，不要用塑料及橡胶制作。围嘴要勤换洗，换下的围嘴每次清洗后要用开水烫一下，并在太阳下晒干备用。

◎ 睡眠时间

这个时期的婴儿，白天醒着的时间比以前多了，醒着的时候喜欢到处看看，喜欢用手触摸玩具，喜欢有人逗他玩；晚上睡得比较香甜、沉稳，一般只醒一次，有的小孩能够一觉睡到天亮。一般每天需睡15~16小时左右，上午睡1~2小时，下午睡2~3小时。

孩子的睡眠时间及睡眠方式应由孩子的睡眠状况来决定，家长不应强求。如果孩子白天醒着的时间比较长，家长在这一时间就应多逗孩子玩，让他快乐，这样孩子晚上就会睡得比较香，时间比较长。但晚上入睡前不要逗引孩子，以免使孩子过度兴奋，难以

>>专家提醒：孩子睡眠易醒怎么办

正常情况下，婴儿对日常的声音，如父母的走路声、说话声、适度的电视机的声音都能习惯，照样能睡得很沉。

如果小宝宝睡着后，听到一点声音就很快醒来，甚至还惊哭；每次睡眠时间很短，不足一小时；并且睡着后头发、衣服、枕头照样汗湿，而天气并不热，这可能提示宝宝缺钙。家长应带宝宝到医院检查，在医生指导下给宝宝服用维生素D制剂。

家长切切不可自行上药店购买维生素D制剂让宝宝服用，因为服用过量会引起维生素D中毒，影响宝宝的健康。同时，家长还应经常抱孩子到户外晒太阳。

入睡，且入睡后容易惊醒。如果孩子白天睡得比较香的时候，家长硬把孩子弄醒来喂奶，孩子情绪就会变坏，既影响孩子睡眠，又影响孩子食欲。因此家长应遵循孩子睡眠的自然规律，醒着的时候让他好好玩，睡眠时让他好好睡。

◎ 选择合适的枕头

枕头高度要合适，一般以3厘米左右为宜，随着孩子长大，可适当提高。如果枕头过低，使胃的位置相对高，容易引起孩子吐奶；枕头过高，不利于孩子脊柱颈部弯曲的形成。因为刚出生的孩子脊柱几乎是直的，随着身体生长发育，才出现脊柱的三个生理弯曲，这对于维持身体正常姿势平衡及脊髓功能有重要意义。

枕头中充填物的选择也很重要，有些家长喜欢用大米或绿豆作为充填物，认为用这种枕头睡，孩子头形好看。其实这种枕头对小婴儿不适宜，因为用米、豆作为充填物的枕头很硬，孩子长时间睡在上面，出汗后来回摩擦，容易擦伤皮肤或引起枕骨后面一圈秃发，也容易使孩子头睡得扁平。选择木棉做枕心较好，因为宝宝容易出汗，木棉透气性能好，易散热。

枕套要选用柔软的棉布制作，忌用化纤布。因为化纤布透气性能差，夏天易引起痱子、疖肿等皮肤病，还能引起婴儿湿疹。

◎ 准备舒适的鞋子

从理论上讲，这个阶段的宝宝还不会走路，光脚是最好的。但由于此时的宝宝活动能力逐步加强，特别是脚部的活动，如蹬腿、踢腿等动作比以前明显增多，为了避免宝宝脚部皮肤的磨擦，保护娇嫩的脚趾甲，给宝宝准备一双合适的鞋还是有必要的。

所谓合适的鞋，首先应根据宝宝不会走路的特点出发，选择那些可透气的真皮或布等材质制成的，鞋要轻便，鞋底要柔软富有弹性，最好是你的手隔着鞋底都摸得到宝宝的脚趾。那些用塑料材料制成的，或者有坚硬外壳的皮鞋都是不合适的。宝宝的鞋也要适当宽松一些。买鞋时妈妈或爸爸可以用拇指压压，鞋的长度要以宝宝最长的脚趾和鞋尖保留拇指的宽度为宜。鞋的宽度应以脚部最宽的部分能够稍加挤压为宜，如果尚能挤压，宽度就足够了。为了给宝宝的小脚丫留下发育的空间，妈妈或爸爸千万不要给宝宝穿太小太紧的鞋子。此外，由于宝宝的小脚丫长得很快，一双鞋不等穿坏很快就不能穿了，所以不要买太贵哦！

◎ 环境的安排

美的环境可以陶冶孩子的性情，给孩子美的享受，家长应尽量把孩子的生活环境布置得安静整洁、舒适、丰富多彩。

婴儿居室应该经常打扫，家具应经常擦拭，保持清洁卫生；居室应保持空气流

通，夏季应保持室内凉爽，但不要把婴儿置于对流风处。冬季室内应保持适宜的温度(18℃~22℃)和湿度，使婴儿呼吸道不致过于干燥。

室内应保持安静，避免噪声和成人的大声喧哗。如果婴儿经常处于嘈杂和吵闹的环境中，情绪会变坏，严重的会影响食欲和睡眠。

这一时期的婴儿已不满足于整天躺在床上，想要起来玩，喜欢主动地环视周围环境，触摸和抓握玩具。因此，父母可将婴儿周围的环境布置得丰富多彩些，如在墙上贴一些图案简洁、色彩鲜艳的图片，挂一些小动物玩具，床头上可悬挂一些色彩鲜艳的(如红色)玩具，玩具如能发出悦耳的声音或能够活动就更能引起孩子注意，他不仅会注视、还会去触摸和抓握这些玩具。

◎ 使用儿童车

这个时期，小儿既好动而又不能自由活动，手还喜欢到处乱抓东西往嘴里放，若没有专人照料，容易发生危险。而现在的许多家庭，照料孩子、处理家务常常落在一个人身上，这时儿童车就可以派上大用场。

可以把婴儿放在儿童车里，这样可给他一些玩具让他自己玩耍。既能练坐，家长还可以放心地去干其他事，不必寸步不离地守在婴儿旁。

儿童车式样比较多，有的儿童车可以坐，放斜了可以半卧，放平了可以躺着，使

用很方便。还可以将婴儿放在儿童车里，或坐或躺，父母推着小车到户外去晒太阳，呼吸新鲜空气，让婴儿接触和观察大自然，促进婴儿的身心发育。

父母注意，不能长时间让婴儿坐在儿童车里，任何一种姿势，时间长了，造成婴儿发育中的肌肉负荷过重。另外，让婴儿整天单独坐在车子里，就会缺少与父母的交流，时间长了，影响婴儿的心理发育。正确的方法应该让婴儿坐一会儿，然后父母抱一会儿，交替进行。

◎ 出牙期的护理

1.出牙前易发生的情况

一般情况，婴儿出牙前2个月左右开始会出现流口水，吮手指的现象，当孩子吃奶时喜欢咬奶头，还伴随哭闹、烦躁不安；轻度体温升高的现象时，有经验的父母马上就能感觉到，孩子要出牙了。仔细查看婴儿的口腔，可以看到局部牙龈发白或稍有充血红肿，触摸牙龈时有牙尖样硬物感。

牙齿萌出是正常的生理现象，多数婴儿没有特别的不适，即使出现上述暂时的现象，也不必为此担心，在牙齿萌出后就会好转或消失。

孩子出牙时体内的抵抗力有所下降，容易患病和出现一些异常状况，但这也不是说孩子的感冒、发烧、腹泻都是由出牙引起。如果孩子出牙期间体温超过38℃，必须立即去医院就诊。

2.出牙期口腔卫生

婴儿从开始长第一颗乳牙到乳牙全部出齐，大约需要2年的时间，在这期间要特别注意婴儿的口腔卫生。

牙齿萌出期间，在每次哺乳或喂食物后或者每天晚上，由母亲将纱布缠在手指上给婴儿擦洗牙龈和刚刚露出的小牙，使其适应清洁口腔。牙齿萌出后，可继续用这种方法对萌出的乳牙从唇面(牙齿的外侧)到舌面(牙齿的里面)轻轻擦洗揉搓，对牙龈进行轻轻按摩。

同时，父母应注意每次进食后都要给孩子喂点温开水，以起到冲洗口腔的作用，还可以在每天晚餐后用2%的苏打水，轻轻沾擦小儿的牙龈。注意不要在一个地方来回擦，以免引起牙龈黏膜损伤而造成感染。

如果小儿牙龈出现发红、微肿的现象，可在红肿部位涂1%龙胆紫药液，预防感染。

3.出牙期的注意事项

这个时期可给小儿吃些较硬的食物，如梨、苹果、面包干、磨牙棒等，还可以给小儿准备一个能咬、有韧性的玩具，让孩子咬啃以便刺激牙龈，使牙齿便于迅速萌出。

牙齿萌出期间，小儿的玩具等物品要保持清洗干净，小儿的小手勤用肥皂清洗、勤剪指甲，以免引起牙龈发炎。另外，刚萌出的乳牙表面矿化尚未完全，牙根还没有发育完全，很容易发生龋病，因此，在牙齿开始萌出后就应做好龋病等的预防工作。

四 宝宝喂养

◎ 开始添加辅食

添加辅食是在宝宝断奶前，逐渐将母乳或配方乳变成非主食而慢慢增加其他食物为主食的一种必要过程，添加辅食是为了让宝宝摄取更多营养并适应食物。

宝宝出生后的4~5个月内，母乳和配方奶的营养成分是足够的，但如果之后还只食用母乳和奶粉的宝宝就会出现体内铁、蛋白质、钙质、脂肪和维生素等缺乏的状况。因此宝宝的身体需要从食物中摄取营养素来促进生长，维持健康。

另一方面，还要让宝宝慢慢适应食物的味道，并学习如何咀嚼、吞咽，并使用餐具

进食，为宝宝将来接受固体食物做好准备，慢慢接受大人的饮食方式。尤其是有些宝宝，在出生后3~4个月时会进入"厌奶期"，出现不喝牛奶或者喝奶量减少的状况，所以更需要给宝宝添加辅食，补充所需热量与营养素，为宝宝的健康打下基础。

通常什么时候添加辅食呢？只要宝宝达到以下任何一个条件都是可以给宝宝尝试的时机：

1.宝宝月龄达到四个月以上

宝宝的消化能力不断增强，这时可以逐步添加辅了。

2.宝宝体重已达出生时的两倍

宝宝体重已达到出生时体重的2倍，通常为6千克。如出生时体重3.5千克，则要到7千克。出生体重2.5千克以下的低体重儿，添加辅食时，体重也应达到6千克。

3.宝宝奶量达到1000ml

即使每天喂奶多达8~10次或一天吃配方奶达1000ml，却仍发现宝宝有饥饿感或有较强的求食欲，这表明宝宝营养需求在增加，此时就可以添加辅食了。

4.宝宝有进食意向

别人吃东西时宝宝会观看食物从盘子到嘴里的过程；小匙碰到宝宝口唇时，宝宝会

作出吸吮动作，能将食物向后送，并吞咽下去；宝宝触及食物或妈妈的手时，露出笑容并张口。这些都说明宝宝有进食意向。相反，试食时，宝宝头或躯体侧转，或闭口拒食，则表示添加辅食可能为时过早。

◎ 推迟添加辅食的情况

1. 有家族性过敏史

即使妈妈将辅食做得再好吃，也避免不了宝宝出现呕吐、腹泻或者长痱子等过敏反应。此时宝宝肠胃功能尚不够成熟，如果出现了过敏反应，就不要喂可能引起宝宝过敏的食物了。

食物过敏的几种可能表现：胀肚、嘴或肛门周围出现皮疹、腹泻、流鼻涕或流眼泪、异常不安或哭闹。若出现上述任何现象，都应停止添加辅食。

2. 早产儿

早产儿因为他的吸吮——吞咽——呼吸功能发育得缓慢，所以应该相应地推迟添加辅食的时间，否则会造成消化不好，而导致肠胃不适。

3. 需要推迟添加的辅食

有些辅食应推迟添加时间，有的甚至要推迟到1周岁以后，例如蛋白、鲜牛奶等。

许多宝宝对蛋白或鲜牛奶过敏，因此，妈妈要观察宝宝对这些食物是否过敏，以免伤害到宝宝的身体。

◎ 添加辅食的原则

婴儿辅食应根据小儿的营养需要和消化能力合理添加。因此，添加辅食必须要遵循一定的原则。

1. 由一种到多种

随着宝宝的营养需求和消化能力的增强，应增加辅食的种类。开始只能给宝宝吃1种与月龄相宜的辅食，尝试3～4天或1周后，如果宝宝的消化情况良好，排便正常，可再尝试另一种，不能在短时间内增加好几种。如果对某一种食物过敏，在尝试的几天里就能观察出来。

2. 从少到多

每次给宝宝添加新的食物时，一天只能喂一次，而且量不要太大，以后再逐渐增加。

3. 从稀到稠

宝宝在开始吃辅食时可能还没有长出牙齿，所以只能给宝宝喂流质食物，逐渐再添加半流质食物。

4. 从细到粗

换乳初期食物颗粒要细小，口感要嫩滑，以锻炼宝宝的吞咽能力，为以后过渡到固体食物打下基础。在宝宝快要长牙或正在长牙时，可把食物的颗粒逐渐做得粗大一点，这样有利于促进宝宝牙齿的生长，并锻炼他们的咀嚼能力。

5.宝宝不适时要停止添加新食物

宝宝吃了新添加的辅食后，要密切观察宝宝的消化情况，如出现腹泻，或大便里有较多黏液，要立即暂停添加该食物，等宝宝恢复正常后再重新少量添加。

6.不要让辅食完全替代乳类

6个月以内，宝宝吃的主要食物应该仍然以母乳或配方奶粉为主，因为母乳或配方奶中含有宝宝需要的营养，在此阶段添加一些流质的辅食即可。其他辅食只能作为一种补充食物，不可过量添加。

7.添加辅食不等于换乳

如果母乳比较充足，却因为宝宝不爱吃辅食而把母乳断掉，这是不应该的。母乳毕竟是这个时期宝宝最佳的食物，所以不要急于用辅食把母乳替换下来。

8.吃流质或泥状食物时间不宜过长

不能长时间给宝宝吃流质或者泥状的食物，这样会使宝宝错过发展咀嚼能力的关键期，可能会导致宝宝在咀嚼食物方面产生障碍。

9.辅食要新鲜

给宝宝制作食物时，不要注重营养而忽视了味道，这样不仅会影响宝宝的味觉发育，而且也为宝宝日后挑食埋下隐患，还可能使宝宝对辅食产生厌恶，影响营养的摄取。在制作辅食时，最好用新鲜的食物。

◎ 辅食的种类和喂用

添加辅食是一个循序渐进的过程，这时候大多数的孩子还未长牙，咀嚼能力差，添加的辅食一定要少而烂，适合孩子的消化能

恰如其分的赞赏是增强孩子自信心的最佳途径。要相信任何人都有一个发展的过程。要相信孩子会有进步。

力。能够接受的食物大概有各种谷类食品如米糊、营养米粉、烂粥、豆腐、菜泥、水果泥、蛋黄、动物血、鱼泥等。

现在为婴儿生产的各类食品较多，如超市里出售的奶糕、各种米粉等，一般冲调即可喂食，非常方便。但要注意的是，这个时期的婴儿还是应该以奶为主，不能过多喂食各类食品。因为谷类食品缺乏婴儿生长所需要的优质脂肪、蛋白质以及其他营养物质。冲调奶糕、米粉时可适当调入蛋黄、鱼泥、菜泥等，提高它的营养价值，也省去单喂的麻烦。

蔬菜含维生素丰富，是婴儿生长发育不可缺乏的营养素之一。婴儿对蔬菜的接受远远不如谷类食品及水果那样容易，家长一定要有耐心，多花些心思，每次做一点试着喂喂看。这个时期的婴儿适合吃菜泥，要选用深色新鲜蔬菜，菜泥里可适当加入少许盐或几滴素油。

给婴儿添加水果可选择苹果、梨、香蕉、橘子、鲜橙等，洗净后挤汁或用匙子刮成泥来喂。孩子都比较喜欢水果的味道，刚开始喂时，一次不能太多，父母不能看到孩子喜欢就随意满足。这个时期，每天喂水果的次数不超过2次，多在下午2点和6点。

尽管近年来研究发现蛋类所含的铁质不易吸收，但它毕竟含铁丰富，所以，蛋黄仍是这个时期婴儿的最理想的供铁食物。可单独喂食，也可混入米粉，奶糕中喂食。开始添加时，蛋黄先从1/4个吃起，慢慢增至

>>专家提醒：添加辅食要耐心

在开始为孩子添加辅食时，常常会遇到这样的情况，父母辛辛苦苦花上好长时间做成的食物，喂上一口孩子就不吃了。

为了不白做，往往有的父母会强迫行事非得让孩子吃下去，本来孩子吃不吃是无心的，可父母这种强硬的态度却在孩子脑子里留下不良的印象，致使以后更加执拗，疑心更大，甚至连碰都不碰，这样就把事情搞糟了。

因此，考虑到父母的心情以及制作辅食的辛苦，我们建议刚开始时只给孩子喂些现成的食物，比如父母可以把自己吃的饭菜挑一点合适的给孩子尝尝，像鸡蛋花、稀粥、豆腐等等，如果孩子喜欢吃就喂一点，不喜欢吃，父母吃掉就算了。等到孩子能吃上十余口时，再给他单独制作辅食。每次喂前，父母态度要亲切，引起婴儿愉快的情绪，如果孩子吃了几口就不吃时，不要勉强，停几天再试试，或者改变一下口味，适当加一点点盐或放些糖也许就好些。

1/2直至全蛋黄。蛋清易使婴儿过敏，父母不要太早给婴儿喂蛋清，一般到7个月左右再开始喂全蛋。

动物血如鸡、鸭、猪血中含有较多的铁质和蛋白质，易于消化，是制作婴儿辅食的很好选择。可将动物血隔水蒸熟，切末，与煮烂的粥混匀，或是调入奶糕中喂。

鱼也是婴儿的理想食物，不仅营养丰富、易于消化，而且不需要特地制作。家里人吃的蒸鱼、炖鱼、烧鱼都可喂婴儿吃，一般选择鱼肚皮上的肉，剔除大刺，搞碎即可。

◎ 母乳喂养

按照常理来讲，如果母亲的乳汁营养丰富，这个月龄母乳喂养本身是不会存在多少问题的。要说的是即使母亲乳汁多，婴儿吃得饱，体重长得好，也得要给婴儿添加母乳以外的食物。

因为，随着婴儿月龄的逐渐增加，母乳中的无机盐和维生素含量已不能完全满足婴儿生长发育之需。因此，不论是母乳喂养或其他方式喂养的婴儿，均应及时添加必要的无机盐和维生素。

婴儿出生4个月内，从母体中获得的铁还有储备，但婴儿满了5个月后，身体中储备的铁逐渐不够用了。特别是那些出生体重低的小儿，如果体内的储备铁用光了，就会发生贫血。因此，母乳喂养的小儿到这个月龄应该添加辅食。

由于小儿不断长大，其消化功能逐渐成熟，胃容量也日渐增大，这时，一般母亲的母乳都显得不是很充足，这就要考虑给婴儿添加牛奶。添加牛奶的量应根据婴儿的体重增加情况进行大体的估算，5~6个月的婴儿体重增加应为每天15克左右。如果婴儿每10天增重不足150克，就应每天添加1次牛奶（180~200毫升）；如果婴儿每10天增重不足100克，每天就应添加2次牛奶。也有一些婴儿不爱喝奶粉而只爱喝鲜奶。不管是经低温灭菌还是高温消毒的鲜奶取回后都应再煮沸一次，否则可能引起宝宝轻微的肠道出血。添加牛奶要安排在母亲下奶最不好的时候单独加一次，不要在吃完母乳后接着加牛奶。

有的婴儿以前吃惯了母乳，适应了母亲的奶头，一下子改换成奶粉或牛奶，又碰上硬梆梆的胶皮奶头会表示不接受，父母要耐心尝试几次，不太挑剔的婴儿尝过几次后会很快接纳的，并渐渐喜欢上牛奶的。对于实在不愿接受的婴儿要分清是对牛奶味道的挑剔还是对奶嘴本身的不接受，换用匙子喂试试看。否则，只有放弃喂牛奶了。好在这个时期是孩子味觉发育的敏感期，孩子不接受牛奶也不要紧，父母可以抓住时机给他添加代乳品。

◎ 牛奶喂养

这个时期能吃的婴儿无论给多少牛奶也总是显出不够的样子，但不能为了满足婴儿的食欲无限制地增加奶量，因为这很容易使婴儿成为肥胖儿。因此，能喝牛奶的婴儿必须每10天测一次体重。正常婴儿在这个时期每10天增重150～200克。如果增重200克以上，就必须加以控制。超过300克就有成为巨型儿的倾向。这时父母可在喂奶之前或喝完奶后适当给些果汁或浓度小的酸奶。一般在3个月时每天吃到900毫升的婴儿，在这个月龄最多每天吃到1000毫升，量不需要增加多少了，从这个时期起应该开始用断乳食品对婴儿的食量进行调节，逐渐过渡到断奶。食欲特别强的婴儿可适当用米粥代替牛奶。

食量小的婴儿可能到了这个月龄每次也吃不下180毫升，只要他活动正常，精神愉快，睡眠好，体重逐月增加，父母就不用担心。只是他比食量大的婴儿生长慢些，但对他自身来说还是有进步的。如果给他添加些辅食，说不定会很高兴接受，吃得很好，但他同样不会吃得太多。

◎ 选择水果

给婴儿制作水果辅食时，摆在父母面前一个很现实的问题就是如何合理地选择水果。水果种类繁多，它不仅有很高的营养价值，有的水果还有防病、治病的作用，然而吃得不当也会致病。尤其对婴儿来说，消化系统的功能不够成熟，吃水果尤其要注意，免得好事变成坏事。

婴儿常吃的水果有苹果、梨、香蕉、橘子、西瓜等，如苹果能收敛止泻，梨能清热润肺，香蕉能润肠通便，橘能开胃，西瓜能解暑止渴。婴儿情况正常时，父母每天可以选择1～2样水果喂给孩子；婴儿身体出现不适时，可以根据孩子的情况合理选择水果，不仅可以补充营养而且还可以起到辅助治疗的作用。如婴儿大便稀薄时，可用苹果炖成苹果泥，有涩肠止泻的作用。

由于婴儿特偏爱水果，父母喂食的时候就能体会到，所以，给婴儿添加水果辅食是最不费劲的了。父母看到孩子能吃往往会失去控制，但是过食水果也会引起不适的。比如香蕉甘甜质软，喂用又方便，吃得过多，婴儿会出现腹胀便稀，影响胃肠功能。因此，父母要记住美味不可多食，喂用水果要适可而止。

父母在选购水果时，最好对婴儿常食的水果品种性质有一定的了解，这样容易喂

家庭是最早最好也是最高的学府。教育的起点不是小学，不是幼儿园，而是家庭。

食，方便自己。比如苹果，你买国光苹果用勺刮就不如买红金帅，因为红金帅松绵用匙很容易刮，而国光硬脆用匙刮就不那么容易。这些食用诀窍相信父母在实践中会不断领悟、发现。

◎ 喂果汁

此时的宝宝可以喂食果汁了，不要担心果汁的味道，宝宝天性就喜欢果汁的酸甜味。果汁的最大作用就是补充维生素C，同时水果对孩子的大便有独特的作用。如果孩子有轻微腹泻，可喂一些西红柿或苹果汁，这两种水果有使大便变硬的功能；如果孩子有些便秘，可喂一些柑、桔、西瓜、桃子等果汁，因这些水果有使大便变软的功能。给孩子喂果汁，可使他(她)习惯各种口味，习惯用匙子吃东西。

果汁的做法 首先，将手、水果及各种工具洗干净，将苹果、梨、桃之类捣碎，葡萄、草莓、樱桃保持原样，西红柿、西瓜等切成小块，柑桔之类可切成圈圈，或捣或挤压，最后将果汁过滤出来。其中，柑桔、草莓、西红柿等含有大量的维生素C。

果汁的喂法 刚开始喂时应将果汁用凉开水稀释一倍，第一天每次只喂一汤匙，第二天每次二汤匙，可逐渐增加，一天喂三次，每次30~50毫升。要在洗澡、日光浴、户外活动以后喂。如果宝宝不愿意吃或吃进去就吐，可过一段时间再尝试喂。如果实在不吃，也不要勉强宝宝。

需要注意的是，宝宝腹泻时可中止喂果汁，或者因果汁而引起腹泻的亦应停止；喂果汁以后大便发绿或发黑，只要宝宝情绪精神好，就是正常现象。因为果汁能使大便变成酸性，故而发绿；吃了苹果汁后大便会发黑，不要误以为发病。如果喂果汁而引起不好好吃奶，应酌情减少果汁量，必要时可停止。

>>育儿须知：水果不能代替蔬菜

蔬菜能供给人体不可缺少的矿物质和维生素。矿物质包含许多元素，如钙、磷、铁、铜、碘等，它们对人体各部分的构成和机能具有重要作用：钙和磷是构成骨骼和牙齿的关键物质；铁是构成血红蛋白、肌红蛋白和细胞色素的主要成分，是负责将氧气输送到人体各部位去的血红蛋白的必要成分；铜有催化血红蛋白合成的功能；碘则在甲状腺功能中发挥必不可少的作用。因此，对于不爱吃蔬菜的孩子，父母用水果来代替是不科学的。虽然，水果中的维生素量不少，足以能代替蔬菜，然而钠、钙、钾、铁等矿物质的含量少，远不及蔬菜。所以，从这一点来说，水果就不能完全代替蔬菜。

水果汁大多是酸性的，如果在喂奶后不久就喂的话，在胃内能够使牛奶中的蛋白质凝固成块，不易吸收。因此，果汁最好在喂完奶后1小时再喂，也就是要选在两顿奶之间，才有利于营养的吸收。

◎ 喂菜汁

到这一时期末，可以给小婴儿适当喂些菜水了，家长要选用新鲜嫩绿的菜叶而不是选用嫩菜心来煮水喂孩子。据现代营养研究分析，蔬菜的营养价值以翠绿色为高，黄色次之，白色较差，同一种蔬菜也是色深的营养价值高。从蔬菜的生长过程看，蔬菜的生长需要阳光，由于光合作用，外部的叶片往往比里面的获取营养多，它的颜色也是比里面的深，而菜心包裹在内，见不到阳光，颜色往往是淡绿色、黄色，甚至近白色，因此从营养价值角度上看，嫩菜心要比外部的深绿色菜叶要差得多。做菜汁时，就要选用新鲜、深色的外部菜叶子，洗净、切碎，放入干净的碗中，再放入盛有一定量开水的锅内蒸开，取出后将菜汁滤出，可加少许盐喂给孩子。

有一些能压出汁的蔬菜如番茄，可直接做，不用蒸煮。选用新鲜成熟的番茄，洗净再用开水烫洗去皮、去籽，放入一定量的白糖，用汤匙搅碎，再用匙背将汁压出，滤出汁水，稍加温开水即可喂给孩子。

有些家长担心蔬菜里的农药会对婴儿有害，因此，可以选择有机种植的蔬菜。

◎ 练习用匙吃食物

这个时期，当婴儿开始添加辅食时，就要遇到用匙的问题，因为好多食物是不能用奶瓶喂的。为了能使婴儿尽快地接受辅食，练习用匙喂食是很重要的，这也是为日后顺利断奶打基础。

开始用匙喂时，婴儿肯定会不习惯，以往只要唇一吸就到嘴，而现在却要面对一匙硬梆梆的东西，且不说食物的味道和质地发生了变化，光是匙子本身就足以让他反感。这不要紧，父母可在每次喂奶前先试着用匙喂些食品或在吃饭时顺便喂些汤水，时间一久，慢慢习惯了，等他觉得匙中之物是好吃的了，就会接纳匙了。

有时，父母看到孩子把喂进去的食物又用舌头顶出来，以为孩子不愿吃，索性就不喂了。其实不是孩子不愿吃，只不过他的舌头不灵活，不好使而已，多喂几次就熟练了。

练习用匙喂，也是在给孩子进行食物教育，父母关键要引导孩子主动地去学习吃食物。让孩子在不断品尝到新的滋味中，激发他们吃食物的热情，只有接受了匙子，婴儿才能在匙中吃到丰富的食物，才能享受到人生的这种乐趣。

五 异常与疾病

◎ 喉咙有"痰"声

这时期的孩子，因过多的口水积储在口和咽喉部，小儿无论在白天还是晚上，经常可以听到喉咙处发出"咕噜、咕噜"或"呼哧、呼哧"的"痰"声，仰卧躺着时或者在小儿体位发生变化时，这种声音可能加重，有时还会伴有一声半声的呛咳，尤其在小儿醒着手脚用力乱动时这种"痰"声和呛咳声更为明显。

这些都是正常现象，随着小儿年龄的增长，逐步学会主动吞咽口水后，这种现象就会慢慢消失，但消失的时间有个体差异，早的在8～9个月就消失了，迟的到两岁左右可能还流着口水。消失过迟的小儿到医疗保健部门检查一下以排除异常情况。

◎ 营养不良

医学界针对婴幼儿营养不良现状，曾做过专门研究，结果表明，营养不良是婴幼儿常见的疾病，1岁以下的婴幼儿发病率较高。除了如早产、双胎、巨大儿、先天畸形等先天因素之外，绝大部分的宝宝营养不良，基本上是后天的喂养有问题，尤其是辅食添加不合理所造成的。常见的有以下几方面的原因：

1.添加辅食过早

有的爸爸妈妈，在宝宝刚到2个月或3个月时，就给宝宝添加辅食，造成了宝宝的营养不良。因为刚离开母体，或离开母体时间不长的宝宝，消化器官还很娇嫩，消化腺也不发达，许多消化酶尚未形成，分泌功能较差，还不具备消化辅食的功能。如果在这个时候给宝宝添加辅食，就会增加宝宝消化功能的负担，消化不了的辅食不是滞留在腹中"发酵"，造成腹胀、便秘、厌食，就是增加肠蠕动，使大便量和次数增加，最后导致腹泻。因此，切忌过早给宝宝添加辅食。

2.添加辅食过晚

还有的情况是与添加辅食过早恰恰相反，有些爸爸妈妈怕宝宝消化不了，对添加辅食过于谨慎。宝宝早已过了4个月，还只是吃母乳或牛奶、奶粉。就不想一想宝宝已经长大，对营养、能量的需要增加了，光吃母乳或牛奶、奶粉已不能满足宝宝生长发育的需要，应合理添加辅食了。同时，宝宝消化器官的功能已逐渐健全，味觉器官也基本发育成熟了，已具备了添加辅食的条件。另外，此时的宝宝从母体中获得的免疫力已基本消耗殆尽，而自身的抵抗力正需要通过增加营养来产生，此时若不及时添加辅食，宝宝不仅生长发育会受到影响，还会因缺乏抵抗力或营养不良而导致疾病。因此，宝宝在4个月的时候，就要开始适当添加辅食了。

3.添加辅食过滥

宝宝消化器官功能的基本健全，并不等于已经完全健全，如果认为这时的宝宝什么也能吃了，这是不正确的。宝宝虽然能吃辅食了，但消化器官毕竟还很稚嫩，妈妈和爸爸还不能操之过急，而应看宝宝消化功能的具体情况逐渐添加。如果任意添加，同样会造成宝宝消化不良。如果让宝宝随心所欲，想吃什么就给什么，想吃多少给多少，又会造成营养不平衡或导致肥胖，还可能养成偏食、挑食等不良饮食习惯。因此，爸爸妈妈在给宝宝添加辅食的时候，也要根据辅食的营养构成和宝宝身体的实际需求，有选择地添加。

总之，宝宝吃得精、吃得细、吃得软，爸爸妈妈的制作稍有粗糙和疏忽，就会引起宝宝的恶心呕吐，于是宝宝干脆不吃或者吃了也要吐出来。长期下去，宝宝就会营养不良，生长当然也不会理想，还会影响宝宝大脑智力的发育。

◎ 缺铁性贫血

4个月的宝宝，容易出现营养性缺铁性贫血，这是因为，宝宝体内储存的铁，只能满足4个月内生长发育的需要。也就是说，宝宝从母体带来的铁元素，已经基本消耗掉了。同时，4~6个月宝宝的体重、身高增长迅速，对铁的需求量也高，因此，就容易发生缺铁性贫血。

>>育儿须知：如何判断小儿营养不良

一般小儿从第2个月起就会逐渐地胖起来。多数小儿3个月体检时，身体一切正常而身上肉并不太多。到了6个月体检时，情况就不同了，不但脸上胖乎乎的，而且身上肉也多了。这就是因为婴儿的皮下脂肪在随着年龄不断地增长，而这种增长是有一定顺序的。一岁以内的婴儿在头6个月内皮下脂肪增长的顺序一般是：先面部，再腿部，继而胸部，最后腹部。而发生营养不良时，皮下脂肪削减的顺序却恰恰相反：最先是腹部，然后是胸、背、腰部，继而四肢、臀部，最后削减的是面部。因此，在判断小儿是否存在营养不良尤其是轻度营养不良时，单看脸上是否消瘦是不能正确判断病情的。

缺铁性贫血对宝宝身体的危害是很大的，大多轻度贫血的症状、体征不太明显，待有明显症状时，多已属中度贫血，主要表现为上唇、口腔黏膜及指甲苍白；肝脾淋巴结轻度肿大；食欲减退、烦躁不安、注意力不集中、智力减退；明显贫血时心率增快、心脏扩大，常常合并感染等。化验检查血中红细胞变小，血色素降低，血清铁蛋白降低。

防治缺铁性贫血，就是给宝宝增加辅食中含铁量高的食物，具体方法可以参考以下几种：

1.坚持母乳喂养

母乳含铁量与牛乳相同，但其吸收率高，可达50%，而牛乳只10%，母乳喂养的婴儿缺铁性贫血者较人工喂养的少。

2.定期给宝宝检查血红蛋白

宝宝在出生后的6个月时，需检查一次；1岁时需检查一次；以后每年检查一次，以便及时发现贫血。

◎"倒睫"、"结膜炎"

宝宝在出生4个月左右时，爸爸妈妈常会在睡醒觉或早晨起床后，发现宝宝眼角或外眼角沾有眼屎，而且眼睛里泪汪汪的。仔细一看还可能发现，宝宝下眼睑的睫毛倒向眼内，触到了眼球。这种现象叫倒睫，当睫毛倒向眼内时刺激了角膜，所以导致宝宝出眼屎和流眼泪。造成宝宝倒睫的原因，主要是由于宝宝的脸蛋较胖，脂肪丰满，使下眼睑倒向眼睛的内侧而出现倒睫。一般情况下，过了5个月，随着宝宝的面部变得俏丽起来，倒睫也就自然痊愈了。

另一个导致宝宝眼睛出眼屎的原因，可能是"急性结膜炎"而引起的，这可以从急性期宝宝的白眼球是否充血作出初步判断。严重时，宝宝早上起来因上下眼睑沾到一起而睁不开眼睛，爸爸妈妈必须小心翼翼地用干净的湿棉布擦洗后才能睁开。宝宝的"急性结膜炎"多半由细菌引起，点2~3次眼药后就会痊愈。

激发幼儿的求知和学习的欲望，远比教会有限的知识有意义得多。

◎ 心脏杂音

心脏是人体里的重要器官，心脏问题有时不仅出现在成年人身上，而且还会出现在婴幼儿的身上，心杂音就是婴幼儿期容易出现的 对大多数宝宝来说，这种心杂音是心脏成长形状不规则的结果。这种称之为"机能性"的声响可由医生用听诊器测出，没有必要做进一步的测验或治疗。通常当宝宝心脏发育完成后，杂音也就自然消失。如果宝宝已经到了心脏发育完全期仍然有心杂音，这就需要做进一步的检查、追踪、治疗。因为心杂音的情况各有不同，有些宝宝的心杂音会慢慢地自然痊愈；而有些宝宝的心杂音可能要动手术或进行其他的治疗。

因此，如果宝宝有心杂音，爸爸妈妈一定要与医院保持密切联系，及时与医生沟通，积极寻找治疗的办法和措施，以使宝宝早日康复。

◎ 舌系带过短

舌是人体中最灵活的肌肉组织，可完成任何方向的运动，在舌下正中有条系带，使舌和口底相连，如果舌系带过短，孩子伸舌时，舌头像被什么东西牵住似的；舌尖呈"V"型凹入；舌系带短而厚，孩子就会发生吸吮困难、语言障碍等。

孩子有以下情况时，家长要检查孩子的舌头是否有问题。

❶ 吃奶时裹不住奶头，出现漏奶现象。

❷ 学说话时，发音不准特别是说不准舌音如"十"、"是"等。但是，也有些是因家长特别娇惯孩子，使孩子讲话不清，这种情况经正确的语音训练多半能够纠正。

若孩子在6个月以前就发现舌系带过短，可立即进行手术。舌系带手术的时间最好是在6岁以前完成，这样既不影响孩子身心健康，又不影响学习。

六 智能开发

◎ 选择合适的玩具

适合宝宝的玩具应该符合以下特点：

❶ 色彩要鲜艳，色块大，不乱；

❷ 无毒无污染；

❸ 玩具上尽量少有小装饰物，如果有眼睛，应是不易摘下来的那种；

❹ 易于清洗消毒。

玩具是孩子的玩具，要孩子喜欢玩才行。孩子的智力发育、性格、兴趣爱好不同，喜爱的玩具也不同。以下仅供参考。

新生儿	八音盒，会动带响声的玩具	8个月	图片、镜子
3个月	颜色鲜艳，能发声的玩具	10个月	积木，简单的插接玩具
4个月	用手捏便会叫的塑胶玩具	12个月	拖拉玩具
5个月	能让孩子用手抓住的玩具	13个月	汽车、球
6个月	长毛绒玩具，孩子能拿住即可，不要太大	24个月	玩水和沙土的玩具，画画用的文具

◎ 社交能力的发展

1.会对人笑

两三个月以后孩子很好玩，会逗人，很喜欢让人抱。有时一面吃奶，一面盯住妈妈的脸，有时还要放开奶头笑起来，逗得妈妈非常高兴。有时也转向周围的人，设法逗引旁人或观看旁人的活动，竟忘记吃奶。

孩子吃饱睡足，可自由地挥动手脚，或把小脚丫搬进嘴里啃起来，玩得真够快乐。如果成人逗引他，同他说话，不仅微笑，还要咯咯地大笑起来。初生时只会哭，现在学会笑。笑比哭好，哭是消极情绪反应，笑却是积极情绪，有助于神经系统健康发育，有助于消化，有助于精神健康。

2.会看脸色

2、3个月以后，吃饱了还要哭，不紧不慢的哭声是在喊人跟他玩，此时不只是生理需要，更需要心理上的满足，有人同他交往就高兴，又说又笑，人一走又哭又闹。他哭得对，因为在与人交往中学习说话，学习认识，学习情感的交流，交往是心理发展的重要条件。因此，成人不该离开孩子，更不能把孩子独自丢下，让孩子孤独一人会感到不安、枯燥无趣。

6～7个月的孩子，会看脸色，逐渐能分辨出温和还是严肃的表情，亲切的声音还是训斥的怪腔。对温柔而亲切的态度就做出微笑或高兴反应，对严肃的态度就要惊恐、躲避或大哭。

◎ 咿呀学语

人的思想感情、愿望和要求，可以用表情、手势、身体动作来表达，但更重要的是用语言来表述。人的语言的发生和发展，包括对语言的理解和表达两个方面。理解和表达都有一个反复训练过程。

4个月的婴儿在语言发育和感情交流上进步较快。高兴时，他会大声地笑，且声音清脆悦耳；当有人与之讲话时，他会发出各种声音来搭腔。家长应该抓住这个时机，尽早开发婴儿的语言功能。比如，4～5个月的婴儿已能分辨不同人的声音，特别听到母亲的声音时，格外兴奋。父母要多和婴儿说话、交谈，以利于婴儿的听力发展和引逗婴儿模仿发音，或者让婴儿多听一些轻松愉快的音乐和歌曲，以促进听力和语言的开发。

语言是开发智力的工具。在婴儿语言的发生和发展中，家长的引导非常重要。在儿童学习语言的过程中，大多数婴儿都经过这一咿呀学语阶段。一开始，婴儿是由于咿呀学语本身的乐趣而不停地发声，到了后来，由于父母等的参与引导，强化了孩子学语，使得婴儿从没有意义的咿呀学语过渡到富有意义的说话。

◎ 观察环境

这一时期的婴儿对周围环境的兴趣及认识能力都有所提高了。这时，父母可有意识地在婴儿各种感官发展的基础上，进一步让婴儿对周围环境从室内到室外、从人到物进行观察，比如，教他认识他接触得较多的物品、玩具，让他看家里熟悉的人活动；也可带孩子去室外观察，他从最初的惧怕发展到有兴趣地东瞧西看。无论是活动着的人、汽车、小动物，还是花草、树木等都可以引起婴儿的兴趣，母亲可用语言、动作来启发引导他观察。这样不仅扩大了婴儿的认识范围，而且还促进了婴儿理解语言能力的发展。

使幼儿发挥最大能力的方法，是赞赏和鼓励。

◎ 看图训练

当孩子视觉发展以后，彩色图片对他有足够的吸引力，妈妈可以通过图片教他认识事物。开始时可将孩子抱在怀里给他看一些简单的画。这些画色彩简单明快，画中的物要大而清楚，比如画上只是一只猫、一条鱼、一个杯子。在看图片时，妈妈要告诉孩子图片上东西的名称，告诉他图片上主要的颜色，并可就图片的内容编个儿歌、小故事说给孩子听。如果是小动物，就学着动物的声音叫几声"小猫咪咪咪"、"小狗汪汪汪"、"小鸭呷呷呷"。增加游戏的乐趣。也可讲解图片："小猴吃桃，猴子最爱吃水果。小猴淘气，爱上树。"等等。不要担心孩子听不懂，慢慢他会明白的。

妈妈跟孩子一起看图可教会他不少东西，图片中的内容可由简单到复杂，一张

图片中可有多种物品和事物，帮助孩子认识世界。看画也是训练语言发展的手段，妈妈边看边说，让孩子听着各种不同的声音，他也慢慢学着发声。家长应了解，小婴儿注意力集中时间很短，孩子显得不爱玩了，不要勉强。

◎ 训练孩子坐着玩

孩子5个月时可让他靠在妈妈身上，或背坐在大沙发上玩，开始时，他坐不了多一会儿就会倒下，慢慢的坐的时间长了，能放手稳坐10来分钟，就可以训练他自己独坐着玩了。当然，如果独坐在沙发上要有人在旁边看着，孩子歪倒时给他扶好，注意不要摔下来。坐得再稳当些以后，可以将孩子放在地毯上，让他拉着妈妈的手起坐，注意妈妈不要用力拉他，小心拉得孩子关节脱臼。

孩子靠坐在妈妈怀里，可用新鲜玩具逗引他，让他伸手拿不到，使上身随着抬高，不再靠在妈妈身上，然后把玩具给他，能坐以后，让他两只手拿玩具，或拍手，训练坐的平衡。还要训练他点头、摇头，这样可逐渐帮他坐稳。

这个游戏，可训练孩子的躯体肌肉，使背胸、腰肌发育，支撑整个上身。人要学会坐，必须保持体位平衡，这要有中枢神经系统的调节才能做到，孩子能独坐后才能使两手活动更加自由，从而促进手的进一步发育和手眼协调的发展。两手活动的增加，使孩子的许多想法得以实现，又促进

了脑的发育，孩子独立行动的本领与认识都增强了。

◎ 翻身练习

孩子4～5个月时，在床上、在地毯上或户外铺上席子，让他仰卧。妈妈用一个新鲜的玩具，逗引孩子注意，让他伸手去抓。然后将玩具放在孩子一侧，跟他说："看它跑了，跑到这边来了。"孩子的眼盯着玩具，头也会转过去，他会伸出上臂去抓玩具，抓不到他会努力，妈妈可帮助他侧身，他再一使劲，可变为俯卧。

孩子翻过身来，虽然他得到妈妈一点帮助，但终究是成功了。这时要将玩具给他玩，高兴地拥抱他，亲亲他，称赞他说："你真棒！"孩子会感觉到他做了一件让你高兴的事，他也会愉快地发出声音表示高兴。玩这个游戏可将玩具放在孩子左侧或右侧，使他练习向两侧翻身。

玩这个游戏，可训练孩子翻身、仰卧、俯卧互换姿势，这是学爬的第一步，是动作发育的重要过程。翻身可促进头、颈、上肢、下肢各部分肌肉发育，训练动作协调和平衡。俯卧看到了另一片天地，扩大了孩子的视野，促进脑的发育。

◎ 教宝宝再见

孩子喜欢和自己熟悉的人呆在一起，但家长要多给他接触陌生人的机会。比如妈妈在与别人谈话时抱着他，让他听，并向他介绍："这是阿姨。""这是叔叔。"可以让邻居、朋友逗孩子玩，让他们抱抱，使孩子渐渐养成不怕陌生人的习惯。让孩子尽早和小朋友接触，对孩子非常有好处。孩子不会说话，此时惟一能表达的是用手表示再见。妈妈要在别人离去的时候讲这句话并做手势，逐渐让孩子懂得这句话的意思，以后让孩子在别人离去时打出再见的手势来。

学习"再见"的目的是让孩子多与陌生人接触，这是孩子进入社会的第一步，也是学会与人交往的开始。人不能脱离社会，他需要学习与别人接触交往的知识。我国这20多年来独生子女家庭增多，有些父母忽视孩子早期的社会交往，把孩子关在家里只与父

教育必须从心理上探索儿童的兴趣和习惯开始。

母或老人接触，不少孩子患自闭症或有自闭倾向，影响孩子心理健康。家长要让孩子有见陌生人、听陌生人声音、与他人接触、一同玩耍的乐趣，使他感觉到与他人接触的愉悦，另外，在与陌生人的交往中，孩子知道了有许许多多没见过的人，知道其他人对他也很友善。这样对孩子随年龄增大逐渐不依恋父母很有好处。他从小接触社会，就不会对陌生人产生恐惧心理，有利于培养开朗、喜欢交往的人格。

◎ 刺激说话的欲望

语言的发展，是人的整个智力发展的基础，文明、准确的语言还能培养孩子良好的情感和坚强的意志。家长与婴儿的交流是十分必要的，不要以为对这么小的孩子说话是"对牛弹琴"。这个时期的孩子虽然不会说话，但却有着惊人的接受语言的能力。

实际上，婴儿在听话的过程中，通过潜意识的作用，能够接受大量的语言信息；同时，大量的语言刺激能促使孩子的听觉和发音器官的发展和健全，使孩子早说话。相反，如果孩子接受的语言信息很少，那么孩子就根本不会说话或说话很晚，并且说得也不好，这样就影响孩子智力水平的发展。

所以父母应尽早地利用一切机会多和孩子说话，并且把动作和语言联系起来。比

如，在喂奶和护理时，教他认识奶瓶、小被子、衣服、手绢等，开灯时教他认识灯，坐车时教他认识车，和婴儿一起玩时教他认识各种玩具等。成人最好能指着各种物品用清晰缓慢的语言对孩子说"这是什么？"、"那是什么？"，要像对已经懂事会说话的孩子那样给他讲各种各样的事情，让他感觉、让他看、让他听。

另外，要让婴儿大脑贮存更多的信息，家长还应该常为婴儿创造良好的语言环境，如朗诵儿歌、富有情节的短文给他听，以听、读、唱的方法，丰富他的语言知识。

七 亲子游戏

◎ 天亮了，天黑了

通过这种活动，可以锻练宝宝对光线刺激的反应，从而提高宝宝的视觉反应能力。

具体做法

先把室内光线逐渐调亮，让宝宝适应光线。将房间的窗帘反复几次开合，也可以反复将房间的台灯打开关闭，或者打开手电照射墙壁，一边可以说"天亮了"，"天黑了"，"宝宝看这里"，吸引宝宝的注意力。看看宝宝是否将头轻轻转向光线的方向。在做这项活动的同时，妈妈可以同宝宝说话或者哼哼歌曲，有助于对宝宝听觉的刺激。

提示 阳光和灯光都不能直射宝宝的眼睛，以免眼睛受伤。

◎ 和宝宝对话

这一训练可帮助父母和宝宝之间建立亲密的感情联结，可以鼓励宝宝表达，促进宝宝的语言交流能力。

具体做法

(1)当宝宝哭的时候

家长：哎哟！宝宝哭喽！宝宝饿了是吗？

(停顿)假设宝宝在回答。

家长：宝宝不饿啊！那是怎么了？

(停顿)假设宝宝在回答。

家长：噢！宝宝是尿湿了呀！来让妈妈看看！

家长：噢，真的尿湿了呀！

家长：小坏蛋，给你换尿布。哦！哦！不哭了！

(停顿)假设宝宝在说话。

家长：哎！宝宝可真乖，这回舒服喽！

(2)当给宝宝穿衣服的时候

家长：今天穿什么衣服好呢？嗯？

(停顿)假设宝宝在回答。

家长：穿黄色的呀？好吧！那就穿黄色的！（拿起黄色的衣服）

(停顿)假设宝宝在回答。

家长：不穿黄的呀？黄的不好看？那好，穿什么颜色的？

(停顿)假设宝宝在回答。

家长：嗯！好吧！穿白色的！宝宝最喜欢这件白色的衣服了！（拿起白色的衣服）

提示 说的语言要简单，与情景相联系。

◎ 妈妈的味道

让宝宝熟悉妈妈的气息，是一种亲情联系的手段。

具体做法

妈妈找出一件已穿过一阵子并不打算再穿的棉布衬衫衣，让宝宝闻一闻，并告诉他："宝宝闻一闻，这是妈妈的味道。"重复几次后。再取几块别的布和妈妈的衬衣放在一起，看宝宝是否能将妈妈的衬衫挑出来，如果不能，就再多训练一段时间。

提示 妈妈的衬衫颜色最好和其他布块的颜色有区别。

◎ 碰一碰，跳一跳

不仅能锻炼宝宝手的活动能力、上肢与身体的平衡能力，还能锻炼宝宝的肢体协调能力。

具体做法

(1)在宝宝手能够着处吊一个小球，家长举着宝宝的手去拍打吊着的球，使球前后晃动，引诱宝宝再去拍它。

(2)家长一手竖抱宝宝，另一手提起宝宝的一只手去碰房间里悬挂的一些物品，家长可以说一些话以提高宝宝碰物的兴趣，碰一下讲一句，如："碰得高，碰得响，碰一碰，响一响，碰一碰，跳一跳。"家长可以轮流举起宝宝的左右手碰物，当宝宝有些经验后，可被动主动相结合，逐步过渡到主动碰物，为以后主动抓握物体打下基础。

提示 宝宝伸出手有时会因位置不对而拍不到吊球，但练习多次后他就会调整手的位置和伸出的长度，逐渐击到小球。击中小球，这是手眼协调的结果。

◎ "找"声音

这个游戏可以训练宝宝辨别声音方向的能力。

具体方法

妈妈陪宝宝坐在固定位置，爸爸站在宝宝背面2米左右的位置摇拨浪鼓，每两声之间隔大约4秒。宝宝寻声而动，妈妈可以适当引导宝宝寻找。

提示 游戏要在比较安静的环境下进行，周围不能嘈杂。并且在宝宝进食一段时间后精力比较充足时进行。摇动拨浪鼓声音不要太大，摇之前妈妈可以说："宝宝听！"以免惊吓到宝宝。持续时间不要太长，摇动不要过于频繁。也可以用拍手等其他声音来代替摇拨浪鼓。注意宝宝的反应，如果宝宝有疲倦厌烦的表情，应立刻停止游戏。

◎ 大苹果，小苹果

通过比较大小的练习，培养宝宝的数学兴趣。

具体做法

将宝宝抱在桌前，桌子上放着一大一小两个苹果。家长拿起大苹果，同时告诉宝宝"这是大的"。接着拿起小苹果，同时告诉宝宝"这是小的"。经过几次训练后，家长可以让宝宝拿起大／小苹果，看他是否能拿对，拿对了，家长要表示赞扬、鼓励。

提示 同时，还可以进行上和下、前和后的训练。

◎ 颠三倒四来玩耍

这个游戏有助于宝宝观察能力的发展，培养宝宝的创新思维能力。

具体做法

准备一些宝宝喜欢的玩具。将玩具倒放在桌上，当着宝宝的面再将玩具倒过来。再将玩具换个方向放，再顺过来，让宝宝观察。重复几次后，鼓励宝宝自己玩。

提示 在倒放玩具的同时，妈妈可以说一些有意思的话，以激发宝宝的兴趣，如："哎哟，小熊摔了一跤，这可怎么办呀"

◎ 和"红色"交朋友

让宝宝认识颜色，以发展宝宝形象思维能力。

具体做法

(1)放一件宝宝喜爱的红色玩具，如红色积木，反复告诉他："这块积木是红色的"。然后问他："红色的呢"？如果他能很快地从几种不同的玩具中指出这块红色积木，父母就要称赞他。

(2)再拿出另一个红色的玩具，如红色瓶盖，告诉他："这也是红色的"。当他表示疑惑时，父母再拿一块红布与红积木及红瓶盖放在一起，告诉他"这边都是红的，那边都不是红的"(不能说那边是白色的，黄色的)，把他的注意力集中到红颜色上。

(3)把上述物品放在一起，要求他"把红的给我"，看他能否把红的都挑出来。如果只挑那块红积木，父母就说："还有红的呢！"并给他一定的提示(如用手指)，直至让他把红的都找出来。

提示 一次只能教宝宝认一种颜色，教会后要巩固一段时间再认第二种颜色。如果宝宝对父母用一个"红"字指认几种物品迷惑不解，甚至连第一个红色玩具都不认识，父母就要过几天另拿一件宝宝喜欢的玩具重新开始。颜色是较抽象的概念，要给时间让宝宝慢慢理解，认识第一种颜色常需3~4个月。颜色要慢慢认，千万别着急，千万不要同时介绍两种颜色，否则更易混淆。

◎ 宝宝看图片

这个游戏可以锻炼宝宝的图形认知能力。

具体方法

(1)在宝宝清醒愉快的状态下，让宝宝半卧在床上，面朝前方。

(2)父母用硬纸板和白纸制作一些两面都是白色的大幅纸卡，然后在纸卡的一面画上脸谱或其他一些常见物体的轮廓图，如水果、蔬菜、人物、动物等，在另一面写出物体的名称。

(3)妈妈准备好5张卡片，将图形一面朝向宝宝，距离约20厘米，将宝宝的注意力吸引到卡片上。

(4)妈妈依次将5张卡片由上方抽起(将宝宝已经看过的最前面的一张由上方抽起，放在全组卡片的最后)，并在抽取卡片的同时，用清晰的声音读出卡片上图形的名称。

(5)第二天再玩时，可随机减去一张旧卡片，换上一张新的；第三天再减去一张旧的，换一张新的，依此类推。随着月龄的增大，可将黑白轮廓图改为彩色的图。

提示 宝宝在看到自己喜欢的图形时，有时会四肢舞动，对图形露出微笑。在玩此游戏时，父母要循序渐进地训练孩子，不要操之过急。

一 养育要点与宝宝发育标准

◎ 养育要点

· 逐渐增加辅食花样，注意消化不良
· 培养良好的卫生习惯、预防传染病，学坐便盆
· 注意孩子的口腔卫生，预防龋齿
· 培养好的用眼习惯，及时矫治视力异常
· 练习指拔玩具，增加手的操作游戏，培养孩子自己拿东西吃
· 增加户外活动时间，培养与人交往，注意孩子的礼仪教育
· 爬行是全方位的脑力开发，增加匍行拿物的练习
· 进行色彩感觉训练
· 注意孩子生活、活动空间的安全，杜绝意外伤害

◎ 身体发育指标

	体重(千克)	身长(厘米)	头围(厘米)	胸围(厘米)
7个月	男童≈8.80 女童≈8.00	男童≈70.00 女童≈68.00	男童≈45.00 女童≈43.70	男童≈44.60 女童≈43.50
8个月	男童≈9.12 女童≈8.49	男童≈71.51 女童≈69.99	男童≈45.74 女童≈44.65	男童≈45.13 女童≈43.98
9个月	男童≈9.40 女童≈8.80	男童≈73.00 女童≈71.00	男童≈46.00 女童≈45.20	男童≈45.60 女童≈44.50

二 生长发育

◎ 扶站

满7个月时，约有半数的小儿能扶着小床、围栏或大人的手等自己站立了，到了8个月末时，绝大多数小儿都能自己扶物站立。一般在8个月左右，部分小儿已能拉着栏杆等东西自己站起来了，到了9个月末，多数小儿已能拉着栏杆等自己站起来了，少部分小儿甚至能在上述扶站的基础上开始扶着小床迈步了。

◎ 会坐

7个月的婴儿多数已经能够稳稳地自己坐着玩了。大约到了8个月以后，婴儿能够自己从扶站的直立位坐下来。9个月时已经能够自己从卧位坐起来。

婴儿学会坐以后，双手解放出来，身体可以自由活动，活动的范围也扩大了；另外，婴儿能坐以后，眼界也开阔了。这些都表明，婴儿有了新的自由，他会发现两手有许多新用途，因为他可以转来转去，俯身去拣东西，再把东西往下扔。他把东西往下扔为的是自己再把东西拣起来。他饶有兴趣地把这些独立动作纳入了自己的活动节目之中。

婴儿学会坐显然有很多好处，但长时间地让小儿坐对其生长发育不利，因为婴儿的肌肉力量还很弱，坐时间过长会造成脊柱弯曲。一般在小儿学会坐后可每天间断地、短时间地让小儿坐一会儿，从每次坐1~2分钟，以后逐渐延长。在小儿学坐或坐着玩时，大人一定要在旁边注意保护，以防跌倒受伤。

◎ 爬行

婴儿爬行动作的发展大体可分为三个阶段：第一阶段(大约在生后7个月时)是匍匐爬行，以腹部蠕动，四肢不规则地划动，往往不是向前，而是向后退，或者在原地转动；第二阶段(约在生后8~9个月时)发展为四肢爬行，用手和膝盖爬行；第三阶段为两臂和两脚都伸直，用手和脚爬行。

尊重孩子正在进行的所有合理的活动并试着了解，是我们教育方法中最首要的原则。

有些父母觉得小儿爬起来容易弄脏衣服，而且又累，所以不愿意让小儿学爬，其实爬行对孩子身心发育大有好处。

首先，爬行时婴儿必须头、颈抬起来，胸腹离地，用四肢支撑身体的重量，这就使手、脚、胸、腹、背、手臂和腿的肌肉得到锻炼而逐步发达起来，为以后站立和行走打下基础。

另外，婴儿学会爬行以后，扩大了视野和接触范围，通过视觉、听觉和触觉等感官刺激大脑，促进各方面的协调，对大脑的发育和智力的开发有非常重要的意义。

第三，通过爬行，还能提高婴儿的新陈代谢水平，有助于身体的生长发育。爬行，对婴儿来说可谓是一项剧烈的运动，能量消耗较大，这种活动与坐着相比能量消耗要多一倍，比躺着要多二倍。由于身体能量消耗增多，婴儿就吃得多，睡得香，身体也长得快和结实。爬是很艰巨的训练，它可以锻炼婴儿的意志。

◎ 手变得更灵活

随着婴儿手的动作不断发展，儿童的智力水平也不断有所提高，婴儿在不断地摆弄物体的过程中进一步地认识事物间的各种关系和联系。

这个时期的小儿，开始掌握用拇指与其他四指对立来抓东西，8~9个月时有的婴儿已经会使用拇指与食指捏起小的东西，这是人类操作物体的典型方式。随着这种操作方式的发展，手才有可能从自然的工具逐步变成使用或制造工具的工具。

婴儿在抓握过程中，手眼协调不断完善，两只手在眼的合作下能玩弄各种物体，如两手各拿一个玩具，并熟练地把两个玩具互相对敲，或者把玩具从一只手递到另只一手；能够试着弄响会发声的东西，还会把手指插进小孔里去，有的婴儿会使劲地用双手拍打桌面，对击拍发出的响声感到新奇有趣。

这时期的婴儿还发现了一种新的游戏，婴儿能伸开手指，放开手里的东西，仍掉或者让它落在地上，当大人帮他拣起来后，他又扔掉，这不是小儿不懂事，而是小儿神经系统发育的又一大进步。有的小儿还能同时玩弄两个物体，例如把小盒子放进大盒子里、用小棒敲击铃铛等。

◎ 喜欢用手到处捅

这个时期的婴儿开始对周围环境产生好奇心，喜欢用手指到处捅或抠。他时常用手指捅自己的嘴、鼻子、耳朵和肚脐眼，好像要考察身体的每一个孔穴和每一个部位，还喜欢捅别人的嘴、鼻子、眼睛和耳朵，并把捅别人鼻子和捅自己鼻子的感觉作比较。有时，他还会用手指捅妈妈的嘴，然后再捅自己的嘴，当妈妈吸吮他的手指时，他开始有点惊讶，接着就咯咯地笑，一会儿，又会把手指放进自己的嘴里吸吮，他探索把手指放在妈妈嘴里和放在自己嘴里的不同感觉，这种感觉最能使他回忆起早先的愉快情景。也说明他已经能够把别人的动作和自己的动作形成视觉联想了。

婴儿除了喜欢捅鼻子、嘴、眼睛、耳朵和肚脐眼外，还喜欢捅房间里有小洞洞的地方，如锁的钥匙孔、门缝、墙上的小洞等，最危险的是婴儿会用手指捅墙上的电源插座。因此，要做好这个时期的安全工作，孩子应该有专人看护。家长应该将电源插座安装在婴儿够不到的地方，或安上安全电插防护套，或者用强力胶带封住插座孔。此外，也要防止小儿用手捅转动中的电风扇，以免发生危险。

◎ 开始理解语言

这个时期的婴儿能把语言与相关的具体事物或动作在头脑中联系起来，因而可将妈妈的说话声与其他人的区别开来，作出相应的动作反应。如有人问他："爸爸呢？"儿童就会用眼睛寻找爸爸；当有人说到一个常见的物品名称时，婴儿会用眼睛看或用手指该物品。这是平常成人不断地用语言对小儿生活的环境和接触的事物进行描述的结果，小儿熟悉了这些语言，并把这些语言与当时

能够感觉到的事物联系了起来。这也说明，婴儿能够把感知的物体和动作、语言建立起联系。

听懂成人的语言，对促进婴儿心理的发展具有很大的意义，也为今后语言的发展打下了基础。因此，父母应该多和孩子说话，并注意将语言、物体和动作联系起来，通过婴儿的视觉、听觉及触觉等来帮助婴儿进一步理解语言。如妈妈一面拿着一个香蕉，一面发出"香蕉"的声音，同时，让孩子摸摸、闻闻、尝尝，这样，经过一次、两次以至多次的重复，妈妈一说"香蕉"两个字，婴儿就能知道是指的什么了。

◎ 自我意识初现

自我意识在这段时期有了最初的萌芽。为了测量婴儿是否能认知他们自己，曾经有位心理学家做了这样一个实验：让9个月的婴儿照一会镜子，然后把红颜料涂在他的鼻子上，婴儿看到镜中鼻子上的红色时会用手去摸自己的鼻子。这说明他们已经能认出镜子中的自我，也认出了自己区别于他人的特征。

◎ 模仿能力

这时期的婴儿，已具备初步的模仿能力了，能够学习大人简单的动作，如模仿大人拍手欢迎、挥手再见和摇头等动作，学会玩"虫虫飞"的游戏；喂他吃东西时，父母反复说"啊，张嘴，张嘴！"婴儿就会学舌，并"啊——啊"地张开小嘴。

有人曾经作过调查，7~10个月的婴儿中，能模仿着乱画的占50%，能模仿着摇铃的占20%，能够模仿成人摆手表示再见的占50%，20%的婴儿能够把小方木放入茶杯中。

婴儿在不断地模仿过程中学到了很多东西，所以成人要抓紧时机教小孩模仿。

◎ 对环境的兴趣

这个时期的婴儿，对周围环境的兴趣大大提高，能观注周围更多的人和物体了，能随不同事物表现出不同的表情，并会把注意力集中到他感兴趣的事物或者颜色鲜艳的玩具上，并采取相应的活动。因此，这段时期，应常带小儿到大自然中去，如去

像所有的成人一样，幼儿也有他独立的人格。

看树、看花草、看蝴蝶、蜻蜓、飞蛾、蚂蚁、金鱼等，这些都是婴儿感兴趣的活动；还可以让这时期的婴儿看下雨、刮风，看树叶摇动，看街上的行人和车辆等，因为凡是具有色彩的或者处于动态的自然景物都能吸引婴儿的注意力，为婴儿所喜爱。所以，成人应该充分利用婴儿的这一兴趣特点，选择适合观看的对象，让婴儿多看，以扩大婴儿的认知范围。

◎ 观察倾向的萌芽

随着小儿的视觉和听觉的进一步发展，远距离知觉开始发展，能注意远处活动的东西，如天上的飞机、飞鸟等，这就形成了婴儿观察力的最初形态。这时期的婴儿，对周围环境中新奇的和鲜艳明亮的活动物体都能引起注意，抓到手的东西会翻来覆去地看、摸、摇，表现出积极的感知倾向，这就是观察的萌芽。这种观察和动作分不开，可以扩大小儿认知范围，引起快乐的情感，对促进语言的发展有很大作用。

但是，这一时期婴儿的观察往往是不准确、不完全的，而且不能服从于一定的目的和任务。

◎ 认生

多数小儿在6个月以前对周围的人都友好，谁抱都行，而且一逗就笑，父母不在时，只要周围有人他就不会表现出不安。

因为这时期的婴儿对周围的人只有模模糊糊的概念。

随着小儿的视觉和脑的发育，一般7个月以后，小儿好像变了一个人似的，对周围陪伴的人开始持选择的态度，开始"认生"或"认人"了。陌生人靠近他或抱他，他就会用哭表示拒绝。到了8个月，绝大多数小儿都开始出现认生了，而且小儿认生现象更为明显。

孩子认生，这说明婴儿已经能敏锐地辨认陌生人、辨认陌生的东西和环境了。与此同时，孩子对父母的依恋开始产生，母亲在身边他就会感到安全和快乐。因此，在这个时期，让婴儿和陌生人见面或者带婴儿到一个陌生的地方去，应该从容一些，切不可匆匆忙忙让婴儿感到太紧张。如果婴儿哭了，那就是在告诉你他害怕了，你应该耐心地等他慢慢地习惯陌生人或新的环境。

◎ 抗病力下降

7个月以前，小儿体内有来自于母体的抗体等抗感染物质以及铁等营养物质，抗体等抗感染物质可防止支气管炎等多种感染性疾病的发生，而铁等营养物质则可防止贫血等营养性疾病的发生，所以7个月以前的小儿很少生病。

一般从生后7个月开始，小儿体内来自于母体的抗体逐渐耗尽，而自身的免疫系统发育尚不完善，合成抗体的能力又很差，因此，小儿抵抗疾病的能力逐渐下降，容易患各种感染性疾病，如各种传染病以及呼吸道和消化道的其他感染性疾病，尤其常见的是感冒、发烧。一般小儿要到六、七岁以后，自身的各种抵抗感染的能力才能达到有效抗病的程度，那时，各种感染的机会就会明显减少，有的原先经常感冒发烧的小儿可能又很少生病了。

另外，小儿生长到7个月时，体内的在胎儿期时储备的营养物质逐渐耗尽，而自己从食物中摄取各种营养物质的能力又有限，这个时期若不注意小儿的营养供给，小儿就会因营养缺乏而发生营养缺乏性疾病，如缺铁性贫血、小儿佝偻病(俗称"小儿缺钙")等。

>>育儿须知：提高抗病能力的措施

父母要积极采取措施增强小儿的体质，提高抗病的能力。主要做好以下几点：

❶ 按期进行预防接种；

❷ 保证小儿营养平衡；

❸ 保证充足的睡眠；

❹ 进行体格锻炼增强体质；

❺ 多到户外活动，晒太阳和呼吸新鲜空气。

三 日常护理

◎ 睡眠习惯

良好的睡眠习惯要求按时睡，按时醒，自动入睡，睡得踏实。睡醒后，精神饱满，情绪愉快。这就说明，小儿的睡眠不但要保证时间，还要保证质量。

一般小儿玩2个小时左右就会感到疲倦而自己慢慢入睡，成人不必抱着孩子连拍带摇，又唱又走地哄。虽然这样也能使小儿入睡，但往往睡不踏实，容易惊醒，而且还容易使小儿养成依附大人、缺乏自立的不良习惯。也不能让小儿含着奶头或吸吮自己的手指头入睡，这样不仅睡不踏实，而且夜间醒来后他也会要求同样条件，如达不到的时候就会哭闹。如果小儿暂时没有睡意，成人不要强求，让他自己躺在床上，保持安静，不要逗他，也不要抱起来，过一会儿，他就会自己入睡。同时婴儿睡觉前应避免剧烈活动或玩得太兴奋，以免妨碍他入睡。

小儿睡眠的好坏直接影响小儿的健康和智力发育，也牵动着父母的精力和情绪，愿父母都能学会使小儿睡好的艺术。

◎ 培养定时大小便

这个时期，婴儿的生活比较有规律，基本上定时饮食，定时睡眠，大小便也比较有规律。大便一天1~2次，小便间隔时间也比较长，大人可开始定时把尿了。

一般在孩子睡觉前及睡醒后要及时把尿，把尿时妈妈抱起孩子，把他双脚分开，嘴里发出"嘘嘘"的声音，使声音和把尿动作建立联系，经过反复多次训练，孩子就会形成条件反射，只要妈妈一把这个姿势，一听到这个声音就会小便。把尿成功后要及时对婴儿进行鼓励、称赞，让他知道自己做得对，逐渐愿意和习惯配合。对排尿形成条件反射后，每有便意时就会做出相应的表示。

这种生活自理要求的建立，不仅可减少大人洗尿布的辛劳，更重要的是培养婴儿建立与父母沟通的方式，促进婴儿对更多的要求都能作出不同的表示。

婴儿能坐稳以后，可以让婴儿坐盆大小便而不再需要父母把持，但父母要蹲在旁边扶持。便盆应放在一个容易辨认的，较固定的位置，每次让婴儿坐盆的时间不宜太长，也不要坐在便盆上给婴儿喂食。

◎ 深夜喂奶很正常

事实上，母亲用不着着急。夜间给断奶期的婴儿喂奶是比较正常的。食欲旺盛的孩子一般是因为夜间肚子感到饥饿而醒，如果孩子睡前喂的是母乳，这时就应该考虑是不是母乳不足。这种情况就要试着喂婴儿牛奶，如换成牛奶后婴儿夜里不再醒了，就可以继续喂下去。

母亲有奶的时候，这种夜里陪着孩子睡、孩子醒了喂母乳的方式对母亲和孩子都很轻松，没有什么值得困惑的，只不过

在孩子睡着以后要注意把乳头从孩子口中拔出来，以免发生因乳房挤压鼻腔出现窒息的不测。

总之，只要对孩子的成长有利。能让孩子睡好觉，不论是喂牛奶还是喂母乳，怎么做都没有关系，不必拘泥于任何形式，一切都只是为了婴儿的健康成长。

◎ 保护乳牙

保护乳牙对小儿的咀嚼、发音、恒牙的正常替换和全身的生长发育有着重要的作用，因此，从乳牙开始萌出时父母就应特别注意对乳牙的保护。

这个月龄段的孩子处在乳前牙(包括切牙和尖牙)萌出、恒前牙钙化的时期，父母应注意以下几点：

❶ 供给适量的营养物质，尤其要多补充蛋白质和钙质。同时也要让小儿吃一些易消化质较硬的食物，以促进乳牙生长，方便牙面的清洁。

❷ 少给甜食、减少不规则的零食。吃完后应立即喂温开水漱口，去除龋病(虫牙)的诱发因素。

协助儿童，能使你们之间建立起更亲密的关系。这一点超越了单纯的情感，因为不仅是抚慰，更有实际的帮助。

>>**专家提醒：出牙早晚与智力无关**

不懂得婴儿乳牙萌出规律的妈妈，见到别人家比较小的孩子都已长出牙了，而自己的孩子还毫无动静，心里就会十分着急，生怕孩子的智力有问题，其实这是完全没有必要的。

婴儿出牙时间的早晚，主要由遗传因素决定，各个孩子之间多少有些差异，但这并不是说出牙早的孩子就聪明，出牙晚的就迟钝。只要孩子身体状况好，未患某些全身性疾病如佝偻病、甲状腺功能低下等疾病，家长就不必紧张。注意合理喂养，及时添加辅食，平时常晒太阳，婴儿的牙齿自然会长出来。

家长要明白，出牙是个自然而然的过程，焦急并不能有助于牙齿的长出，最好还是耐心的等待。

❸ 纠正小儿的口腔不良习惯如吸吮手指、含奶或含饭入睡等。

❹ 加强体格锻炼，增强身体抵抗力。

❺ 增加户外活动，多晒太阳。

◎ 吮手指对牙齿的影响

小婴儿正常的吸吮手指是一过性的，如果到8个月时婴儿还喜欢吮手指就要引起家长的注意了，这时必须帮他纠正，以免养成不良习惯。若持续到4岁以后，则会影响到孩子上下颌和牙齿的正常生长发育，容易造成上颌向前突出，下颌往后缩，咬合时形成开唇露齿的开胎现象，甚至错误地咬胎，使得发音、面形和吃东西均受到影响。这种影响的程度与吮手指的时间、频率以及手指在口腔内的位置有很大的关系。

如果小儿能在6岁以前去掉吸吮手指动作，一般不影响恒牙的发育；若在6岁以后仍然不能克服吸吮手指的不良习惯，家长应该带小儿到医院采用矫正器具矫正。

孩子吸吮手指时，家长切不可强行制止，以免小儿形成逆反心理。应该分析判断小儿吸吮手指的原因，尽可能采取合适的护理和心理疏导的方法，使孩子尽早改正吸吮手指的坏习惯。

◎ 不要抛摇婴儿玩

有些成人出于对婴儿的喜爱，喜欢抱着婴儿用力摇晃或向空中抛扔；也有的父母为了使小儿入睡，将婴儿仰卧在自己的双腿上或放在摇篮里用力地摇晃婴儿，这些做法都对婴儿的身体健康不利，甚至会导致意外事故发生。

从婴儿发育的角度看，大脑发展较早，所以头部相对比较重，而且颈部肌肉松软无力，抛扔婴儿时头部则较容易受到强烈的震动，甚至会使婴儿脑部受到伤害，对其智力发育不利。另外，过分大幅度地抛扔或摇晃婴儿，也易导致其他严重后果。如曾有人将婴儿向空中抛扔玩时，结果导致脊髓神经受伤而发生截瘫；还有人在将婴儿向空中抛扔时未接住而使婴儿头着地跌成重伤，这些都是惨痛的教训。

◎ 擦浴和水浴

在同样温度下，水对体温的调节影响比空气更大。水浴开始前有两周干擦的准备阶段，即用柔软的厚毛巾，轻轻磨擦全身到发红为止，这叫擦浴。擦浴时手法要柔软，防止擦伤皮肤。7~8个月的婴儿擦浴的水温开始可在34℃~35℃，以后每隔2~3天降低1℃，逐渐降低到25℃~26℃。婴儿躺在大毛巾上，擦浴者用毛巾蘸水，轮流擦左右上下肢及胸腹背部等部位，做向心性擦抹，每擦一次均用另一条毛巾吸干，直到干擦皮肤发红。总时间约6分钟，室温保持在摄氏16℃~18℃。经过二遍擦洗的准备阶段以后，可把婴儿放在水中进行水浴10~20分钟。水浴时头脸应露出水面，不要让水进入、眼、耳、鼻、口腔。水浴完毕后擦干。

四 宝宝喂养

◎ 饮食的变化

这个时期，多数婴儿已出了两颗牙，咀嚼能力有了进步，消化功能也增强了许多；手指的发育更加灵活，可以自己抓起食物往嘴里喂了；尽管他吃东西时"天一半，地一半"，但也是有收获的。所有的这些都意味着婴儿在饮食上可以不再像以前那样总是吃糊状的食物，可以享用更多更美的食物了。

这时期的婴儿，自己也会有欲求，看到父母吃饭时，他会不由自主地吧嗒着嘴唇，伸出双手露出一副馋嘴相。看到婴儿的这种表现，父母可以抓住时机给他喂些食物，让他随大人一起进食，这种愉快的进食环境对提高孩子的食欲是大有益处的。

◎ 母乳喂养

乳汁丰富的母亲这段时期仍然可以喂乳，只不过不能只喂母乳，不然孩子会出现营养不足。白天最好把奶安排在早晨起床后和午睡前喂，其余时间安排1～2顿的辅食或点心。不要让婴儿在吃完代乳品后再吃母乳，不然婴儿会因恋着吃母乳而不好好吃代乳品。

如果晚上睡觉前要喂些母乳婴儿才会很快安睡的话，那就没有必要在临睡前停喂母乳。这个月龄的孩子，很少有一觉睡到天亮的，夜间小便往往要惊醒婴儿，有些婴儿换下湿尿布后即能入睡，也有些婴儿非得吃点母乳才能入睡。如果婴儿夜里醒来哭闹，一喂母乳就能睡去的话，母亲可以满足他，重要的是想办法让孩子尽快入睡。

产假结束恢复工作的母亲，喂奶可以安排在临上班前和下班后喂，外出时间超过6小时，母亲还得要挤一次奶。如果母亲白天外出时间长，只有晚上才能和婴儿接触，母亲应充分利用晚间短短的时间，让婴儿最大限度地享受母爱，如果婴儿夜间醒来要吃母乳，母亲可以满足他。

◎ 喂牛奶

一直喜欢喝牛奶的婴儿，这个时期若能每天吃到1000毫升的牛奶，再吃上1～2顿的代乳食品，营养基本上够了。但是，并不是所有的婴儿都喜欢喝牛奶。有的父母就发现，孩子在接受代乳食品后，对牛奶的兴趣减弱了，甚至厌烦牛奶。婴儿一满7个月，在饮食方面会越来越表现出他的个人爱好，但不管怎样，父母要保证他每天的牛奶量不低于500毫升。

对于不是很爱喝奶的孩子，父母也就不

要勉为其难，关键是要保持婴儿良好的求食欲望。喝牛奶主要是能保证供给婴儿优质的动物性蛋白，这些优质的动物性蛋白在鱼、肉类动物性食物中都很充足。不吃牛奶，父母就想办法制备一些动物性的代乳食品去弥补。婴儿对食物的喜厌还没有定性，过一段时间再试喂牛奶，说不定他就爱喝了。

◎ 不要给孩子吸空奶头

吸完奶有的小儿会在奶头拔出后哭闹不止，这时，个别的父母心痛孩子，又将空奶头或实心的安慰奶头塞到孩子嘴里让孩子继续吸吮，以止住哭闹。这种做法很要不得，因为长时间吸空奶头对孩子很不利：

❶ 由于孩子长时间吸吮空奶头，使上下前牙变形，牙齿排列不齐。

❷ 吸吮空奶头会引起条件反射，促进消化腺分泌消化液，等到真正吃奶时，消化液则供应不足，影响食物的消化、吸收，同时也会影响食欲。

❸ 吸吮空奶头会将大量的空气吸入胃肠道中，引起腹胀、食欲下降等一系列消化不良的症状。

❹ 如果吸吮的空奶头没很好的消毒，还会引起一些口腔疾病，如鹅口疮等，而增加孩子的痛苦。

❺ 长期吸空奶头还会养成孩子的依物癖。

因此，父母不要用空奶头去哄孩子，以免影响孩子生长发育。

◎ 用手指捏食品

由于手的动作变得更加灵活，这个时期的婴儿已经可以抓起东西往嘴里放了。也许他在显耀自己的能力，不管是什么东西，只要能抓到手就喜欢送到嘴里，有些父母担心脏东西会将细菌带入，阻止婴儿这样做，其实这是不对的。

婴儿生长发育到一定阶段就会出现一定的动作，这代表着他的进步，他能将东西往嘴里送，这就意味着他已在为日后自食打下良好的基础，若禁止婴儿用手抓东西吃，可能会打击他们日后学习自己吃饭的积极

性。因此，父母应该采取积极的措施，如把婴儿的手洗干净，给他一些像饼干、水果片等"指捏食品"，这样不仅可以训练他手的技能，还能摩擦牙床，缓解长牙时牙床的不适。

饼干、水果片通常是这个时期婴儿最先用手捏起来吃的食物，他会把这些东西放在嘴里吸，也会用牙床咬，经过一番辛苦，能吃进去一部分，另一部分会沾到手上、脸上、头发上和周围的物品上，父母最好由他去，不必计较这些小节，重要的是让婴儿体会到自食的乐趣。

◎ 吃点心要适量

这段时期的婴儿，大多都喜欢吃点心。实际上，点心不能算为一种营养品，它的主要成分是糖。同粥、面一样，只要婴儿能吃粥、面，从营养学上来说就没有必要吃点心。但点心味道好，婴儿喜欢吃，所以，可以把点心作为一种增进婴儿生活乐趣的调剂品来给予。既然作为调剂品就不能像主食那样给很多。因为一般的点心太甜，不适合多吃，也不利于婴儿良好饮食习惯的培养。婴儿长牙后，吃含糖多的点心若不及时清洁口腔，往往会导致龋齿。因此，父母在选购点心时注意不要选择太甜的点心，也不要买夹心的点心。夹心大多是奶油、果酱，贮藏不好会繁殖细菌，对身体健康不利。也不要一次给孩子吃太多，不能让婴儿记住甜味浓的点心，不然他会一吃再吃。

对于有些食量大或长得过胖的婴儿，本来就要限制他的进食，就不能再给他点心吃了，否则，就破坏了这种限制。这时，用水果来代替点心，一样能满足他旺盛的食欲。

相反，那些食量小，体重增加不理想，平时只能吃上一点粥、烂面等的婴儿，只要他喜欢吃点心，父母尽可能地满足他们，父母可选择一些不太甜的点心，即便放开让他们吃，食量小的婴儿也不会像食量大的婴儿吃得让人担心。如果加了点心孩子就不想吃粥了，这也没关系，因为，即使不给吃点心，他也不会吃太多的粥。

一切教育都是从我们对儿童天性的理解开始。

父母要记住，婴儿吃完点心，再给他喂些水，相当于漱漱口，这样，可以将食物残渣冲走，防止龋齿的发生。

◎ 婴儿的"偏食"

随着味觉和神经系统的发育，这个时期的婴儿已经对食物的喜好表现得越来越明显了。8个月左右的婴儿对食物已经能够表示出喜欢或不喜欢，不喜欢吃的东西他会用舌头顶出来，表现出最初的"偏食"现象。

这个时期婴儿的"偏食"是很天真的，不能同大孩子的偏食相提并论，在这个月不爱吃的东西到了下个月就爱吃是常有的事。父母没必要太在乎婴儿的这种"偏食"，倒是可以在食物的花样上作些努力。可以改变一下食物的形式再喂给他吃，如孩子不爱吃碎菜或肉末，你可以把它们混在粥内或包成馄饨来喂。

父母不用担心婴儿的这种"偏食"会造成什么营养失调，如果他只是不爱吃动物性食物如鱼、鸡蛋、猪肉等中的一两样是不会造成营养缺乏的。谷类食物里的品种很多，不吃其中的几种也是完全没有关系的。倒是父母要正确对待婴儿的"偏食"，要注意循循诱导，千万不可强迫，也不用为婴儿的这种偏食不愉快。

◎ 不能只喂汤不喂肉

这个时期的婴儿已经能吃鱼肉、肉末、肝泥等了，但不少父母仍然只给孩子喝汤，不喂肉，有的父母是低估了孩子的消化能力，以为孩子还小，牙没几个，没有能力去咀嚼、消化。也有的父母是抱着"吃肉不如喝汤"的想法，认为营养都在汤里，而且汤的味道鲜美。其实这些想法都是不对的，它限制了孩子去更多地摄取营养。

>>专家提醒：代乳食品因人而异

婴儿一过7个月，与饮食有关的各种个性就会逐渐表现出来。喜欢吃粥的孩子与不爱吃粥的孩子，在吃粥的量上就拉开了距离。一顿100克，每天吃两顿的孩子会让母亲感到骄傲，而每天只能吃50克的母亲则感到很懊恼。其实没有必要这样。

孩子吃菜也一样，有喜欢吃蔬菜的，也有喜欢吃鱼类的。蔬菜和薯类可以直接切碎或磨碎后煮熟给孩子吃，含脂肪较多的鱼开始不要给婴儿喂得太多，如果没有异常反应的话，就可以继续增加。牛肉、猪肉可以做成肉末喂给孩子。

因此，代乳食品应因人而异，父母要具体对待。但有一点必须注意，7个月大的牛奶喂养儿，每天的奶量不得少于500毫升。

鱼、鸡或猪等动物性食物煨成汤后，确实有一些营养成分溶解在汤内，它们是少量的氨基酸、肌酸、肉精、嘌呤基、钙等，增加了汤的鲜味，但大部分的精华，像蛋白质、脂肪、无机盐都还留在肉内。特别是其中的主要营养成分蛋白质，遇热后变性凝固，绝大部分还在肉里，只有少部分可溶性蛋白质跑到汤内去了。化验测定，汤里含有的蛋白质只是肉中的3%～12%，汤内的脂肪低了肉中的37%，汤中的无机盐舍量仅为肉中的25%～60%，这说明只喝汤肯定满足不了孩子生长发育的需要。因此，父母在喂汤的时候一定要同时喂肉。

◎ 关于断奶

世界卫生组织推荐的最佳喂养方式中提到继续母乳喂养可以维持到两岁。这在实际生活中就要看具体情况了，如果母乳充足，婴儿又不完全依赖于母乳，母乳喂养最好能持续到生后第二年。如果婴儿在7～9个月还依然热衷于母乳，父母就要开始考虑断奶的问题了，但不可强制执行，可以在这个时期逐步为以后的断奶做好准备。比如说注意平时辅食的喂用，逐渐停掉白天的母乳，以牛奶、谷类食品、蛋、蔬菜、水果来取代，再慢慢停掉夜间的母乳直至过渡到完全断奶。如果婴儿在习惯吃母乳以外的食物后，不知不觉淡忘了母乳，自己停止吃奶了，或者母乳本身分泌越来越少了，就可以自然断奶。

◎ 培养围坐吃饭的习惯

7～9个月的婴儿大多都可以独坐了，差一点的婴儿也能靠着坐了，因此，让婴儿坐在有东西支撑的地方来喂饭是件容易的事。关键是每次让小儿坐着吃饭的地方要一致，使他产生一种条件反射：坐在这个地方就是要准备吃饭了。一般可选择在小推车上或婴儿专用餐椅上。这个时期的婴儿，对吃的兴趣浓厚，一到吃饭时间，就似乎饿得要命，于是很乐意接受成人的摆布，坐在一处吃饭的习惯就容易培养起来。

断奶在幼儿生命中是个重要的转折点，我们不该让孩子继续吸吮而不咀嚼食物。

如果错过了这个时期，到了孩子一岁时再来培养这种习惯就很难了，一岁的孩子一方面由于身体的需要减少，另一方面由于他的兴趣日益广泛，再也不把大部分的兴趣都集中在进食上。他们更感兴趣的是爬上爬下、玩扔东西，有了自己的主意了，不再容易老老实实地听从成人的安排。绝大多数也就会养成边吃边玩的习惯。因此，成人一定要根据孩子发育的特点，抓住其中的最佳时间来培养孩子良好的习惯。

◎ 出牙期间拒食

出牙期间有的婴儿常在吃奶时表现得与平常不同，他们有时连续几分钟猛吸乳头或奶瓶，一会儿又突然放开奶头，像感到疼痛一样哭闹起来，反反复复，并且喜欢吃固体食物。这一般是牙齿破龈而出时吸吮奶头后使牙床感到疼痛而发生的拒食现象。

出牙期间，家长可以将每次喂奶的时间分为几次，间隔当中喂一点适合小儿的固体食物。如果用奶瓶喂养，可将橡皮奶头的洞眼开大一点，让小儿不用费劲就可吸吮到奶汁，而且又不会感到牙床太痛。但要注意，奶头的洞眼不能过大，以免呛着小儿。如果试过这些方法，小儿仍感到难受不适，可停喂几天或改用小匙喂奶，一般能改善疼痛状况。

◎ 学用杯、碗喝东西

小儿从练习用匙喂食物开始，他们就会慢慢明白除了奶瓶外，匙中还有很多好吃的食物。现在，也得让他知道，不仅是匙，还有杯、碗等。让他们慢慢从奶瓶中脱离出来，接触更多的物体。

开始尝试时，可先给婴儿一只体积小、重量轻、易拿住的空茶杯，让他们学着大人样假装喝东西，有了一定兴趣后，父母每天鼓励他们从杯、碗里呷几口奶，让孩子意识到奶也可以来自杯中，时间一久，自然就愿意接受了，等孩子掌握了一定技巧后，再彻底用杯子给他喝。当然，这时候是不能脱离父母帮助的，一直到他学会从杯、碗中喝东西。如果孩子过一段时间后又走回老路，对杯、碗不感兴趣了，父母可想些办法，换一只形状、颜色不同的新杯、碗，或更换一下杯、碗中的口味，也许就会重新引起孩子的兴趣。婴儿从杯、碗中喝东西的熟练程度，完全在于父母给他练习机会的多少。有的婴儿到了一岁也不会用杯、碗喝东西，那只能怪罪于父母了。

五 异常与疾病

◎ 夏季热病

夏季热病，顾名思义，是夏天才得的病。这种病多发生在4～8个月的宝宝中，六七个月的宝宝得此病比较多，但宝宝满一周岁后，就几乎不得了。

夏季热病的症状是，宝宝从半夜开始发烧，天亮时烧到38℃～39℃，有时甚至烧到40℃。一般中午开始退烧，下午可恢复常温。如果不给宝宝改变生活环境，这样的状况甚至会持续一个月，但一进入9月份，宝宝就全好了。

引起夏季热病的原因至今不明，大概是由于宝宝体内调节体温的某些机能失调引起的。住在通风不好，阴面房间里的宝宝发病率就相对高一些。

◎ 麻疹

6个月宝宝的麻疹，几乎都是被其他患儿传染而来的。

麻疹从感染到发病一般有10～11天的潜伏期。免疫力稍强的宝宝，潜伏期可能还会延长，有时到第20天才开始出疹。一般在疹子出来之前，宝宝会有打喷嚏、咳嗽或出现眼眵等症状。

宝宝出的疹子，与大孩子们有所不同，如果不仔细观察，一时还发现不了。宝宝的疹子如果是淡红的，且数量很少时，爸爸妈妈就要每天注意仔细观察。一般来说，如果妈妈对麻疹的免疫力弱，那么宝宝从母体获得的免疫力消失得就快，因而麻疹症状也就会稍重一些。一般发热要持续1天半，疹子也出得多一些。但超不过两天就会消失，不会像大孩子那样出麻疹后留下茶褐色的斑痕，也不会因咳嗽受罪，或留下肺炎等后遗症。

总的来说，6个月之内宝宝出的麻疹，比起一般人的麻疹症状要轻得多。而且在6个月之内得过麻疹的婴儿，因体内已具有

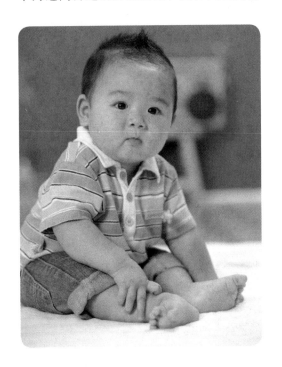

对麻疹的免疫力，一生都不会再感染上麻疹。

护理办法是，宝宝患上麻疹时，除了适当地控制宝宝洗澡和外出玩，不需要其他的特殊护理，但应注意不要传染给其他宝宝。

◎ 中耳炎与耳垢湿软

6个月的宝宝白白嫩嫩、胖乎乎的实在可爱。由于宝宝的头已经能够支撑了，所以爸爸妈妈才有机会看清楚宝宝耳朵里面的状况。如果发现宝宝的耳垢不是很干爽，而是呈米黄色并粘在耳朵上，妈妈就会担心宝宝是否患了中耳炎。其实，还有一种情况叫做耳垢湿软，而中耳炎和耳垢湿软是有区别的。

患中耳炎时，宝宝的耳道外口处会因流出的分泌物而湿润，但两侧耳朵同时流出分泌物的情况很少见。并且，流出分泌物之前宝宝多少会有一点儿发热，出现夜里痛得不能入睡等现象。

而天生的耳垢湿软一般不会是一侧的。耳垢湿软大概是因为耳孔内的脂肪腺分泌异常，不是病。一般来说，肌肤白嫩的宝宝比较多见。宝宝的耳垢特别软时，有时会自己流出来，妈妈可用脱脂棉小心地擦干耳道口处。但千万不可用带尖的东西去掏宝宝的耳朵，以免碰伤耳朵引起外耳炎。一般有耳垢湿软的宝宝长大以后也仍然如此，只是分泌的量会有所减少而已。

◎ 头疮

一到夏季，很多宝宝的头上长起了脓疮。长脓疮的原因有两种：一种是从其他孩子身上传染来的；另一种是由于挠破了痱子后引起化脓菌感染造成的。其症状差别很大，有的宝宝只长出三四个，而患头疮严重的宝宝则满头都是，密密麻麻的。到了这种程度，宝宝可能就会出现38℃左右的发热症状。而且化脓的脓疱，稍微碰一下就很痛。睡觉的宝宝每次翻身时只要碰到脓疱就会被痛醒，而大哭不止。

为避免这种现象的发生，在宝宝开始起痱子时，爸爸妈妈就要经常给宝宝剪指甲、勤换枕巾以保持清洁。另外，如发现有脓疱生成，哪怕只有1个，也要尽早进行治疗。

早期治疗时，青霉素是非常有效的。一般在就诊时要具体看脓疱的状况选择去外科还是去儿科就诊，如果脓疱有一部分已经化脓，且已变软，就必须去外科将其切开。脓疱痊愈以后，在宝宝的耳后、脑后部仍然会留有几个淋巴结肿块，这些肿块极少化脓。如果摸着不痛，就不要去管它，自己会慢慢变小的。

◎ 肠套叠

5个月左右的宝宝如果突然大哭大闹，多半是因为腹痛，引起腹痛的原因除了肠痉挛外，千万不要忘记肠套叠这个病。所谓肠套叠，就是一段肠子套进另一段肠子里，使肠管不通畅，肠管就反复剧烈蠕动，引起腹部阵阵剧痛。

宝宝发生肠套叠时表现为，突然哭闹不安，两腿蜷缩到肚子上，脸色苍白，不肯吃奶，哄也哄不好，3~4分钟后，突然安静下来，吃奶、玩耍都和平常一样。刚过4~5分钟，又突然哭闹起来，如此不断反复，时间长了，宝宝精神渐差、嗜睡、面色苍白，有的宝宝腹痛发作后不久即呕吐，把刚吃进去的奶全吐出来，依据梗阻部位不同，呕吐物中可含有胆汁或粪便样液体。

肠套叠的另一个特征是，开始宝宝不发热，但随着时间的推移，引起腹膜炎后就会发热。如果发现宝宝有不明原因的哭闹，哭闹呈阵发性，并伴有阵发性面色苍白，就怀疑有肠套叠，应赶快到医院外科请医生检查，以免延误诊治。

◎ 突发性发疹子

突发性发疹子又称幼儿急疹，是6~8个月的宝宝极易得的一种病。其特点是，原来一直没有发过烧的宝宝，刚过6个月就发烧到38℃以上，而且，症状与"感冒"、"着凉"、"扁桃腺炎"区别不大。待烧退了、疹子出来以后，才能确诊为"突发性发疹子"。

也可以通过6个月以前的宝宝，一般不会出现连续3天发烧现象进行判定。当宝宝连续发烧两天时，爸爸妈妈就应怀疑是突发

性发疹子。仔细观察宝宝的病情，在宝宝出疹子之前，就大致可以做出判断。年轻的爸爸妈妈一定要记住突发性发疹子这种病。

第一次给宝宝使用体温计时，可用柔软干布把宝宝腋下的汗擦净，然后按规定时间将体温计夹在宝宝腋下。第四天烧一退，宝宝的背部就长出红色的、像蚊子叮了似的小疹子，而且逐渐扩散。到了晚上，脸上、脖子、手和脚上也都长出来了。

突发性发疹子与麻疹是比较好区别的。麻疹出疹子时伴有发高烧，而突发性发疹子在出疹子时不发高烧。而且宝宝尽管退了烧，但仍然不精神，老是哭。第三天夜里或第四天早晨，宝宝排出的多半是稀便，到第五天就完全好了。这时宝宝的精神也恢复常态，疹子也少了。

◎ 女婴阴道炎

3个月至10岁之间的婴幼儿，有时也患阴道炎，并多以外阴炎伴双侧小阴唇粘连症状出现。这是因为，在婴幼儿阶段，女婴的外阴、阴道发育程度较差，而且宝宝的抵抗力低下，加之阴道又与尿道、肛门邻近，妈妈稍不注意或护理不当，就可以通过不洁的手、衣物、尿布、浴盆、浴巾等将病原体传染给宝宝，引起宝宝外阴阴道发炎，如治疗不及时，则可以引起阴唇粘连。

引起外阴阴道炎症的病原体有细菌、真菌、滴虫、支原体和衣原体，也可因蛲虫病引起瘙痒，抓破皮肤后发炎。患儿主要表现为哭闹不安，搔抓外阴。检查外阴可见有抓痕、外阴阴道红肿、分泌物增加、有异臭味。因此，妈妈对女婴的外阴护理十分重要，具体来说应该从以下几方面注意：

❶给宝宝单独使用毛巾、坐浴盆，并经常煮沸或曝晒进行消毒。

❷ 在给宝宝擦拭大便时，应由前向后擦，避免将大便污染到宝宝的外阴，大便后要用温水将宝宝外阴及肛门洗净。

❸ 在给宝宝清洗外阴时，要将大阴唇分开，把小阴唇外侧的分泌物洗净。最好用清水清洗，不要使用肥皂，因为碱性环境不利于抵御细菌。在护理外阴或换尿布前，妈妈要先洗净自己的手。

❹ 使用布尿布，因为布尿布透气好、便于消毒。宝宝到了1岁以后最好穿满裆裤，以减少外阴被污染的机会。

❺ 宝宝的衣物最好单独洗涤，避免将他人的病菌传染给宝宝，特别是父母有性传播疾病时更应注意。

❻ 不要带宝宝去卫生条件不好的浴室、游泳馆等，以防感染。

❼ 合理使用抗生素。盲目大量或长期使用抗生素，可造成婴幼儿真菌性外阴阴道炎。

一旦发现宝宝外阴处有上述证状时。妈妈要及时带宝宝到正规医院诊治。

◎ 抽搐（热性抽搐）

有些宝宝在发生高热的时候，突然就抽搐起来，这时候的宝宝突然全身紧张，继而哆哆嗦嗦地颤抖，两目上视，白眼暴露，眼球固定，叫也没反应，摇晃也恢复不过来，宝宝好像换了个人似的。抽搐持续的时间有

育儿签

教育的真谛不是传授知识，而是培育人格品质、价值观、思维方式和优良习惯等。

1～2分钟的，也有10分钟左右。

这种抽搐是高热的一种反应，叫做"热性抽搐"。有只发作1次就不再发的，也有在1个小时之内就反复发作2～3次的。如果量体温，宝宝的体温一般都超过39℃。

不过也有抽搐时宝宝不发热，而后半个小时体温才超过39℃的。抽搐是神经敏感的宝宝，对体温的突然上升而发生的反应。平时肝火旺盛的宝宝、爱哭的宝宝、夜里哭闹的宝宝易发抽搐。因为是由高热引起，应避免长期反复发作。

◎ 结膜炎

有时爸爸妈妈发现宝宝出现了红眼睛、目艮睛痒的症状，特别是在春夏两季；出现的可能就更大。其原因很有可能是得了一种叫做卡他性结膜炎或泡性角结膜炎的眼病。

卡他性结膜炎是一种过敏性眼病，主要是由于灰尘、花粉、阳光等刺激宝宝的眼睛，引起过敏反应所导致。其症状有：

❶ 红眼睛——宝宝看起来眼睛肿而且红，还伴随有流眼泪的症状。

❷ 眼睛痒——因为痒，宝宝会不停地用小手揉眼睛。

❸ 眼屎多——眼屎明显比平时多，为透明黏稠的分泌物。

❹ 眼睛疼——由于眼睛疼痛，宝宝会不停地哭闹，比较严重的情况下还会影响视力。

宝宝出现这些症状后，爸爸妈妈要做以下护理：

找出原因，切断过敏源

首先带宝宝上医院，在诊治过程中，仔细查找原因，一旦知道宝宝眼病的原因，就应该马上避免再接触，停止过敏物的刺激。

准备专用毛巾

宝宝使用的毛巾、手帕要分开，每次使用过后要用开水煮5～10分钟。

眼部冷敷

用凉毛巾或冷水袋给宝宝做眼部冷敷，避免热敷，因为热敷会使局部温度升高，血管扩张，致使分泌物增多，症状加重。

点眼药水

为宝宝点眼药水时，要先安抚好宝宝，要让宝宝仰卧，脸向上，这样才能保证眼药水在结膜内停留一会儿。另外眼结膜的间隙很小，眼药水停留比较困难，再加上眼皮不停地眨动，眼药水只能停留很短时间，所以一定要按照医生叮嘱的次数勤滴眼药水，不要擅自减少，这样才能发挥眼药的作用。涂药膏也一样，为了避免影响宝宝看东西，一般在睡前涂眼药膏。

六 智能开发

◎ 肢体训练

1.训练全身活动

利用翻身运动锻炼宝宝头、颈、身体及四肢肌肉的活动。

宝宝仰卧，可用一个他感兴趣的玩具，引逗他翻身运动，从仰卧变为侧卧，到俯卧，再从俯卧到侧卧到仰卧。请注意做好保护。

2.传递积木

训练手与上肢肌肉动作，培养用过去的经验解决新问题的能力。训练双手传递功能。 让宝宝坐在床上，妈妈给他一块积木，等他拿住后，再向同一只手递第二块

积木，看他是否将原来的积木传到另一只手里，再来拿这块积木。如果他将手中的积木扔掉再来拿这块积木，就要引导他先换手，再拿新积木。

◎ 动作训练

家长可以帮助孩子练习坐起来的动作，包括从俯卧位或仰卧位爬起来坐下，还要练习从直立状态坐下。家长还可以把孩子扶坐在自己的膝上，或放在特别的座位里，使他不会前后左右倾斜，保证坐姿正确。但不要让孩子坐的时间过长，以防脊柱弯曲。

家长扶着孩子腋下让他站在大人腿上跳跃，或扶小儿双手使之随力站起试做踏步的姿势，都能够锻炼小儿的骨骼和肌肉，加快动作发育。

6个多月的孩子已经能够由仰卧位翻转成俯卧位。但也有的孩子还翻不好，家长应该助他一臂之力，使他学会翻身。当孩子会翻身后，家长千万注意看好孩子，不要从床上摔下来，最好给床加上床挡。

如果孩子能熟练翻身，家长可以训练孩子往前爬，在开始爬的时候，家长可以把一只手顶住孩子的脚掌，使之用力蹬，这样孩子的身体可以往前移动一点。然后，再把手换到孩子另一只脚下，帮助他用力前进，使小儿慢慢体会向前爬的动作。发育较好的孩

子很快就能够学会爬。

为了锻炼孩子手的活动能力，可以给他一些纸，让他去撕，这能够训练他手指的灵活性。

7个多月的婴儿已能独坐了，应该开始训练他爬。爬是一种全身的运动，可以锻炼孩子胸、腹、腰和上、下肢各组肌群，为今后站立做准备。爬可扩大孩子认识范围，增加孩子的感知能力，促进心理发展，爬对孩子来说，并不是轻而易举的事情。有些孩子不爱活动，可以在他面前放些会动的、有趣的玩具，启发、引逗他爬。

学习匍行会促进脑发育。家长可以采用游戏方法训练宝宝爬行。如让宝宝俯卧，用两臂支持前身，腹部着床，可用双手推着孩子的脚底向前爬。在他前面用玩具逗引他，并使他学会用一只手臂支撑身体，另一只手拿到玩具。

当孩子会爬之后，就要为他爬创造条件，如把他放在有床栏的大床里或放在地毯上，让他自由活动。

8个多月的孩子已经爬得很好了，家长应该训练他站起来。开始先训练他扶栏杆站立。站立是行走的基础，只有当孩子的肌肉和骨骼系统强壮起来时，才能扶栏杆站立，并逐渐站稳。

开始，孩子站不起来，家长不要着急，可以给他帮帮忙，但要让他逐渐学会用力。当孩子能够扶着栏杆站起来的时候，家长要表扬他，称赞他，让他反复地锻炼，一直

到能够很熟练地一扶栏杆就站起来，并且站得很稳。

要继续训练孩子手的动作，如让他把瓶盖扣到瓶子上，把环套在棍子上，把一块方木叠在另一块方木上……家长可以先做示范动作，然后让孩子模仿去做。在反复的训练中，使小儿体会对不同物体采取不同动作，发现物体之间的关系，促进智力发育，同时也锻炼手的灵活性和手眼的协调。

◎ 语言训练

这个时期的孩子已经能够喃喃发音，这时，要多和孩子说话、交谈。让孩子观察说话时的不同口形，为以后说话打下基础。

1.开始冒话

孩子出生后半年开始"打打"，"爸爸"地学说话。在双手活动中、多次感知下，将事物或动作与相应的词语建立了联系。特别明显的连续重复音节，喜欢发出各种声音，音节比较清楚。当他喊出"爸爸——"时，爸爸听了非常高兴，说他的孩子会叫爸爸了。其实他不是叫爸爸，在他嘴里发出的音节还不代表什么意义。高兴时还可喊出一连串的音节，如"阿——杰杰——"，呵妈妈，听起来像在说话，但不知说什么。

2.模仿发音

七八个月模仿发音，正如鹦鹉学舌，一会儿爸爸、妈妈，一会儿帽帽、哥哥……无

所指地乱说。有时连续几天发同一字音，不管什么东西，他都用这个音来代替，如说出"舅舅"。指火柴，椅子、杯子……都说是"舅舅"。小婴儿的发音器官某些部位不易调节，难发的语音还不易模仿。

接近周岁时，更喜欢自己叨叨话，学成人读书的样子，咦咦啊啊说个不停，拉长声音，好像说话，又像唱歌，说得兴致勃勃。自己很起劲儿，别人却一句也听不明白，是给他自己用的。爸爸妈妈应该为他高兴，孩子正在努力学习，刻苦训练的精神十分可贵，要好好表扬鼓励。

3.理解词义

在大人的教育下，婴儿逐渐学会把一定的语音和某个具体事物联系起来。比如，你问"灯"呢？他用手指着灯，问他的鼻子、眼睛、嘴、耳朵都在哪，一样一样都指得准确。实验证明，5个月可听到"再见"一词做摆手动作，10个月所说"欢迎"一词做鼓掌动作。问他甜不甜，他就咂咂小嘴表示很甜。

教小儿把动作和相应的词联系起来，如说"再见"，一边说一边让孩子摆手，大人也边说"再见"边向他摆手，使孩子把摆手

的动作和再见联系起来，逐渐懂得这个词的意思。还可以教他拍手"欢迎"，点头"谢谢"等。训练他按照家长的话做出相应的动作，加深对语言的理解。

真正把词与该事物联系起来，要一个很长的过程，有待多次训练，反复把词与物联系起来，才能形成牢固的神经联系。

4.学说话

半岁后开始用不同的声音招呼别人和对待自己。招呼人时常用"吾—吾"、"唉—唉"，一般到了周岁可清楚地叫声妈妈。

5.先懂后说

孩子说话的规律是先听懂，然后才会说。周岁以前，听懂的词很多，会说的很少，想说说不出来。这时正是需要掌握语言的阶段，要成人多多同他交谈。

◎ 教孩子懂道理

7个多月婴儿已经知道控制自己的行为。这时，凡是他的合理要求，家长应该满足他，而对于他的不合理要求，不论他如何哭闹，也不能答应他。比如，他要扭动电视机按钮，玩电灯的开关……家长就要板起面

只要家长善于利用，生活中的每个细节都可以用来教育孩子。

孔，向他摆手，严肃地告诉他"不行"。关键的不是怕电视机坏了和电灯绳断了，而是要使孩子节制自己的行为，知道有些事可以去做，而另一些事不可以去做。家长要使孩子从小养成讲道理的习惯，以免长大后成为无法无天的小霸王。

◎ 培养良好的品质

在现在的家庭结构中，一般一个家庭都只有一个孩子。因此，小宝宝们就成了爸爸妈妈的掌上明珠，一家子都对宝宝唯命是从，百依百顺。其实，这对宝宝形成良好的品质是极为不利。在生活中，大人不要太宠爱孩子，要把对孩子的品质教育贯穿到生活中来。

信任

培养孩子对人的信任感，可以从日常的小事做起。例如，搂抱孩子的时候让他有强烈的安全感，让他对周围陌生的世界产生信任，从而让他渐渐地在内心建立起对人的信任。

有耐心，有毅力

幼儿虽然不能完整地表达自己的思想，但已经能明白爸爸妈妈表达的意思。如果孩子因为搭不好积木而发脾气，把积木扔掉。作为爸爸妈妈可以跟他说话，告诉宝宝积木搭不起来虽然不高兴，但是把积木扔掉也解决不了问题。

责任感

孩子小的时候，可以让他把小纸头递给爸爸，大一些时让他收拾自己的玩具。这些都是小事，但对培养孩子责任感起的作用不可忽视。

七 亲子游戏

◎ 向前爬

这个爬行训练既开发了大脑潜能，使左右脑协调发展，又锻炼了体力，还培养了宝宝的社交能力。

具体做法

宝宝刚开始训练爬行时，可先让宝宝趴下，呈俯卧位，把头仰起，用手把身体撑起来，家长把宝宝的腿轻轻弄弯放在他的肚子下，在宝宝的面前放些会动的、有趣的玩具，如不倒翁、会唱歌的娃娃、电动汽车等，以提高宝宝的兴趣，启发逗引他爬行。此时，家长可以用手在他的臀部轻轻捅一下，或用手掌抵住他的小脚掌，宝宝常常会向前扑，于是就慢慢地爬行了。

如果宝宝俯卧位时只会把头仰起，上肢的力量不能把自己的身体撑起，胸、腰部位不能抬高，腹部不能离床时，家长可以用手或毛巾放在宝宝的胸腹部，然后提起毛巾，使宝宝胸腹部离开床面，让全身重量落在手和膝上，反复练习。待宝宝小腿的肌肉结实，能支撑身体重量时，也就渐渐地学会爬行了。

提 示 为了引发宝宝的爬行兴趣，可让宝宝和其他同龄儿在铺有地毯或塑料地板的地上，互相追逐爬着玩，或推滚小皮球玩。

◎ 敲一敲

教宝宝认识声音的起因，同时让他了解事物的因果关系。

具体做法

让宝宝靠着妈妈，周围摆放一些可以敲打的东西，如带盖的小罐子，奶粉桶等。给宝宝一根木质汤匙，让他随意敲打。妈妈也可以有意识地教宝宝打一种有规律的节奏。

提 示 准备的材料要确保不会伤害到宝宝娇嫩的皮肤。

敲一敲！

◎ 小宝宝坐墙头

这是很好的情感联系形式，通过反复演练，有助于宝宝体力的发育并增强其语言记忆力，从而提高宝宝的语言表达能力。

具体做法

爸爸妈妈可以坐在地板上，将宝宝放在曲起的膝盖上。告诉宝宝："我们开始唱歌啦！"

"小宝宝坐在墙头，笑呀笑呀笑笑笑。

小宝宝掉下墙头，哭呀哭呀哭哭哭。"

随着儿歌的节奏抬起脚尖，让宝宝有一种被弹起的感觉，当唱到"小宝宝掉下墙头"时，伸直腿让他也"掉下来"。让宝宝感觉到"掉"下来的感觉和"掉"这个词的联系，加深其记忆。

提 示 动作幅度要适当，如踮脚或让宝宝"掉下来"都要轻柔缓慢，不要伤着宝宝。

◎ 宝宝的身体

此阶段的宝宝心智不断发展，促使我们不得不对其进行自我意识的培养，因为宝宝有接受自我意识培养的天赋。

具体做法

妈妈与宝宝对坐，先指着自己的眼睛说"眼睛"，然后把住宝宝的小手指他的眼睛说"眼睛"。之后抱着宝宝对着镜子，把住他的小手指他的眼睛，再指自己的眼睛，反复说"眼睛"，每天重复1～2次，经过7～10天的训练，当妈妈再说"眼睛"时，宝宝就会用小手指自己的眼睛，这时妈妈应亲亲宝宝，表示赞许。以后家长可用游戏的方法教宝宝认识自己身体的各个部位。

提 示 另外，也可以让宝宝看着娃娃或他人，让宝宝用手指着娃娃的眼睛，大人说"这是眼睛，宝宝的眼睛呢？"帮他指自己的眼睛，逐渐宝宝会独立指眼睛。还可以让宝宝照镜子，边看边告诉他，"这是宝宝(孩子的名)、这是妈妈"等。

◎ 小小运动员

锻炼宝宝视觉和手的抓握能力，从而提高宝宝的视觉反应能力。

具体做法

(1)准备玩具架一个，悬挂2～3件会发出声的玩具。

(2)宝宝仰卧于床，将挂有玩具的玩具架到宝宝的胸前，妈妈用手轻轻拍打玩具，玩具随即晃动并发出声音，以引起他的注意和兴趣。

(3)妈妈轻轻地拉起宝宝的手拍打玩具，玩具发出同样的声音。

(4)连续拍打几次后，宝宝即可建立"小手拍打——玩具晃动发声——再拍打——再晃动"的概念。

提 示 玩具别吊得太高，声音别太响。

◎ 听妈妈唱儿歌

这个游戏可以提高宝宝的语言智能。

【具体方法】

1.抱住宝宝，或者让宝宝仰卧，妈妈坐在旁边。

2.跟宝宝说："乖宝宝，好宝宝，听妈妈唱儿歌。"

小老鼠

小老鼠，上灯台，

偷油吃，下不来，

吱吱吱地叫奶奶！

小鸭子

嘎嘎嘎，门前走过3只鸭，

呱呱呱，门前走过3只蛙，

啦啦啦，谁家宝宝唱歌呢？

【提示】 不断地给宝宝朗读歌谣，他会在不知不觉中模仿歌谣中的尾音，或者拟声词，这样练习能提高宝宝的发音能力，并提高宝宝的语言能力。父母可以多搜集些儿歌。

◎ 宝宝说，妈妈说

让宝宝对语言产生兴奋感，强化其发音，并可以帮助他尽快地掌握一些基本的语音，从而提高宝宝的语言能力。

【具体做法】

(1)适当的引逗宝宝，让宝宝发出声音，如"咕噜"、"咕噜"，父母马上模仿发出"咕噜"、"咕噜"的声音。

(2)重复几次之后，父母可以在"咕噜"的基础上稍加改动，如"咕咕"，宝宝会注

孩子有超强的记忆力，当孩子可以动手操作而不仅是用眼看时，会记得更好。

意到其中的变化并进行模仿，宝宝发出"咕咕"后，父母再模仿。如此多进行几次。

提 示 当宝宝8个月的时候，可以适当地让宝宝学一学新的音节(主要是元音：a、o、e、i、u)。但是，一些比较复杂的音，比如一些复杂的辅音，宝宝还不能模仿，如"咿——"、"呀——"。

◎ 在哪只手

通过游戏，训练宝宝的视力和反应能力，来促进宝宝的视觉发展。

具体做法

当着宝宝的面，父母把一个有趣的小东西放在手里。然后张开手给宝宝看，再握紧拳，并问："东西哪儿去了？"使用另一只手重复上述动作。几次后，宝宝就会兴奋地扒找父母手中的东西。

提 示 注意玩具不要有锋利的边角，以免划伤宝宝。

◎ 旋转棉被

这个游戏可以提升宝宝智能，促进亲子关系的发展。

具体做法

1.让宝宝伏在棉被上，把头抬起来。

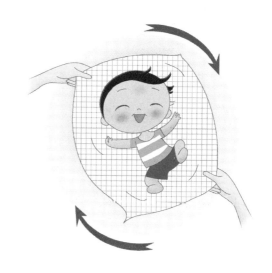

2.妈妈拉棉被的一角，沿着顺时针方向旋转一圈，接着再逆时针方向旋转一圈。

3.宝宝玩的时候，妈妈要与他保持眼神接触，可增进彼此的感情。

提 示

游戏中妈妈拉动宝宝，可以让宝宝进行被动的前庭活动，从而提升智能，促进亲子关系的发展。

留意转圈的速度要完全配合宝宝的反应，如果他表情愉快，可以转得快些，如果宝宝出现害怕的表情，要立即停止游戏。

一 养育要点与宝宝发育标准

◎ 养育要点

· 膳食应常换花样，预防缺铁

· 培养良好的进食习惯及睡眠习惯

· 注意婴儿的口腔护理

· 继续全面的动作训练，包括大动作和精细动作

· 加强语言训练，为婴儿的语言增加词汇

· 继续婴儿的认知能力训练

· 给孩子艺术熏陶，培养艺术感受力

· 加强对婴儿的素质教育，培养孩子的爱心和亲情

· 给孩子自由活动的空间，培养独自玩耍的能力

◎ 身体发育指标

	体重（千克）	身长（厘米）	头围（厘米）	胸围（厘米）
10个月	男童≈9.66 女童≈9.08	男童≈74.27 女童≈72.67	男童≈46.09 女童≈44.89	男童≈45.99 女童≈44.89
11个月	男童≈9.80 女童≈9.30	男童≈75.50 女童≈74.00	男童≈46.30 女童≈45.30	男童≈46.37 女童≈45.30
12个月	男童≈10.42 女童≈9.64	男童≈78.02 女童≈76.36	男童≈46.93 女童≈45.64	男童≈46.80 女童≈45.43

二 生长发育

◎ 站立

这段时期大多数的小儿已能够自己拉着东西(如小床的栏杆、妈妈的手等)站起来了，发育较好的小儿甚至什么都不扶也能独自站立一会儿了。也有少数发育正常的小儿到了这个时期仍然不会站立。这类小儿有的是体态较胖，有的则可能是性格内向或胆量较小。

婴儿刚学会站立时，还无法从站立位坐下来，因而，站起来的婴儿陷入困境。婴儿在长时间站立后，往往会出现因腿力耗尽而烦躁哭闹。当父母帮他从站立位坐下时，他立刻又忘了刚才的疲劳而再次费力地使自己站起来。

这种状况持续时间不会太长，婴儿在学会站立后就会努力地学会坐下的动作。开始时，婴儿会非常小心地把屁股坐在双手能碰到的地面上，经过一段时间的练习之后，婴儿就能自如地站立和坐下了。

◎ 扶走

大多数小儿在学会站立后不久就能够自己扶着床沿迈步或是由成人拉着一只手走路了。刚开始学习走路时，由于小儿的平衡功能还不完善，走起路来东倒西歪，时不时还会摔一跤。有的小儿用脚尖走路或者是将两腿分得很开，这些都没什么关系，一旦走路熟练了就会好的。

从躺卧发展到直立并学会迈步，是小儿动作发育的一大进步，这对于小儿的体格发育和心理发展都具有重要意义。因此，家长要及时地教小儿学走路，并为小儿学走路创造条件，如准备小推车、可推拉的玩具等，还可以经常让小儿扶着成人的手或栏杆学步。

有的小儿早在9个月时就能迈步扶走，而有的则要到12~13个月左右甚至更晚的时候才开始。每个小儿开始扶走的时间各有不同，这与很多因素有关，如婴儿自身的发育情况、遗传因素、动作训练的机会、疾病以及季节的影响等，也有的婴儿在刚学迈步时跌了一跤后产生了惧怕走路的心理而影响学步的进程。

◎ 手更加灵巧自如

这段时期孩子的手眼协调进一步完善，手的动作更加灵巧自如。绝大多数小儿已会使用拇指与食指捏住小物品，能玩弄各种玩具，能推开较轻的门，能拉开抽屉，能把杯子里的水倒出来，能两手拿着玩具玩，也能指着东西提出要求，还会模仿成人的动作(如成人招手他也招手)。快满一岁的小儿已经能试着拿笔并在纸上乱涂乱画，有的小儿还学会了搭积木。

这时期的小儿，由于活动范围进一步扩大，好奇心逐渐加强，喜欢用手到处乱摸乱拿，如拔电源插头、扭煤气开关，甚至打开热水瓶瓶盖，这对他们是很危险的。因此，家长对他们的照顾要更加细心，丝毫不能粗心大意。

◎ 被动语言的发展

儿童的语言分为被动语言和主动语言。被动语言是指小儿能听懂别人的讲话，但是自己尚不会说话；主动语言是指小儿自己能说话表达意愿等。

这个时期的小儿说话处于萌芽阶段，但被动语言却有了较快的发展。虽然他们能够使用的语言还很少，但是他们能够理解很多成人说的话，对成人的语言由音调的反应发展为能够听懂语言的词义。如问婴儿："电灯呢？"则他会用手指灯；问他"眼睛呢？"他会用手指自己的眼睛，或眨眨自己的眼睛；听到成人说"再见"，他会摆手表示再见；听到"欢迎、欢迎"的声音，他也会拍手表示欢迎。

◎ 能有意识地叫爸妈

一岁左右的婴儿，已经能够模仿和发出一些词音。一定的"音"开始有了一定的具体意义，这是婴儿语言发展的特点。声音对婴儿来说已经起到初步的交际作用，但还仅仅是有限的联系，婴儿还不能够说出那些已经理解的词。

这时期的婴儿常常用一个单词表达自己的多种不同的意思，如婴儿说"外外"，根据情况可能是指"我要上外面去玩"或"妈妈出去了"；婴儿说"饭饭"，可能指"我要吃"或"妈妈在吃饭"等。

这个时期末的婴儿不但会有意识地喊"爸爸"、"妈妈"、"奶奶"、"爷爷"等，而且还会使用一些单音节的动词，如"拿"、"抱"、"打"、"给"等等，虽说孩子的发音不太准确，但家长听了特别高兴，当见到爸爸进来会叫"爸爸"、见到妈妈会叫"妈妈"，而不像以前见到谁都乱叫"爸爸"、"妈妈"了。这时期的婴儿常

常说一些让人莫名其妙的语言，并会用一些手势和姿态来帮助说话。因此，家长要抓住有利的时机教婴儿学语言。

◎ 意识到自我的存在

婴儿的意识发育比较慢，在一岁以前还不能意识到自己身体的存在，他会咬自己的手指，咬痛了还放声大哭。不过这一咬倒起到了很大作用，他觉得咬自己的手指和咬别的东西在感觉上不一样，从而也就形成了最初的自我意识。

婴儿到一岁时，开始能把自己的动作和动作的对象区分开来，把主体与客观世界区分开来。如懂得由于自己摇动了挂着的铃铛玩具，铃铛就会发出声音，并从中认识到自己跟事物之间的关系。有的婴儿还常常把床上的各种玩具一件件地抓起来扔到床外，一边扔还一边咿咿呀呀地说个不停，这是因为他发现通过自己的小手可以让玩具"响了"、"跑了"、"飞了"，他们开始意识到自己的存在和自己的力量，这就是自我意识的最初表现。这种现象的出现，在婴儿的自我发展过程中具有重要的意义。

自我意识的出现，说明那种"小毛孩，什么也不懂"的说法是没有根据的。父母应抓住一切有利时机，促进婴儿自我意识的发展。

>>育儿须知：自我意识的训练

父母可在与婴儿玩耍时，有意识地让他知道自己所处空间的位置，如让婴儿知道他自己和父母之间的位置关系，引导他认识自身与外部世界的关系。另外，还可以发挥婴儿手的触动作用，让他们扔扔彩色气球、抓抓奶瓶、摸摸小娃娃，同时积极鼓励孩子，激发他们的欢快情绪，促进他们自我意识的发展。

◎ 有明显的记忆力

这段时期的孩子已经有明显的记忆力了，能够认识自己的衣物、玩具，能够指出眼睛、鼻子、口、头等身体器官，还能够依据成人的提问指出物品所在的位置。一岁左右的婴儿已经开始有回忆的能力，比如孩子非常喜欢玩捉迷藏的游戏，这就是在利用自己的回忆能力。

这个时期的婴儿虽然已经比较容易记住事物了，但记忆保持的时间只有很短的几天，时间一长就会忘记。如有个10个月的婴儿，已经教他听懂一个词，隔两个星期以后再问他时，他又不懂了，这说明这个时期的记忆维持不了两个星期。

婴儿的记忆力与其所处的环境及成人对其后天的培养训练有很大关系，受到良好训练的婴儿记忆力就强，否则相反。婴儿的记忆同兴趣也有很大关系，婴儿对有兴趣的事物就容易记住，而对不感兴趣的事物则表现为视而不见、听而不闻。思想不在这，自然就谈不上记忆了。因此，在培养孩子记忆力时，要考虑到这个时期婴儿的特点，安排他们感兴趣的内容，如通过讲故事、念儿歌或做游戏的形式让他们记住一些东西，同时，成人还要通过多种感觉途径及多次重复来增强孩子的记忆力。

◎ 认识物体的客观存在

对于这个月龄段的婴儿来说，他看不到、听不到、嗅不到或尝不到那个物体时，那个物体就等于不存在了。比如，如果玩具从孩子手中掉下来，离开了他的视线，就等于这玩具不存在了；眼睛看到奶瓶，就哭着要吃奶，而一旦奶瓶移开了，也就不哭了。

随着婴儿心理的不断发展，大约到这个时期末，婴儿就能够认识物体的客观存在性或永久性。例如，他们看见成人把一件玩具藏起来时，婴儿就会去寻找，而且要到他最后看见这个玩具的地方去寻找，这说明这时的婴儿已经懂得了物体是独立存在的。

◎ 个性发展

这个时期的婴儿已经表现出个体特征的某些倾向性，外向型的婴儿表现得活泼而灵活，内向型的婴儿表现得沉静而呆板。比如，有的婴儿占有欲很强，不让别人动他的玩具或吃的东西，显得很"自私"，甚至见别人有什么玩具就想要什么玩具；有的落落大方，把自己的东西主动送给别人，愿意与别人一起分享玩具和食物。有的婴儿整天不声不响，任人摆布；有的则不让别人碰一下，遇到生人就紧张、恐惧，甚至啼哭。有的婴儿逗就笑，对人很友好；有的则绷着个小脸，对人不理不睬；有的婴儿见人就打，还大喊大叫，以打人为乐。以上这些都说明了在这个时期末小儿就显示出了个性倾向，但是，这并不是固定不变的。

成人对婴儿好的行为要加以强化，如点头微笑，拍手叫好等；而对婴儿不好的行为则要表示出不满意，并说"这样做不好"、"这样做不是好宝宝"等。这个时期的婴儿已经具有较强的模仿能力，为了培养孩子良好的个性，不可忽视成人的言行、态度带给孩子的反应。良好的榜样、和睦的家庭气氛才是形成婴儿良好个性的重要条件。

◎ 好奇心

随着婴儿的不断成长，他们的好奇心逐渐加强，他们变得喜欢到处摸摸、到处看看了。他们常常把家里的抽屉打开，把每件东西都拿出来看看、玩玩；如果发现有箱子，他们还会钻进去；有时他们会把塑料袋套在自己头上，常常因为拿不下来而发急；如果成人忘记把墨水收起来，他们会把墨水弄得到处都是。婴儿的这些行为都是出于好奇，什么都想看个究竟，这对于开阔眼界、增长知识、探索周围世界是有很大帮助的。当然，婴儿的好奇心也会给婴儿带来不安全的一面，如婴儿由于爬楼梯而摔伤、碰倒热水瓶而烫伤等。

因此，在这个时期父母要更加留意孩子的安全。最好把孩子活动的房间加以重新调整，把对孩子有危险的物品放到其够不着的地方，但不可盲目地制止孩子的行动。比如当孩子将要干一件充满危险的事情时，母亲就应该说"不行"来加以制止他。这对孩子是一种训练，如果孩子听从了母亲的话而停止了自己的行动，母亲应给予夸奖。

◎ 独立与依赖

这个时期的婴儿，由于生活能力还很差，一般还不能自己行走，对成人的依赖性很大。但是，成人从一开始就要注重婴儿独立性的培养。如生活能力方面，培养婴儿自己拿饼干吃，学会自己抱奶瓶吃奶，自己拿杯子喝水及坐在椅子上进餐；并开始培养婴儿独立坐便盆大小便，成人为他穿衣、盥洗时要求婴儿配合等。

在动作方面，成人要培养婴儿独立爬行，自己去拿想要的玩具，锻炼自己去扶栏杆站立和坐下，并开始培养扶走或独立走、去拣扔掉的玩具。培养婴儿的独立性、克服对成人的依赖性，这对发展婴儿智力、形成良好的个性具有非常重要的作用。

◎ 第三个生理弯曲形成

人的体型呈曲线形，这主要是由于脊柱由三个生理性弯曲而形成的。前面已经说过，婴儿生长发育到3个月左右会抬头时，形成颈部脊柱前凸，即第一个生理性弯曲。当婴儿学会坐时，也就是生后6个月左右，胸部脊佳后凸形成，即第二个生理性弯曲。在这一时期，婴儿就开始练习直立行走，由于身体重力等原因，脊柱出现了第三个生理性弯曲——腰部脊柱前凸。

虽然一岁左右这第三个弯曲已经出现，但由于脊柱有弹性，在卧位时弯曲仍可变直。另外，脊柱的三个生理性弯曲一般要发育到生后6~7年时才固定下来，所以，培养婴幼儿及学龄前儿童正确的坐、立、走姿势是非常重要的。

孩子能独立活动时，父母可带领孩子一同认识世界。

◎ 淋巴结的发育

健康小儿在身体的浅表部位如耳后、颈部、颌下、腋窝、大腿根部(即腹股沟部)等处都可能摸到一些大小不等的疙瘩，这就是淋巴结。这些部位的淋巴结正常时，一般不超过黄豆大小，单个的较多，质地柔软，可在皮下滑动，无痛感，没有与周围组织粘在一起。

淋巴结在婴儿一岁以内发育很快，但是，在其颏下、锁骨上窝及肘部不应摸到淋巴结。

由于淋巴结能够制造有防御细菌作用的

淋巴细胞。再加之各部位的淋巴结都与附近的器官或组织之间由通道淋巴管相连，这使得淋巴结就像身体周围的"哨所"一样。当临近的组织或器官受到细菌袭击时，淋巴结能消灭细菌、阻止细菌向外扩散，其结果是这些淋巴结自身就变得肿大起来，这时用手很容易就能摸到，并有疼痛或者触痛感。因此，可以通过淋巴结肿大的部位来判断细菌引起的感染病灶所在的地方，如颌下淋巴结异常肿大可能由于口腔及咽部发炎所致，头部枕后淋巴结肿大可能存在头部、后颈部皮肤发炎。

淋巴系统在一岁以内发育虽很快，但在早期，它的屏障防御功能仍较差，对感染还不易控制，所以出现感染就容易扩散，甚至导致败血症。到一岁末时，淋巴系统的发育已经比较成熟，开始能把入侵的细菌包围于局部的淋巴结中并将其消灭，使感染不致于扩散。如常见一岁末的孩子发生扁桃体炎或扁桃体化脓，就是其淋巴组织使感染局限化的表现(扁桃体也是类似于淋巴结的淋巴组织)。

一般淋巴结肿大持续的时间比较长，常常表明细菌入侵处的感染已经控制，但附近的淋巴结仍可肿大。如果同一部位反复发生感染，可使同一淋巴结反复肿大，其结果可能导致感染治愈后肿大的淋巴结不能够完全恢复正常，甚至可成为终身肿大的一个较硬的疙瘩，这种可触及的淋巴结并不表示有感染，不需要特殊处理。

◎ 心跳、脉搏的变化

至这一时期末小儿心脏的大小与新生儿期相比增长了一倍，血管相对变粗，供血情况良好。年龄越小，心跳和脉搏就越快，这是由于婴儿新陈代谢旺盛、需要更多的营养物质和氧气，这都得依靠心脏和血管来输送。另外，心跳的快慢受两种神经的支配，一种是交感神经，能使心跳加快；另一种是迷走神经，能使心跳变慢。婴儿时期迷走神经所起的作用小，主要由交感神经来支配。所以，一岁以内小儿的心跳、脉搏就较快，一般为每分钟110～130次，而且各个小儿之间差异也非常大，哭闹、运动、体温升高时均可以使心跳、脉搏加快，而睡眠或者安静时则心跳、脉搏减慢。一般睡眠时每分钟心跳、脉搏可以减少20次甚至更多。

◎ 肋下可摸到肝、脾

正常小儿肝、脾大小和上下界的边缘随着年龄增长而不同。在一周岁内的婴儿肋下摸到肝、脾不一定就是有病。

肝、脾均与造血有关。胎儿期时肝、脾是主要的造血器官，出生后造血的任务逐渐被骨髓承担起来，但是肝、脾仍然担负着部分的造血任务。因此，婴儿的肝、脾就相对比较大，尤其是左叶肝脏。另外，由于婴儿的胸廓发育落后于肝脏，胸廓无法完全覆盖肝脏下缘，所以，常常可在婴儿肋缘下摸到肝脏和脾脏。不过，正常的肝、脾质软，表面很光滑，且没有压痛。随着年龄的增长，一般孩子5～6岁后在肋缘下就摸不到肝脏了，而脾脏在一岁后就摸不到了。

除了上面所说的生理原因外，有些病理因素也可以引起肝、脾肿大，如肝炎、贫血、一些代谢性疾病等。但是，病理因素造成的肝、脾肿大其质地比较硬，有压痛，同时还会伴有相应疾病的其他表现。

三 日常护理

◎ 衣着

这个时期婴儿已经会坐、会爬，开始站立、学走路了，活动量比前一段又大大增强，衣物也要随着孩子的长大，以及生理和季节的变化进行选择。

这个时期婴儿衣服的选择，如面料、样式等跟前一阶段没有区别，即宽松、柔软、清洁、无刺激，色彩艳丽明快，穿脱方便、常洗易干不褪色仍然是这个时期孩子衣服的特点。

这个月龄段的孩子几乎是人见人爱，有的父母在给孩子选择衣服时喜欢那种紧贴身体，刚好能穿上的衣服，好让孩子穿上后显得更加可爱。殊不知，这时期孩子的活动量大，衣服过小过紧，容易束缚四肢活动，妨碍孩子呼吸，影响其身体的血液循环和消化。当然，衣服也不能过于宽大，这样也不利于婴儿活动，特别是衣袖、裤腿长短要合适。

这个时期婴儿已开始学走路，为他准备合适的鞋尤为重要。大小合适、轻便、柔软、鞋底吸水性好并且有弹性的鞋子最为适宜，鞋底表面应有凹凸，可以增加阻力，防止小儿滑跌。鞋子前方要宽大，鞋帮应稍高稍硬些，这对于保护婴儿的脚踝很有好处。

这个月龄的婴儿活动量较大，衣服不能穿得太多，和大人穿得差不多就行。活动量很大的小儿，可比大人少穿一件，只要婴儿手脚温暖即可。如果婴儿安静时身上有汗，说明给他穿的衣服多了，应适当减少一点；如果婴儿手脚发凉，说明穿的衣服少了，应适当再多穿一点。

◎ 睡眠与健康

足够的睡眠是保证婴儿健康成长的先决条件之一，因为在睡眠过程中，氧和能量的消耗最少，有利于恢复疲劳，且内分泌系统释放的生长激素比平时增加三倍，能促进婴儿的生长发育。

婴儿的睡眠状态在一定程度上可以反映出婴儿身体的健康状况，因此父母平时要留意婴儿的睡眠状态，便于及时发现婴儿的一些疾病。正常婴儿的睡眠是入睡后安静，睡得很实，呼吸轻而均匀，头部略微有汗，面目舒展，时而还带有笑意。

如果婴儿出现下列睡眠异常现象，可能是一些疾病潜伏或发病的征兆，父母应带孩子到医院检查，并给予及时治疗。

❶ 睡眠不安，时而哭闹乱动，睡眠不沉。

❷ 全身皮肤干燥发烫，呼吸急促，脉搏加速超过正常次数。（一岁以内婴儿，呼吸每分钟不超过50次，脉搏每分钟不超过130次。）

❸ 入睡后易醒，烦躁不安，夜惊，头部多汗，时常浸湿头发、枕头。

❹ 入睡后出现痛苦难受的表情或哭的表情。

也有些婴儿出现睡眠异常现象不是病理性的。如有的婴儿晚上睡着后出现惊哭，是由于白天兴奋过度或做恶梦所致；有的婴儿尿布湿了也会哭闹，父母对于这些现象可作针对性的处理。

另外，睡眠习惯不好的小儿，也可能会出现睡眠异常现象，因此，父母要培养婴儿良好的睡眠习惯，并为他创造一个舒适的睡眠环境。

◎ 护理好婴儿的三要点

护理婴儿要耐心、细心、面带微笑，这是带好孩子的关键。

1.耐心

护理婴儿很复杂，很费精力和时间，必须有耐心。尤其是在半夜，孩子哭了，喂了奶仍旧哭，想到要耽搁睡觉和第二天上班，就容易失去耐心，甚至会发展到打孩子，结果愈打愈哭。因此，必须耐心地找到孩子哭闹的原因，才能避免这种情况再发生。

2.细心

细心就是仔细发现自己孩子的特点，根据孩子的特点予以护理。例如，孩子吃奶量差别很大，必须细心，才会发现孩子最合适的奶量。

父母是天然的教师，他们对儿童，特别是幼儿的影响最大。

3.面带微笑

照顾孩子时，一开始就要多发现自己孩子的优点，如孩子长得多快，生得多漂亮等，即使孩子哭闹，也要想孩子多有劲，长大一定会有出息。多发现孩子的优点，自然会面带笑容。母亲笑，孩子也会跟着笑，这样护理孩子就会充满欢乐。

与此相反，如果听到孩子哭声就烦，护理时没有耐心，动作粗暴，婴儿就更不舒服，更容易哭闹，护理婴儿就成为沉重负担。这样对母亲和婴儿都不好。

◎ 培养刷牙的习惯

维护牙齿健康关系着宝宝的一生，养成自己刷牙的习惯是最基本的一条。这个时期的宝宝，模仿能力最强，妈妈或爸爸无论干什么，宝宝都会模仿。所以，每当妈妈或爸爸刷牙的时候，要自然地让宝宝看到妈妈或爸爸刷牙的样子，并且告诉宝宝刷牙的好处。尽管宝宝还不可能完全听懂，但起码可以知道这是在刷牙，而且是一件天天都要做的事。这样一来，经过长时间的观察和模仿，就会主动想着要自己刷牙了。开始的时候，妈妈或爸爸要给予一定的帮助，宝宝在自己刷牙时，妈妈或爸爸要在旁边照看宝宝，以防宝宝动作不熟练，牙刷刺着宝宝的上腭或嗓子。

◎ 餐桌上的危险

宝宝在进餐时如果不小心也可能会造成一些意外，如食物呛入气管引起窒息、烫伤、被餐具戳伤等。为此，家长应注意以下几点：

❶吃饭时不要逗笑宝宝或惹哭宝宝，让他专心进食。若在宝宝进食时逗引大笑或打骂恐吓，容易使宝宝将食物误吸入气管，引起窒息。

❷进餐时，热汤、热粥、热水瓶等要放在宝宝触摸不到的地方，以防宝宝伸手去抓后被烫伤。

❸宝宝进餐时，不要铺餐巾。因为这个时候的宝宝好奇心、探索欲很强，喜欢去拉餐巾，容易将桌上的热汤、热菜等一起拖下来被烫伤。

❹筷子、叉子等餐具不要让宝宝当玩具玩耍，如果宝宝不吃了，就要将他的筷子和叉子等餐具收起来，以免不慎戳伤眼睛和身体。

❺有些零食对这个月份的宝宝来说也是不太适宜的，如花生仁、小糖球及各类带核的食物，以免宝宝不慎吞入气管而发生意外。

❻生鱼片、醉蟹、醉虾等也不宜给宝宝食用，以免其中有刺扎到宝宝，或者发生腹泻；也不宜多吃油煎或烧烤类食物，宝宝吃这些食物不易消化吸收。

◎ 防止宝宝过度肥胖

宝宝肥胖会引发很多疾病，将来可发展成高血压、糖尿病、冠心病以及肝胆疾病等。肥胖的婴儿，一般懒于活动，食量较大。

如果婴儿体重每天增长大于20克，必须控制饮食，从减少牛奶量入手；如体重仍然增长过多，应限制糖、肉、鱼的摄入量，使婴儿的体重增长控制在每天10~15克为度。此外，还要让孩子在就餐时细嚼慢咽，多做户外活动，不要过多睡觉。

3岁以内的宝宝可以用考普指数来简易测量体重是否超标：考普氏指数=体重（克）／身高(厘米)^2×10，如果结果达22以上则表示孩子太胖；20~22时为稍胖；18~20为优良；15~18为正常；13~15为瘦；10~13为营养失调；10以下则表示营养重度失调。家长可以根据此数值对婴儿的肥胖度有一个大致的了解，以便及时采取相应的措施。

四 宝宝喂养

◎ 饮食的特点

这个时期的婴儿对食物的接受能力逐渐增强，几乎全部能习惯吃辅食了，如果孩子仍然不能接受辅食，父母一定要引起重视，最好带孩子去当地保健部门咨询，接受正确的喂养指导。

这时期，孩子应以一日三餐为主，早晚喂奶为辅。能够吃的食品基本上与成人一样了，只是对食品的要求较高，婴儿食物要碎、烂、软。

婴儿能够吃些煮得很烂的饭，还不能接受硬饭，所以煮给婴儿吃的饭一定要多加水，可以和没牙的老人吃一锅饭；婴儿能够吃肉了，但是吃不了炒的肉丝或烧的肉块，

>> 专家提醒：不适合婴儿吃的食品

下面这几类食物不宜给婴儿吃：
1. 小而滑、坚而硬的食品。
2. 粒状光滑的食品。
3. 粘性强难消化的食品。
4. 刺激性强的食品。
5. 太甜太油腻的食品。

给婴儿吃的肉一定要剁得碎碎的，肉块太大，婴儿会拒绝，还容易引起呕食现象。

另外，婴儿的饭菜避免做成稀糊烂泥似的。有的父母往往低估了孩子的进食能力，总认为出牙不多的婴儿吃不下成块的食物，事实上近一岁的婴儿是能够吃些松软碎块状食物的，他完全能够光凭几颗门牙和牙床就把熟菜块、水果块、饼干块弄碎、嚼烂再咽下。有的孩子吃到碎块食物就会作呕，这大多是平时吃惯了烂乎乎的食物，而一下子接触块状食物不适应造成的。

这个时期的婴儿吃什么和吃多少，父母应该根据婴儿的个人爱好去决定，只要你能够投其所好，他会很顺从地接受。母乳充足的可以继续哺乳，否则，每天应给1~2瓶牛奶。如果小儿断奶后又不爱吃牛奶，若吃其他食物很好，可暂时不管他。

◎ 可以断奶了

这个时期可以给婴儿断奶了，但并不是非要在周岁前把奶断掉。母乳丰富、辅食也吃得好的孩子，完全可以将母乳喂养时间延长。

断奶不是一件容易的事。为了尽量减少婴儿的不愉快。断奶要注意以下几点：

1. 为了使孩子能在生理上和心理上顺

利地渡过断奶期，父母要早在断奶前就要做好准备工作。婴儿4个月时辅食的添加就是开始为断奶做准备，让孩子习惯于奶以外的食物，逐渐减少喂奶的次数，到断奶时就可以用其他食物顺利地接替母乳。另外吃辅食时使用的碗、筷、匙也是让婴儿接受这些用品，为断奶后的自食作准备。

❷ 断奶应该选择在婴儿身体状况正常时进行，避开炎热的夏季。

❸ 断奶不能用粗暴简单的方法来解决。吃惯母奶的孩子，不仅把母乳作为食物——赖以生存的需要，而且对母乳有一种特殊的感情，他们在心理上依恋母乳，母乳会给他们一种信任和安全感。如果突然断奶不仅会给孩子身体带来影响，还会对孩子的心理产生影响，特别是那些母乳喂养时间长，平时又没有添加辅食的婴儿来说更是如此，严重的话，孩子会表现出好哭闹、夜惊和拒食。

❹ 断奶不能采用不科学的方法，如在乳头上涂上紫药水或抹上辣椒、黄连等，企图通过恐吓孩子以达到断奶的目的，这些做法很容易使孩子产生恐惧、悲伤、焦虑、愤怒等不良的情绪，是极不可取的。

如果早在婴儿满4个月时就开始添加辅食，有了这半年时间，婴儿逐渐由吃母乳或牛奶转变成习惯于吃饭，再来断奶就比较容易了。若没有这个辅食添加的过程准备，父母将会在断奶问题上伤透脑筋。

当然，即便这样做了，父母也得有心理准备，孩子在断奶期体重可能会减轻。

◎ 断奶后的饮食

婴儿停止母乳后，体内就缺少了一种优质蛋白质及脂肪的供给。蛋白质是构成人体细胞的主要成份，婴儿不仅需要蛋白质补充消耗，而且还需要用于生长发育。因此，对于这时候的婴儿来说，鱼、肉、蛋等是无论如何也不能缺少的。但对于那些不爱吃的婴儿来说是个问题，能解决的最好办法是用牛奶来代替。牛奶有丰富的蛋白质、脂肪，吃起来也方便，价格合理，是断奶后婴儿理想的动物性蛋白质来源之一。然而，不是说那些鱼、肉、蛋吃得好的孩子就不能再喝牛

育儿锦囊 如果有适当的条件，绝大多数儿童几乎都是无所不能地学会的。而适当的条件就是早期教育！

奶，只要他愿意，完全可以喝。牛奶的量可根据孩子吃鱼、肉、蛋等动物性食物的量来决定，每天可以喝1～2瓶牛奶。为满足生长所需的营养，断奶后最好能继续喝牛奶。

断奶后婴儿的主食就是饭了，婴儿的喜好不同，有的喜欢吃粥，有的爱吃饭，这并没有多大的差别。一般，一顿能吃上一碗粥的婴儿，吃米饭大概只能吃上半碗或大半碗，父母对这个量心里要有数。有些父母很在乎婴儿能吃上多少饭，而不重视给孩子吃鱼、肉、蛋。这种做法是不对的，人并不是非吃米饭不可的，米饭中的营养成份只是糖和植物蛋白，与面包、面条差不多，而鱼、肉、蛋含的动物性蛋白比植物蛋白要好很多，父母不要因为孩子吃米饭少而烦恼，为了营养均衡，现在倒是要提倡少吃饭多吃菜。吃不上半碗饭，但能吃鱼、肉、蛋等食物还是不会影响婴儿生长的。如果光吃米饭，倒是会造成营养缺乏。

这时期婴儿可以自己抓着吃水果了，给婴儿吃的水果，最好是新鲜时令水果，吃时要将籽去掉，一次不可给吃太多。有的婴儿还喜欢吃水果罐头，父母不应该满足他，因为罐头食品不适合给婴儿吃，其营养成份远不如新鲜水果。如果是在水果淡季，一时缺乏新鲜水果可以偶尔补上。

断奶后婴儿的饮食，也要做到营养平衡，除了吃一些鱼、肉、蛋、奶外，还应该进食一些蔬菜类食物。一岁前婴儿可以进食碎块蔬菜，可以吃的蔬菜品种很多，如土豆、豆芽、西红柿、胡萝卜、芹菜、洋葱、韭菜、青菜、菠菜等等。有的菜味较浓，婴儿不愿吃，也就不要勉强。好在蔬菜品种繁多，可以选择婴儿喜食的蔬菜喂用。对于那些一点也不吃蔬菜的孩子，父母要明白，孩子是不可能一辈子不吃蔬菜的，不要看到孩子拒绝过一次，就认为孩子不吃蔬菜了，今后也不给他吃。好多婴儿过一阵子就又吃蔬菜了，问题会自然解决，不需要采用硬劝硬压的办法。不吃蔬菜造成的暂时营养损失，可以通过吃水果、肉、牛奶、蛋来弥补。

◎ 多吃硬食物

父母刚开始给婴儿添加辅食时，应该给一些较碎烂的食物，这便于孩子对食物的消化和吸收。到小儿长出5～6颗乳牙后，父母可在两餐之间给他吃一些硬一点的食物，如磨牙棒、香蕉片等，让他拿在手上慢慢地嚼。还可逐渐增加食物的硬度，这样有利于促进孩子咀嚼肌的发育，提高咀嚼功能。

随着婴儿的不断成长，若不及时添加硬质食品，容易导致颌骨大小和牙齿大小的不协调，咀嚼功能减退。因此，父母应经常给孩子吃些较硬的食物，这不仅可以促进唾液腺分泌，有助于食物消化，使颌面部能够正常发育，同时因为经常咀嚼，还能够促进大脑发育，促进血液、淋巴液的循环，增强身体的新陈代谢。

◎ 睡前不要吃东西

这个时期的孩子一般都断奶了，有些家长总担心孩子的营养不够，千方百计地想让孩子多吃一点，还有的妈妈生怕孩子晚上肚子饿而睡不踏实，就在睡前让孩子再吃一些食物，或者喝一些奶。其实这种习惯很不好，因为到了要睡觉的时间，孩子吃着吃着就容易睡着，嘴里含着食物睡，特别容易坏牙齿。

另外，在睡前，人的大脑神经处于疲劳状态，胃肠消化液分泌减少，这时吃东西不利于食物的消化和吸收。同时，由于胃肠道的负担加重，小儿撑得难受不可能睡安稳，必定会影响睡眠质量，而充足的睡眠对小儿的生长发育非常重要。

所以，鉴于以上原因，为了小儿的健康，睡前不要给孩子吃东西。

◎ 胖孩子不一定健康

有的人习惯以胖瘦为标准来衡量小儿的生长发育是否正常，他们认为身上肉多就是长得好，就是健康。因此，他们总希望孩子能再多吃一点，只要是孩子想吃的，什么都可以满足。长期这么吃下去，婴儿身上的脂肪越积越多。其实，这样做对孩子很不利。小儿生长发育的好坏，要看小儿身体各方面的发育情况，而不是单纯看小儿身上脂肪的多少。

一般来说，生长发育正常的小儿外表匀称、面色红润、头发黑密有光泽、皮肤细腻、皮下脂肪丰满、肌肉发达有力。而胖孩子看上去胖墩墩的，用手摸到的不是肌肉，而全是脂肪。胖孩子的肌肉松软无力，动作发育比其他同龄婴儿晚，由于不愿意活动，体质一般不是很好。有人做过调查，很多婴

>>育儿须知：注意食物的色、香、味

这个阶段的婴儿，完全有能力凭自己的喜厌来选择食物。对于合他口味、喜欢吃的食物会吃得津津有味；不喜欢的、没有好味道的食物，他照样不接受。因此，父母给孩子准备的食物要注意色、香、味俱全，以便勾起孩子的食欲，提高吃的兴趣。如给孩子做豆腐，放在香味浓的鸡汁里煮和放在开水中煮，出来的味道就是不同。

当然，强调食物的色、香、味，不是提倡在食物中加入调味品，婴儿吃的食物最好是原汁原味，因为新鲜的食物本身就带有一定的香味。不能加糖和人工色素，适当加点盐、醋、料酒或酱油来提高色、香、味也是可以的。

儿期肥胖的人到了成年后仍然肥胖，这不仅会造成很大的心理压力，而且还会带来多种比较严重的疾病。

因此，父母一定要给婴儿合理的饮食，不吃过量的食物，不要偏食含糖份多的食品，以免体内脂肪过多地堆积，父母还应常给小儿做运动训练，增加活动量，以消耗体内多余的脂肪。如果婴儿有肥胖的趋势，要及时到医院检查，以防止肥胖的发生。

◎ 补钙的误区

妈妈们都知道宝宝补钙的重要性，但是日常补钙时却难免走入误区：

1.听信夸大的承诺

一些商家利用人们对补钙的渴望，往往夸大其作用，宣称自己的产品可吸收率达到99%，而实际上，人体对各种补钙品的吸收率只能达到40%，因此，购买时必须弄清产品的钙含量、吸收率、有无副作用等，不能轻信"高效、高能、活性"等泛泛之词。

2.过多补钙

补钙虽然重要，但并非多多益善。据儿科门诊统计，如今不少婴儿发生厌食和便秘，都和补钙过多有关。此外，少数孩子长期严重补钙过量，还可能患上"鬼脸综合征"。这类孩子往往还伴有消瘦、智力低下、心脏杂音等疾病。因此，给孩子补钙要适量。

3.维生素D不怕多

维生素D可以促进钙的吸收，但也不是越多越好。人如果每天服用400国际单位以上的维生素D，就有可能引起维生素D中毒，可表现为食欲下降、恶心、腹泻、头痛等症状。所以，给宝宝补充维生素D，不要用药物，只要配合良好的饮食和晒太阳，一般都不会缺乏维生素D。

4.忽略其他营养素

专家建议，宝宝补钙的同时应补锌、补铁。缺锌可降低机体免疫能力，使宝宝多病，患病之后又影响锌和钙的摄入和吸收，形成恶性循环。婴儿6个月以后，因体内原有的铁已耗尽，母乳中含铁量低，极易发生缺铁性贫血。因此在补钙的同时应积极补锌、补铁等。

五 异常与疾病

◎ 打鼾

在人们的印象中，打鼾只有大人才会有。其实，打鼾在婴幼儿中也并不少见。打鼾代表呼吸气流不顺畅，使体内氧气的获取与二氧化碳的排出都有困难，听打鼾人的呼吸，感觉要比正常人费力。为了克服呼吸道的阻力，时常会"暂时停止呼吸"，有些人甚至停很长时间，如果身旁有人拍一拍，马上又呼吸自如起来。打鼾的人因为呼吸困难，在床上翻来覆去，意图改变头颈部位的姿势，以期能使呼吸顺畅些，但通常效果并不佳，反而会降低夜晚睡眠的品质；再加上体内长期缺氧，二氧化碳囤积，出现烦躁、哭闹、嗜睡等现象。严重者，心脏、肺脏及脑部的功能都会受到影响。

宝宝打鼾要从以下几方面入手：

1.改变宝宝的睡觉姿势

试着将宝宝的头侧着睡，此姿势可使舌头不致过度后垂而阻挡呼吸通道，可减低打鼾的程度。

2.给宝宝进行身体检查

请儿科医生仔细检查宝宝的鼻腔、咽喉、下巴骨部位有无异常或长肿瘤，宝宝的神经或肌肉的功能有无异常之处。

3.肥胖的宝宝要减肥

肥胖也是打鼾的一个原因。如果打鼾的宝宝肥胖，先要想办法减肥，让口咽部的软肉消瘦些，呼吸管径变宽，变瘦的身体对氧气的消耗可减少，呼吸自然会变得较顺畅。

4.手术治疗

如果宝宝鼻咽腔处的腺状体、扁桃体或多余软肉确实肥大到阻挡呼吸通道，严重影响正常呼吸时，可考虑手术切除。

◎ 宝宝屏息

有些宝宝在大哭的时候，往往半天缓不过气起来，脸憋得铁青，甚至不省人事。但时间很快，往往没等爸爸妈妈缓过神儿来，宝宝却在瞬间完全恢复正常。

宝宝的屏息，通常是源于愤怒、沮丧或痛楚。宝宝的哭泣在此时不仅没有缓解功能，反而逐渐加剧，甚至歇斯底里，宝宝因而换气不及，以至于暂时停止呼吸。情况较轻者，嘴唇变青；严重时宝宝全身发青然后意识昏迷。更甚者，宝宝的身体也许会变硬，甚至抽搐，而整个过程通常在几十秒内便告结束。

屏住呼吸的情形，在婴幼儿中发生比例约为1/5，年龄约在6个月到4岁。有些纯属偶发性，而有的则一天1～2次，但绝不足以造成任何脑部伤害。

屏息和癫痫很容易区别，一般的屏住呼吸会先有哭泣，然后宝宝在失去意识之前脸色先变青；如果是癫痫，通常没有任何前因，而且宝宝在发作之前也不会转为青色。

对于因为屏息而晕过去的宝宝，爸爸妈妈要根据宝宝屏息原因采取一些相应的措施，减少以至消除宝宝的屏息现象。首先让宝宝得到足够的休息，因为休息不够容易使宝宝爱动肝火，宝宝发脾气哭闹就可能引起屏息；对于爱使性子的宝宝，在使性子以前，想办法让其平静，利用音乐、玩具或其他转移注意力的方法(可别用食物，这只会造成另一个坏习惯)；尽可能地减低宝宝身边的紧张情绪，假如屏息状况开始，爸爸妈妈要冷静处理，焦虑只会让事情更糟。在事件过后，别过分放任宝宝，一旦让宝宝知道屏住呼吸是讨东西的好办法，那可就没完没了了。若宝宝屏息情况很严重，持续达1分钟以上，和哭泣无关联，都应尽快去医院进行诊疗。

◎ 淋巴结肿大

妈妈在给宝宝洗脸时，发现宝宝的耳朵后面到脖颈的部位(双侧或单侧)，有小豆粒大小的筋疙瘩，用手按时，宝宝也没什么反应，不哭也不闹，好像也不痛的样子。妈妈就觉得有些奇怪，带宝宝到医院一看才知道原因，原来宝宝是淋巴结肿大。

淋巴结肿大夏天特别多见。造成的原因，是因为宝宝头上长痱子发痒，宝宝用手搔抓时，把痱子抓破，而宝宝指甲内潜藏着的细菌，又从被抓破的皮肤侵入到宝宝体内，停留到淋巴结处，淋巴结为了不让细菌侵入，于是就发生反应而肿大。

一般来说，这种筋疙瘩不化脓，也不会破溃，会在不知不觉中自然被吸收。不过，也有很长时间不消失的，可以不管它。当发生化脓时，开始是周围发红，一按宝宝就哭，说明宝宝痛。爸爸妈妈在平时还要随时观察宝宝耳后的筋疙瘩，如果发现逐渐变大、数量也不断增多时，就必须带宝宝去医院看了。

◎ 溃疡性口腔炎

溃疡性口腔炎俗称口疮，多见于婴儿期，以夏秋季节多见，是一种常见病。如果宝宝的体温在37.5℃以上，张开口检查时，发现在悬雍垂附近，有2～3个小米粒大小的水疱，就可以诊断为口腔炎。

宝宝患口腔炎的症状，常常出现在不爱吃东西的前1天，宝宝体温升高可在38℃～39℃左右，继而热又很快退下去，然后嘴里长出水疱。从季节方面来看，这种病初夏最常见。平时不流涎水的宝宝，患了"口腔炎"后，也会流涎水，而且有口臭。因这种病是由病毒引起的，所以没有特效药。但同时也不会留下后遗症，一般4~5天就可痊愈。

在宝宝患病期间，妈妈不能给宝宝吃硬的、酸的、咸的食物，因为吃这样的食物会有一种刺痛感，加剧宝宝的疼痛。牛奶和奶粉是最适合宝宝喝了，既不会引起宝宝太大的疼痛，又好消化，还有营养，因此，可以喂宝宝这些东西，等待着痊愈。如果宝宝一点也不喝牛奶和奶粉，可以给宝宝吃布丁、软一点的鸡蛋等。另外，患口腔炎后不能缺水，妈妈要多给宝宝喝水。也可以让宝宝起来玩。在宝宝不能吃东西的这段时间内，不要给宝宝洗澡。

◎ 八字脚

所谓"八字脚"是一种下肢的骨骼畸形，分为"外八字脚"(即"X"形腿)和"内八字脚"(即"O"形腿，一般人称"罗圈腿")两种。一般"外八字脚"多见于学走路的宝宝，而"内八字脚"则多见于已经会走路的宝宝。

造成"八字脚"的主要原因是宝宝"缺钙"(即维生素D缺乏性佝偻病)，此时宝宝骨骼因钙质沉积减少、软骨增生过度而变软，加之宝宝已开始站立学走路，变软的下肢骨就像嫩树枝一样无法承受身体的压力，于是逐渐弯曲变形而形成"八字脚"。

另外，不适当的养育方式也可能导致"八字脚"的发生，如打"蜡烛包"、过早或过长时间地强迫宝宝站立和行走等。

为防止宝宝发生"八字脚"，首先要防止宝宝发生"缺钙现象"。爸爸妈妈要及时增加宝宝饮食中的钙质物质，比如，豆制品等；另外，让宝宝多晒太阳和适当服用维生素D制剂来预防。如宝宝已经患"缺钙症"则要带宝宝到医院进行检查和治疗。

◎ 胳膊脱臼

脱臼是连接骨与骨之间的韧带和骨骼错位形成的。从宝宝运动量增多时开始，宝宝的肘关节很容易脱臼。宝宝胳膊脱臼后，宝宝的哭声尖锐，胳膊无法动弹，如果复位复得不好，就容易造成动不动就脱臼的现象。

所有幼儿教育必须以促进孩子的长此以往发展为目的。

引起宝宝胳膊脱臼的原因，有的是成人猛然拉宝宝的胳膊，或者宝宝摔倒胳膊扭曲时，肘部受到冲击而造成。因此，爸爸妈妈或者家里人，在逗弄宝宝时要注意，手脚要轻一点，更不要在宝宝的胳膊上过度用力。

◎ 水痘

水痘是一种常见病、多发病，有很强的传染性，多见于冬春季节，6个月以内的宝宝因有母体获得的抗体，一般不会发生水痘；8个月以后的宝宝，就很容易传染发病。

宝宝出水痘时，如果没有其他并发症，对身体不会有太大的影响，只是病初发热时，宝宝显得萎靡不振，没有精神，嗜睡。由于出水痘的部位有点痒，宝宝会烦躁不安，易哭闹。因为瘙痒难耐，宝宝常常用手去抓挠。宝宝的指甲和手部有许多细菌污染，细菌极有可能进入水疱中，引起疱疹糜烂化脓，留下瘢痕。

因此，爸爸妈妈护理出水痘患儿的关键，是不要让宝宝用手抓水疱，要给宝宝剪短指甲，保持手的清洁，必要时可戴上手套或用布包住手，以防宝宝抓破后继续感染。如果个别的水疱已抓破，应咨询医生，配置消炎药膏，避免感染。

由于出水痘，宝宝的食欲很差，因此，爸爸妈妈应给宝宝吃易消化的食物，并多吃维生素C含量丰富的水果、蔬菜，比如苹果、桃、西红柿等。宝宝出水痘期间，妈妈不要带宝宝去公共场所，不去有病人的家中串门，以防止宝宝发生其他感染。如果宝宝出现高热、咳嗽、抽搐等现象，应尽快到医院诊治。

六 智能开发

◎ 动作训练

10个多月的孩子大部分的动作仍是爬，有时扶栏站立和横走。身体很好的孩子，往往有独自站立的要求，扶着栏杆站立起来之后，会稍稍松手，以显示一下自己站立的能力。有时他能够站得很稳，甚至还会不扶任何东西自己站起来。这时，家长不要去阻止他，随他去站好了。为了训练他独自站立，家长可以先训练他从蹲到站起来，再蹲下再站起来。开始可以拉他一只手，使他借助一点力。独立站立是小儿学走的前奏。

家长要训练孩子配合大人穿衣服、穿袜子、洗脸、洗手和擦手等动作。因为这时小儿已经能够模仿大人的动作，手的动作也更加灵活。

11个多月的孩子如果已经能够扶着床栏站得很稳，就该训练他扶着床栏横着走。这看起来很简单，实际上也很不容易，这毕竟是小儿跨出的第一步，但是须有这第一步，以后才能够扶着床栏走来走去。开始家长可以拿着有趣的玩具在床栏的一头来引逗孩子，孩子为了拿到玩具，就会想方设法地移动自己的身体，如果失败了，家长要鼓励他，如果成功了，家长要赞扬他。

这个月还要继续训练孩子手的动作。如把小棍插进孔里，再拔出来；把玩具放在小桶里，再倒出来；两手同时拿玩具并将东西换手拿。锻炼小儿同时用两种物体做出两种动作，手眼协调一致。还应训练他学用杯子喝水。

大人可以通过游戏来训练孩子。当着孩子的面，让他眼睛看着，把玩具藏起来，然后告诉他"没了！"吸引孩子到处找，这样可以培养他追寻和探究的兴趣。

12个月的孩子如果已经站得很稳了，就该训练他跨步向前走。开始，大人可以扶着他两只手向前走，以后再扶一只手，逐渐过渡到松开手，让他独立跨步。如果孩子胆小，大人可以保护他，使他有安全感。开始练时，一定要防止孩子摔倒，以使孩子减少一些恐惧心理，等他体会到走路的愉快之后，他就会大胆迈步了。

若赶上冬季，孩子衣服不要穿得太多、太厚，以免行动起来很不方便。孩子的鞋要轻、大小要合适，训练孩子走路的地方要平坦，每次训练时间不要过长，不要让他太劳累。

◎ 语言训练

10个多月婴儿已经能够听懂成人的话了，应该教他模仿成人的发音。

模仿语言是一个复杂的过程，小儿要看成人的嘴，模仿口形，要听发音，注意发音过程中的口形的变化，协调发音器官唇、舌、声带的活动，控制发声气流等。这么多的环节，需要听觉、视觉、语音、运动系统协调，任何一个环节发育差，都给发音带来困难。家长教小儿说话时，一定要表情丰富，让孩子看清成人说话时的口形、嘴的动作，加深对语言、语调的感受、区别复杂的音调，逐渐模仿成人发音。此外，还可让孩子多听些儿童歌曲，使他们感受音乐艺术语言。

11个多月的孩子不但要教他听懂词音，而且该教他听懂词义。家长要训练孩子把一些词和常用物体联系起来，因为这时小儿虽然还不会说话，但是已经会用动作来回答大人说的话了。比如，家长可以指着电视机告诉孩子说："这是电视机"。然后再问他："电视机在哪？"他就会转向电视机方向，或用手指着电视机，同时口里会发出声音。这虽然还不是语言，但对小儿发音器官是一个很好的锻炼，为模仿说话打基础。

家长还可以联系吃、喝、拿、给、尿、娃娃、皮球、小兔、狗等跟孩子说简单词语，让他理解并把语言和物体与动作联系起来。

对12个月的孩子，家长要给他创造说话的条件，如果孩子仍然使用手势、动作提出要求，家长就不要理睬他，要拒绝他，使他不得不使用语言。如果小儿发音不准，要及时纠正，帮他讲清楚，不要笑话他，否则他会不愿或不敢再说话了。

孩子模仿能力很强，听见骂人的话也模仿，一岁孩子的脑中还没有是非观念，他并不知道这样做对不对。当他第一次骂人时，家长就必须严肃地制止和纠正，让他知道骂人是错误的。千万不要因为孩子可爱，认为说出骂人的话好玩就怂恿他。这样，小孩会把骂人当做很好玩的事来干，养成坏习惯，长大后再纠正就难了。

◎ 学会逗人玩

孩子有强烈地与人交往的需要，喜欢同成人玩。成人要他做什么，他就乖乖地做什么。有时把手里的玩具或正吃得很香的东西送给你，当你真心实意地去接，他又把手缩回来，藏到背后，不想给你。喜欢用布把脸蒙上，藏猫猫玩，或面对镜子看自己的笑脸。喜欢与同龄孩子交往，咕咕地说些什么，或拉人家的衣角，或抓别人手里的玩具，也能把自己的东西给别人玩。这时自我意识开始萌发，不再搬自己的脚往嘴里塞，知道这脚是自己身体的一部分，而不是别的玩具，交往范围扩大了，更加活泼可爱了。

家长可创设条件，让孩子们共同做游戏，成人给他们唱歌，同他们一起玩玩具，培养礼貌行为，发展社会性交往能力。

◎ 教孩子学用工具

当孩子伸手拿东西拿不到时，妈妈可以帮助他，但不是简单地替他去拿，而是引导他使用"工具"去拿。比如饭桌上有一块糖，孩子想拿够不着，这时他很急，妈妈不要替他拿，而是给他一根筷子或一个长柄勺。孩子可用勺把糖拨到近处拿到。如果孩子不明白，妈妈可以提醒他去做。如果小汽车跑到沙发下去了，怎么拿出来？妈妈可暗示孩子找他的长枪把汽车从沙发底下拨出

来，一次不成功，鼓励他动脑另想办法。

帮助孩子利用"工具"来做他直接做不到的事，会使孩子的思维开阔，养成用脑筋思考问题的习惯。

◎ 撕纸训练

给孩子准备一个小凳子，妈妈和他一起坐在小凳子上玩。准备一些旧画报或报纸，注意纸不要太厚太脆太光滑。太脆的纸锋利，可割破孩子的手，让孩子随意撕纸。妈妈可以跟他一起撕，妈妈当然不能随意撕，而要撕成一定的形状。比如用绿纸撕成树的形状，用花纸撕成小孩子的形状，用红纸撕成球状等。撕好就给孩子看，一边跟他说话，一边教他撕。不管孩子撕得像不像，只要他不是胡乱撕，而是开始模仿妈妈，就应该得到表扬。

这个游戏可以训练孩子的注意力，使孩子的注意力集中的时间延长。用手撕东西不管撕得好不好，像不像，都训练了十指，手指的发育对脑的发育有很好的刺激作用。

◎ 识物训练

给宝宝两块积木，一个乒乓球，教他把积木搭起来。再试把乒乓球放在第二块积木上，但乒乓球总是会掉下来滚走，这时再给他一块积木放在第二块积木上，这次他成功了。这样可训练宝宝的观察力和肌肉的动作，认识物体的立体感，物与物之间的关系，圆形物体可以滚动的概念。

◎ 户外活动

在孩子睡醒吃饱后，可带孩子到户外，坐在花园里，让他看小鸟、树叶、花朵、人、车、蓝天、白云，让他听街上各种声音：汽车嗽叭声、风声、人声、鸟叫等，给他说一些儿歌。

独坐可使孩子背肌健壮，但孩子小坐的时间不能太长。独坐一会儿，妈妈要抱一会儿。观察周围事物是婴儿学习中非常重要的一环，周围的人物、事物可以给予他十分丰富的感官刺激。母亲在旁跟他说话，教他识别事物、给他读儿歌，对孩子各方面能力的发育都很有利。

◎ 训练孩子的注意力

孩子越小，注意力集中的时间越短。不论玩什么，他玩一会儿就烦了，实际上是他累了，这时他要休息，换一个兴奋点。这时候做家长的一定要注意这一点，就是不论做什么一定要有始有终。当孩子开始显出厌倦时，妈妈要请他一起来收拾玩具。妈妈要给孩子准备一个较大筐来装孩子的玩具，收拾玩具时就叫孩子把玩具放进筐里。如果孩子不放，那就说："小猫要回家，小狗要回家，我们把它们送回家去吧。"孩子会抱起玩具小狗放进筐里。或是哄孩子说："妈妈放一个，你放一个，比一比好不好"，把收拾玩具也变成游戏，孩子就会愉快地参加了。开始孩子可能只拾一两个就不拾了，也可能放进这个又拿出那个。但只要他参加收拾，就要表扬他。他做得不好，但只要他做了就可以了。最后，妈妈要帮他把玩具筐放得整整齐齐，放在一个固定的地方。

拾玩具可以从小培养孩子爱护物品及管理自己东西的能力，使他习惯于在整洁的环境中有秩序地生活、工作，处理自己的事情，这样的好习惯对他一生都有益。

拾玩具的过程可培养孩子手和全身协调动作，增强他们的体力和提高行动的效率。孩子和妈妈一同收拾玩具，孩子渐渐会用脑去想，先拿哪个，后拿哪个，怎样比妈妈拾得好。逐渐培养了他独立思考和独立工作的能力，慢慢地他就会从近到远有次序地来拾。

育儿签　　良好的个性胜于卓越的才智。

七 亲子游戏

◎ 正确引导宝宝说话

理解语言是宝宝讲话的前提，所以妈妈不要以为宝宝听不懂而减少语言交流，要知道丰富的语言刺激环境能使宝宝储藏大量的语言信息，提升宝宝语言智能的发育。

具体做法

(1)学会接纳电报式语言，同时简洁地示范完整语言。宝宝会用"妈书"代替"妈妈拿书"，妈妈先对着宝宝说一遍"妈妈拿书"，再把书给他，这样的示范很有意义。

(2)注意分解一词多义。宝宝会用"球球"指代所有的圆形事物，妈妈要清晰地告诉他这个具体事物的准确名称，如"皮球""线团"、"圆豆"、"鸡蛋"等。

(3)与情境相对照，教宝宝学说话。走在外面，看见树叶随风飘落下来，对他说："树叶落下来"，鼓励他跟着说，如果他说不出来也没有关系，他会在大脑里储备词汇。

提示 妈妈要抓住宝宝的兴趣点，激发他表达个人欲望。但是，请注意不要当着宝宝的面说他"内向、不爱说话"，给宝宝的性格特点过早地下结论，这样不利于宝宝的主动发展。

◎ 配对游戏

训练宝宝在众多的图案中找出相同的，以提升宝宝的形象思维能力。

具体做法

(1)拿一张复写纸放在两张白纸之间。

(2)妈妈在白纸上任意画，可以一边画一边说："乖宝宝，看妈妈画什么呀……小狗，小猪，小熊，小兔子……"多做几次，画许多相同的图案。

(3)将它们打乱，找出两张同样的图片，对宝宝说："看，妈妈找到了两个苹果。"接着随便拿出一张图片跟宝宝说："聪明的宝宝，赶快找到另一只小兔子吧！"这样让宝宝多找几次。

提示 画完之后，将复写纸收好，以防被宝宝吞食。如宝宝不能答对，也不要急躁。

◎ 神奇的小盒

通过游戏，加强宝宝对物体的印象，从而提高宝宝的视觉记忆能力。

具体做法

(1)准备一个彩色小盒，色彩斑斓，样式和质地各异的物品，如小镜子、项圈、嘎吱作响的小球。

(2)在宝宝的注视下，妈妈把准备好的物品一个一个地放进小盒子里，再一个一个地拿出来。

(3)多次重复之后，再将东西装好，问宝宝："乖宝宝，找一找，东西哪儿去了？"看宝宝能否打开盒子，如果能，要奖励；如果不能，可以再训练。

提 示 要经常更换盒中的物体。

◎ 学钓鱼

现阶段的宝宝模仿能力更强了，父母可通过游戏方式来激发宝宝观察模仿的潜能。

具体做法

(1)准备一个宝宝喜欢的玩具(能系绳的)，一根彩色纱线。在玩具上系上彩色纱线，向宝宝演示，将这个玩具从桌上扔下又拉回，多重复几次。

(2)让宝宝拉住纱线，握住宝宝的手将玩具扔下又拉起，重复几发后，让宝宝自己试试。

提 示 扔和拉时注意动作幅度，不要让玩具砸到宝宝，另外注意时间，不要让宝宝感到疲倦。

◎ 伸手摸玩具

帮助宝宝认知三维空间，鼓励宝宝的探索心理。

具体做法

(1)妈妈为宝宝准备一个纸箱子，在上面挖出大小不同的洞。

(2)将玩具放入箱内，妈妈伸手到里面翻搅玩具，并让它们发出声音，妈妈选中一件玩具，然后说："这是什么呀？圆圆的，软软的。"然后把这件玩具拿出来，说："原来是个圆球球。"

(3)引导宝宝把手伸进去摸东西，妈妈说："宝宝摸到什么了呀？"让宝宝从不同的角度去摸玩具。

提 示 宝宝在这几个月，逐渐有了深度知觉，对立体物体或两个物体的相对距离有了感知，家长要多创造机会和宝宝玩类似的游戏，以提升宝宝空间知觉智能。

◎ 喂妈妈

训练宝宝手的运动能力，同时培养宝宝的自理意识。

具体做法

妈妈喂完宝宝吃饭，握住宝宝的手，让他拿起勺子，喂给自己一勺，说"宝宝乖，自己吃饭"；再喂妈妈一勺，"宝宝真不错，也喂妈妈一勺"。可以多次重复。

提示 在宝宝疲倦之前停下来，不要强迫宝宝，要以鼓励为主。

◎ 学钓鱼

现阶段的宝宝模仿能力更强了，父母可通过游戏方式来激发宝宝观察模仿的潜能。

具体做法

(1)准备一个宝宝喜欢的玩具(能系绳的)，一根彩色纱线。在玩具上系上彩色纱线，向宝宝演示，将这个玩具从桌上扔下又拉回，多重复几次。

(2)让宝宝拉住纱线，握住宝宝的手将玩具扔下又拉起，重复几发后，让宝宝自己试试。

提示 扔和拉时注意动作幅度，不要让玩具砸到宝宝，另外注意时间，不要让宝宝感到疲倦。

◎ 宝宝吊单杠

可增强宝宝的体力及上臂力量，从而提高宝宝的身体协调及肢体协调能力。

具体做法

帮助宝宝站立起来。准备一根细棒，将细棒固定在宝宝能抓住，脚却够不着地的高度，让宝宝抓住细棒自己吊单杠。

提示 细棒固定要牢固，防止宝宝掉落受伤，可用自己的手臂代替。在宝宝抓住单杠时，父母应在旁边扶助，待宝宝抓牢后再松手，但也不可离得过远。

宝宝吊住时，父母可在一旁轻轻说："宝宝用力抓住，加油！嗯，宝宝真棒！"

◎ 噪音和声乐

在游戏中分辨噪声和乐音，锻炼宝宝的听力。具体做法是：

准备一些积木、一把木琴、录音机以及一些音乐带。家长拿积木敲桌子，示意宝宝"这是不好听的声音"，并对看宝宝

教导孩子的主要技巧，是把孩子应该做的事变成一种游戏。

皱皱眉头。家长轻敲木琴，让宝宝倾听，告诉宝宝"这是好听的音乐"，并对着宝宝笑笑。播放或用实物玩具制造一种轰隆隆的声音，再告诉宝宝"这是不好听的声音"，并皱眉。播放一小段音乐，让宝宝倾听，告诉宝宝"这是好听的音乐"，并对宝宝笑笑。然后弄响发出噪声与音乐的物体或者放录音，让宝宝听。家长用皱眉或微笑给予宝宝暗示。

提 示 训练时间不易过长，声音不宜过大，以免损害宝宝的听力。

◎ 套杯

这个游戏在锻炼手部肌肉的同时，还能让宝宝了解到大与小的体积的区别，从而提高宝宝区别体积大小的能力。

具体做法

(1)找几个大小各不相同的碗，依大小次序把杯子套在一起，先让宝宝把小杯子从大杯子中一个一个拿出。

(2)全部拿出后，再让宝宝把大杯子一个一个套在小杯子上，这样反复几次。

提 示 杯子最好不选用玻璃的，以免打破后划伤宝宝；还可以选择不同颜色的杯子，让宝宝将同颜色的套在一起，这样宝宝玩起来会更有趣。

◎ 蹲下捡物

这个游戏可以平衡宝宝身体，促进身体各部位的协调能力。

具体方法

(1)宝宝会单手扶物走路时，妈妈将宝宝喜欢的玩具放到宝宝的脚旁，引诱宝宝蹲下来捡玩具。

(2)宝宝会一只手扶着东西蹲下来，另一只手去捡玩具，然后再站起来。有时宝宝会因急着捡玩具而摔倒，妈妈要在旁看护并帮宝宝完成。

提 示 10个月的宝宝已经学会双手扶着东西站立并学走路，接着就可单手扶物向前移动，这时可教宝宝蹲下再站起来的动作。蹲下捡物是应用上下肢协调及手、眼配合较复杂的运动，每个宝宝的成长规律不同。如果宝宝还不会，妈妈要耐心教导，过一些时日宝宝也一定能学会。

1~1.5岁 >>行走关键期

一 养育要点与宝宝发育标准

◎ 养育要点

· 保持膳食平衡，注意食物烹调的色、香、味、形
· 加强锻炼，增强体质，培养宝宝的独立生活能力
· 大动作训练，如登高跳下、跨跃障碍物，加强精细动作训练
· 语言训练，教孩子规范的语言
· 训练初步的辨认与分类能力
· 培养孩子社会交往的能力，鼓励孩子学会与人分享，并教孩子守规则
· 给孩子安全感，并让他充分信任其他人
· 保护孩子的信心，满足孩子的好奇心
· 做好安全防护

◎ 身体发育指标

	体重（千克）	身长（厘米）	头围（厘米）	胸围（厘米）
1岁	男童 ≈ 10.42 女童 ≈ 9.64	男童 ≈ 78.02 女童 ≈ 76.36	男童 ≈ 46.93 女童 ≈ 45.64	男童 ≈ 46.80 女童 ≈ 45.43
1.5岁	男童 ≈ 11.55 女童 ≈ 11.01	男童 ≈ 83.82 女童 ≈ 82.51	男童 ≈ 48.00 女童 ≈ 46.76	男童 ≈ 47.23 女童 ≈ 47.61

二 生长发育

◎ 前囟门闭合

这一时期的婴儿，前囟门将逐渐闭合。但是，一岁时前囟门闭合，或者到一岁半左右才闭合，也都是正常的。

前囟门闭合的早晚，反映颅脑的发育情况，还反映了骨骼系统的发育情况。小儿前囟门闭合的正常时间为1~1.5岁。如果闭合过早或过迟，都应该重视，应到医疗保健部门去检查一下是否异常。

◎ 骨骼的特点

人体的骨骼支撑着我们的身体，其主要化学成分是水、无机盐和有机物。无机盐主要是钙盐，赋予骨骼硬度；有机物主要是蛋白质，使骨骼具有韧性和弹性。小儿的骨骼中组成成分的比例与成人有所不同。成人骨骼中的有机物约占1/3，无机盐约占2/3；而小儿的骨骼中有机物和无机盐各占一半。因此，小儿的骨骼较柔软，富于弹性和韧性，但受外力的影响容易发生变形。如长期用裤带或松紧带束缚胸部，则会影响胸廓发育；不正确的坐立姿势可能造成驼背或脊柱侧弯等。因此，要特别注意小儿发育时期的坐、立、走等动作的正确姿势。

在小儿骨骼发育过程中，骨骼最初出现的是软骨，软骨经过钙化才能成为坚硬的骨骼。在小儿骨骼钙化过程中，需要以钙、磷为原料，还需要维生素D，以促进钙、磷的吸收和利用。小儿机体如果缺少维生素D，就会患"小儿缺钙"（即小儿维生素D缺乏性佝偻病），从而影响骨骼的正常生长发育。因此，应让小儿多晒太阳，多给小儿吃些富含维生素D及钙质的食物。

◎ 独站

独站是在小儿从会坐，会爬后学会的第三个动作，随着小儿身体的生长，发育快的孩子在一岁以前就能稳稳地独自站立了，但多数孩子要到生后13~14个月才能稳稳地独站。到14~15个月时，小儿不仅能独站，而且能弯腰后再站直。孩子的独站是独自行走的基础，但要注意不要让刚会站的小儿一次站立时间太久。

◎ 从直立到学会行走

人类与动物不同，行走动作的发展要经过一个很长的过程。首先学会的是抬头、翻身，然后学会坐起和爬行，10个多月后才开始学会独站，一岁以后才开始学习独自走步，真正能够较稳地独自行走一般要到13~15个月。当然，小儿开始走步的年龄是有个体差异的。

儿童行走动作的发展是儿童生长发育的

一次飞跃，在儿童心理发展上有着非常重要的意义。直立行走能"解放"小儿的双手，使他们有可能伸手去触摸各种物品、摆弄各种玩具，这对他们探索和认识周围世界、促进智力发展有着巨大的作用。同时，小儿与外界的接触面变大了，有利于进一步提高认知能力。

儿童学走路时免不了要摔跤，这是必须付出的代价。孩子体重较轻，走路速度较慢，一般摔跤都是向前摔。因为有手的帮助，一般不会摔得很重。但是要防止孩子向后仰倒，因为仰倒时很容易磕碰到后脑勺部位(即枕部)，而该处是大脑中枢等关键部位所在，最怕震荡和挤压。因此，家长一定要做好安全防护，最好是在地毯等柔软地面练习走路。孩子的鞋要大小合适，鞋底软硬适中，不易打滑，最好穿布鞋、运动鞋。

◎ 手的作用更大了

需加强小儿手的活动。小儿运用手的能力的发展在儿童心理发展上具有重要意义。手的灵活、准确运动能使大脑的广大区域得到刺激和发育。所以，加强儿童手指活动是开发智力的重要手段。

婴儿手的抓握动作在﹒岁以前就已经发展起来了，手眼协调地玩弄物体的动作也初步出现。但是，这时期婴儿还不会根据物体的特点分别来玩弄它们。例如，不论是小鼓、小勺还是小盒子，他都拿来敲击。同时，他们的动作也是不准确、不灵活的。这

>>育儿须知：小儿走路不稳的原因

小儿头大身子长而四肢短，头重脚轻就显得重心不稳，而且初学步时往往以重心的前移来带动身体的前移，当身体重心的位置改变时却无法及时调整身体的姿势来保持平衡。因为，他们的神经系统的发育还不够完善，脚步又缺乏力量，运动神经支配动作的能力还比较差，所以动作反应好像总是慢半拍。另外，要保持好走路时身体的平衡，还需要身体其他部位配合动作。比如，两臂和两腿的交错、协调摆动，对保持走路时身体的平衡起着重要的作用。由于他们大脑皮层的兴奋过程处于泛化阶段，因此，经常会出现多余的动作，上下肢难以配合协调。为了维持身体的平衡，小儿走路时往往加大两脚之间的距离。

正是以上这些因素导致小儿走路的节奏、步幅和速度都不均匀，摇摇摆摆像个"醉八仙"。

主要是受手、眼、脑的协调以及运动神经和器官的发育所限。

一岁以后的儿童，在经常接触日常物体的过程中，由于成人的不断示范和自己的不断模仿，逐步学会了比较复杂、准确而灵活的玩弄和运用物体的动作能力，比如搭起2~3块小积木。同时，手的动作也不再只是和物体直接联系，还增加了其他性质。首先，儿童学会了使用工具，如用木棍当作锤子敲击东西，用勺子吃东西，用杯子喝水，用笔乱涂乱画等。另外，他们的手成为和人联系的媒介，即学会了把东西交给别人，或从别人那儿用手接受东西。再则就是手已能作为指示或表示某种意思的手段。这时的孩子能理解大人的某些手势，并且能用自己的手指物，如他能用手指向爸爸、妈妈，也能指出耳朵、鼻子等。

◎ 语言能力

这个阶段的小儿，仍然处在儿童理解语言即被动语言阶段。对语言的理解能力在不断发展，能听懂大人的说话，并慢慢学会将语言和具体事物联系起来，还能用动作或表情作出反应。如问小儿"灯呢？"他会抬头或用手指着电灯。

随着小儿思维的发展，他们的概括能力也会增强，如"灯"这个词不仅仅是指一个特定的灯，而且还指其他的灯，这可以说是"一名多物"。另外，也懂得了"一物多名"，如除了知道自己的名字和小名外，还知道"宝宝"、"乖乖"等都是指他。

至于说话，一般只会说简单的词，如"再见"、"抱抱"等，发育较快的孩子开始能说短句了，例如"妈妈抱"、"爸爸好"等。

由于这个阶段小儿的语言能力还处在萌芽发展期，很多内心世界的需求和愿望不会用关键的词来表达，还会经常用哭、闹和发脾气来表达内心的挫折。遇到这种情况，父母应该尽量用经验和智慧来理解他的愿望，猜测孩子需要什么，试用不同方式来满足他，或者转移他的注意力，让他高兴起来，忘掉自己原来的要求。

◎ 思维的萌生

思维的萌生是需要一段时间的。一岁以前，小儿没有思维，只有对事物的感知。一岁以后，随着语言和动作的发展，出现了人

如果大人真的想要帮助正在走路的小孩，就必须放弃自己的步伐及预定的目的地。

类思维的初级形式——直觉行动性思维。小儿的这种思维与他的感知和行动是分不开的。小儿只能思考直觉的也就是所接触的事物，离开了接触的物体，离开了动作，思维就会中断。小儿最初步的概括能力就是通过这种思维形式形成的，但思维概括也只是根据事物的外部特征如颜色、形状、大小等进行大致分类，而不能概括出事物的本质特征，因此常常出现错误，如告诉小儿圆的红色的东西叫苹果，他以后见到红皮球也会认为是苹果。

随着小儿动作的进一步发展，在学会了用物体进行各种活动即逐步掌握了各种物体的功能和用途后，小儿逐步理解周围事物之

间的关系，如会要求吃苹果，会玩弄皮球。这就是小儿通过多次触觉、视觉和活动经验后在头脑中形成的对某一事物的认识，形成了动作概括的能力，萌生了最早的思维。

◎ 强烈的探索欲

小儿学步以前，对环境的探索不仅受到局限，而且是被动的。当他们可以凭自己的双脚在家里自由走动后，这种探索就变得更加积极活跃了。家里的每一个角落、每一道裂缝，都要用手去捅；每一张桌子、每一把椅子、每一件没有固定的东西，都要去摇一摇、晃一晃；够得着的地方，都要一个一个地往上爬。有些父母甚至怀疑自己的孩子得了"多动症"，其实，这种现象是小儿生长发育过程中必然出现的一个阶段，对小儿心理的正常发育是很重要的。小儿通过这种行为，对周围环境积极探索，多方面地接触和认识了事物，同时，也训练了自己运用物体的技能。如果父母对小儿的这种行为加以阻止和训斥，便会使孩子感到自己的探索是在干错事，对自己的行为产生怀疑。这样不仅压制了孩子的好奇心，还会在他们心里留下自我怀疑的阴影，妨碍他们自信心的树立。伤害了孩子的好奇心和探索世界的热情，是令人十分痛惜的。

由于学步的小儿还很年幼，他们的观察力、判断力和认知能力毕竟是有限的，他们还不能区别周围的东西，没有安全意识。凡是他们想知道的东西，一律都往嘴里放。这

样很容易出现危险，因此，在这个时期内，必须实行一些特别的安全措施。药品及有毒物品要放置在孩子拿不到的地方，要经常检查房间地面，清除钉子、刀片、破碎物件等各类危险东西，同时家里的钮扣、别针等小件危险物品也要收管好不要让小儿拿到。

这一时期的玩具体积必须大一点，以免孩子把它们放进自己嘴里。家用电器也在危险物品之列，不能让小儿接触。电器插座也应小心处置，以免小儿乱捅发生触电危险。带孩子外出时，应随时把孩子带在身边，时刻关注。

◎ 爱乱扔东西

这一时期，很多孩子喜欢故意扔东西玩。扔完了就要大人帮着捡起来，然后，又把它们统统扔掉，这给父母带来了很多麻烦。然而，对小儿来说，这是一件很有意义的事情。首先，这说明孩子能够初步意识并控制和体验自己手的活动，这是大脑、骨骼、肌肉以及手眼协调配合的结果。反复扔物，对于训练孩子眼和手活动的协调大有好处，对于触觉、听觉的发展以及手腕、上臂、肩部肌肉的发展也有促进作用。其次，通过扔东西，可使小儿看到自己的动作能够影响其他物体，使之发生位置的变化。

由此可见，扔东西是小儿身心发展自然而正常的需要，家长不应阻止孩子扔东西。当然，不能扔的东西应该放到小儿拿不到的地方。还要注意不能让孩子扔食品，一旦孩子扔食品应该马上把食品拿走，并告诉孩子"这吃的东西不能扔"等，不可打骂。

有一个好办法：找一根绳子把孩子爱扔的玩具系在绳子的一头，绳子的另一头系在孩子手附近的地方，让孩子将该玩具扔出去再自己拉回来。但注意绳子不能太长，否则容易缠住宝宝，发生危险。

◎ 独立与依赖

独立性与依赖性同时增强，听起来自相矛盾，但这正是这一阶段小儿个性发展的特点。

由于生活能力还很差，小儿对父母的依赖性很强，往往一刻也不愿离开，父母一离开他就要哭。其实，这并不是坏习惯的萌芽，而正说明了孩子在成长，开始意

尽管儿童的举止有比较大的自由，但总的说来，他们给人一种非常有纪律的印象。

识到父母的重要性。虽然麻烦，毕竟也是件好事。

就在依赖性日益增强的同时，小儿又会产生争取独立、探索新环境、结交新朋友的强烈愿望。例如，有的小儿会在家里到处走走玩玩，一会儿摆弄玩具，一会儿又钻到桌子底下，还不时捡起小块东西用舌头舔尝。不一会儿，又会抱起玩具娃娃说话。忽然，他似乎意识到孤独，连忙又去找父母。其实，小儿这时正在自立的愿望与安全的需要之间徘徊，哪种意识一占上风，就会去满足哪种意识。

随着时间的推移，小儿的胆子逐渐壮起来，试验与探索更是有闯劲，对父母的需要尽管依然存在，但会逐渐减弱。

培养孩子的独立性，就需要给他自由，但同时也要给他安全。有的父母将孩子"关禁闭"，虽然安全，却剥夺了自由，这样做很不利于孩子成长，也很难达到培养孩子独立性的目的。要知道，孩子独立的勇气大多来自于他的自由活动和探索。父母要给予孩子自由，并无时不在地保护。尽量让孩子无拘束地自己活动和做自己的事，如自由同别的小朋友玩耍，自己拿勺子吃饭，自己收拾玩具等，都是培养孩子独立、自信的好方法。反之，如果对孩子限制太多，不许他们与别人接触，整天都在父母的呵护之下，孩子就会形成对父母的依赖，见了生人扭扭捏捏，一切事情依赖别人，结果束缚了孩子的身心发展。

◎ 交往与怕生

怕生是小孩的天性，但是小儿也有极强的探索欲和求知欲，他们也有交往的要求，一岁以后的小儿大多很认生，初见生人时总是提心掉胆，来了客人不愿接近，只是时不时地偷偷窥视客人。不过打量一阵之后，有的便想去接近客人。起初，小儿可能只是站在近处观望，或者表情严肃地递过来一件东

西，然后又缩手拿回去。等到渐渐地就和客人熟悉了，才会去亲近。

许多成年人并不知道这一时期孩子的心理特点，一见到孩子想也不想就过去抱起他，结果吓得孩子直往父母的怀里钻，甚至大哭起来。这样一来，孩子可能就更怕生了。作为父母，应在客人一来时就提醒客人孩子认生，熟悉后再逗他。

既想交往又怕生是小儿的心理状态，因此在小儿会走后，应该经常让他与生人接触、熟悉，如经常带他出去逛逛商店，每天领他去与别的小朋友一起玩耍，尽管他一时同别的孩子还玩不到一起，但孩子还是有兴趣的，慢慢地就会一起玩起来。

◎ 孩子爱发脾气

感情外露的孩子，甚至稍不如意就会发脾气，手脚乱动，甚至在地上打滚、扯着嗓子大哭。这一阶段的孩子已经有自己的要求和个性，当要求得不到满足时就会感到愤怒，通过发脾气来发泄自己内心的不满。

父母如何对待孩子发脾气呢？

孩子如果太疲倦了，或者要求得不到满足，或者患有疾病，身体不舒服等，偶尔发发脾气，这是极其自然的表现方法。如果父母把孩子的这种表现看成是对自己提要求，没等孩子发作便满足了他的要求，或是在很多人面前孩子这样闹，大人因怕丢面子便轻易地满足了他的要求。这样，孩子就会感到，只要自己发脾气就会什么事都能如愿以偿。于是，遇上一件小事，孩子也要大哭大闹。因此，在孩子因某件不合理的事情未得到满足而发脾气的时候，可以采取一概不理睬的态度，只当没看见，不要跟孩子说话，讲道理也是没有用的。因为孩子这时正沉浸在一个疯狂的感情海洋里，什么道理他都听不进去。当然，更不要在这种时候打孩子。如果连打带吼那就等于是火上浇油。总之，要让孩子明白想通过发脾气这一手段来达到什么目的是不可能的。这样一来，很多孩子在发泄一阵之后，看看没人理睬他，也会自觉没趣，脾气也就自然渐渐地平息下来了。

但当有的小儿因生病、身体不舒服而发脾气时，应对孩子多关心、体贴一些，但也不能无原则地对孩子百依百顺、无原则地迁就孩子。

◎ 体罚还为时过早

早在孩子还处于摇摇学步的时期，一些父母就用打屁股的方式来教育孩子，这种方式的确是不当的。当孩子干了破坏性的事或要干危险的事时，你可用转移注意力法或是把孩子抱走来制止孩子。

不应该把幼儿的探索环境的正常行为和大孩子的反抗性行为混为一谈，不能因为幼儿干了错事（其实往往并没有错）而体罚他们。

◎ 不要过分保护

对孩子进行过分地保护，只会引起孩子对环境产生不必要的恐惧心理，损害孩子的处世能力和自信。

父母对摇晃学步的孩子进行保护是必要的，但要掌握好必要的保护和过分的保护两者之间的分寸。幼儿因为还不具备遇到危险时保护自己的能力，大人是应该守着他们，但注意不要让孩子觉得束缚和依赖。在实际上不可能出现危险的情况下，大可不必寸步不离地跟在孩子屁股后面。

在家里要实施必要的预防事故发生的措施，即使相当麻烦，但也要做好这些工作，把家庭改造成一个对孩子没有危险的环境，这样你就能放心地让孩子自由自在地在家里到处探索了。而且，你的家不仅成为一个适合孩子生活的环境，而且也变成了培养孩子自信的健康心理环境。当然，为了成效更好，你还应该另外置办一些能刺激孩子成长的玩具和其他物品。

◎ 孩子之间

这个年龄的孩子刚刚碰到一起时往往会相互注视、相互触摸，表现出高兴的样子。这就是孩子之间的一种交往形式，也是小儿的一种社会性需要。显然，他们的交往能力是很差的。他们在一起玩耍时还不会互相配合，往往是各玩各的，还免不了会发生争端，如常常不打招呼就抢走对方的东西。家长对此可能很不满意，甚至认为孩子自私，有的还会给孩子一点惩罚。其实，这是正常现象，是由于孩子的自我意识发展不够完善造成的。

一岁多的小儿，自我意识处于萌芽阶段，他们仅仅能意识到自己的存在和独立的力量，仅仅懂得"我"的含义，有时甚至还不会说"我"这个词，还不能意识到在我之外还有"你"、"他"的存在。因此，这段时期的孩子的想法是"你的就是我的，我的就是我的"，这种现象谈不上自私。随着孩子知识和经验的增长、自我意识的不断完善、交往愿望的日益增强，在正确的教育下，纠正这些问题是不难的。

新式教育理论中的中心思想之一，正是呼吁人们重视孩子社会本领的培养，并且鼓励孩子与同伴相处。

三 日常护理

◎ 衣着要适当

国外的研究认为，小儿体重达到4000克左右，他们自身的体温调节系统就会正常工作，他们身上会长出一层脂肪层来保持自身的体温。因此，无论什么季节，小儿穿衣只要稍多于成人就可以，如活动量大的小儿或较胖的小儿还可以比成人少穿一点。

孩子活动量大，新陈代谢快，穿得太多活动时容易出汗，常常把内衣汗湿，若不能及时更换，一旦遇到凉风或冷空气，极容易受凉感冒。

小儿衣服穿少些，便于活动，也可增强体质，少患感冒。但如果天气冷外出时，还应注意保暖，特别是头部、手、脚的保暖很重要。

小儿穿衣多少是否合适，可以通过观察作出判断。如果小儿手脚是温暖的，但不出汗，脸色也正常，说明穿得合适，如果手脚发凉，说明穿得不够。如果小儿身上、手、脚出汗，脸色红，说明穿得过多。

>>专家提醒：夜间防小儿腹部着凉

一岁多的小儿常踢被子，为防止小儿腹部受凉，可用浴巾或大毛巾折叠几层，盖在小儿腹部，这样翻身或踢被子时不容易踢掉。还可将被子的两角(接近头部的一边)缝上两根带子，拴在床栏上，这样也能防止被子被踢掉。小儿被子厚薄要适宜，有些父母担心小儿受凉，睡觉时给小儿盖上厚厚的大被子，这样小儿出汗多，反而更易踢被子而受凉感冒。

◎ 合适的鞋

一岁左右的宝宝学走路了，为他选择一双合适的鞋子非常重要。小儿的鞋必须穿得舒适、大小适宜，不必过分讲究式样和质量。自己缝制的布底布面鞋是最好不过的，用多层旧布缝在一起制成鞋底，鞋底应宽大些，鞋帮应稍高些，这样有利于保护小儿的脚踝。帆布面胶底的小运动鞋比较柔软舒适，也很不错。

注意，父母不要图省钱而为小儿买太大的鞋，或者不及时更换新鞋。一般小儿3个月左右就需换一双鞋。鞋子过小容易挤着脚趾，压迫脚部血管，造成血流不畅，脚汗增多，在冬季容易冻脚。鞋子过大容易往下掉，也会妨碍小儿活动，在冬季容易"漏风"，保暖效果也不好。鞋底的选择也不容忽视，泡沫塑料底或硬塑料底容易滑倒，对于初学走路的小儿，尤其不适宜。另外，有许多父母喜欢给小儿穿皮鞋，觉得小儿穿皮鞋精神、好看，实际上这对小儿不利，因为皮鞋一般弹力差、硬度大、伸缩性小，容易压迫幼儿脚部神经和血管，影响脚掌和脚趾的正常生长发育，因此不要给小儿穿皮鞋。至于别的小儿穿过的旧鞋子，如果没有变形和太多磨损，也可以穿，但对于初学走路的小儿还是穿新鞋为好。

◎ 建立合理的生活制度

从小为小儿建立合理的生活制度，使小儿的生活有规律，神经系统、消化系统就能很好地协调工作，还有益于从小养成良好的生活习惯。

让宝宝养成合理的作息规律，养成好的生活习惯对于孩子现在和将来的健康和心理发展都具有重要意义。小儿的主要生活内容包括睡眠、吃喝、大小便以及玩耍。睡眠对小儿很重要，因为小儿的神经系统还没有发育成熟，大脑皮层的特点是容易兴奋，又容易疲劳。如果得不到及时的休息，就会精神不振，食欲不好，以致容易生病。如果睡眠充足，可以使脑细胞恢复工作能力，醒来后情绪就好，并且睡得好，长得高。科学家曾测定，小儿在熟睡时的生长速度是清醒时生长速度的3倍。小儿在睡眠时分泌生长激素，较清醒时多。这个年龄的小儿，每天需睡13~14小时，每天睡1~2次，每次1.5~2小时，晚上睡眠10小时。

小儿饮食同样重要。小儿的消化功能较弱，每次食量不宜过多。为保证小儿能从膳食中得到充足的营养，应增加餐次，一般说，这个年龄的小儿每天需就餐五次，包括吃饭、吃奶及点心，两餐之间应间隔约3小时左右。

小儿的身体正处在生长发育比较迅速的时期，应保证一定的活动时间。活动包括室内活动及户外活动。每天户外活动时间至少应有2小时，使孩子能接触新鲜空气和阳光，有利于孩子的身心发育。

每个小儿都有各自的特点，家长应根据孩子的特点来为孩子制定生活制度。在制定生活制度时，吃饭和睡觉应是中心环节，家长首先要把小儿每天吃饭、睡眠的时间固定下来，再穿插配合其他生活内容，从而建立一套合理的生活制度。

1~1.5岁小儿生活时间参考表

时间	活动	时间	活动
6：30~7：00	起床、大小便	13：30~15：00	睡眠
7：00~7：30	洗手洗脸	15：00~15：30	起床、小便、洗手、午点
7：30~8：00	早饭	15：30~17：00	户内外活动
8：00~9：00	户内外活动、喝水、大小便	17：00~17：30	小便、洗手、作吃饭前准备
9：00~10：30	睡眠	17：30~18：00	晚饭
10：30~11：00	起床、小便、洗手	18：00~19：30	户内外活动
11：00~11：30	午饭	19：30~20：00	晚点、漱洗、小便、准备睡觉
11：30~13：30	户内外活动、喝水、大小便	20：00~次日晨	睡眠

◎ 不宜睡软床

小儿在床上的时间长，床对他们来说无疑是十分重要的。现在经济条件好了，有的小儿睡上了席梦思、弹簧床，而且父母还喜欢将小儿的床铺得很软，觉得这样睡觉舒服、暖和。睡软床虽然舒服，却对孩子的生长发育不利。

在软床上睡觉，特别是仰卧睡时，增加了脊柱的生理弯曲度，使脊柱附近的韧带和关节负担过重，时间长了，容易引起腰部不适和疼痛。小儿的骨骼骨质较软、可塑性大，长期睡软床，就会影响脊柱的生长，破坏脊柱正常的生理弯曲，引起驼背、脊柱侧弯曲、畸形或腰肌劳损。国外有关资料表明，小儿长期睡在凹陷软床上，发生脊柱畸形的占60%以上，而睡在硬木板床上，脊柱畸形只占5%左右。

小儿不宜睡软床，但硬板床也不适合小儿，因为硬板床质地坚硬，不利于小儿全身肌肉的放松和休息，容易产生疲劳，影响小儿睡眠。最适合小儿睡眠的床应该软硬适度，如棕绷床柔软并富有弹性，是小儿最理想的用床，即能使小儿在睡眠时肌肉得到充分放松，而且对身体发育不会产生不良影响。

◎ 清洁乳牙

孩子的模仿能力强，当看见别人刷牙时，他们很乐意学着做，对于这种模仿行为要注意保护。乳牙龋病预防的最重要时期是从牙齿开始萌出到萌出后3年。一岁半以内的孩子不会自己清洁牙齿，全依靠家长的帮助。

一岁内的婴儿牙齿的清洁可采用以下几种方法：可在小儿进食后喂点温开水，以便冲洗口腔中残留的食物；还可以将干净的纱布裹在家长的手食指或中指上，轻轻擦洗孩子的上下牙齿及牙龈。擦洗方向应从牙颈部向牙的切缘(牙齿咬东西的切端)移动；也可用硅橡胶制成的牙刷指套代替纱布，按照上述的方法清洁牙齿。

一岁多的小儿可让他们自己学着刷牙。开始时，不能太讲究规范，因为孩子尚不明

白刷牙的作用和方法，他们大都将牙刷含在嘴里，边玩边咬，进行简单的横拉动作，这时应注意防止牙刷损伤牙龈及口腔软组织。另外，小儿暂时还不会漱口，可不用牙膏。父母要有耐心，逐步帮助小儿学会刷牙方法，养成清洁牙齿的良好习惯。

当我们把羁绊孩子的人为事物，以及自以为是用来教导孩子规矩的暴力放置在一旁时，我们就会看到孩子崭新的一面。

◎ 训练自己大小便

孩子一旦可以独立行走，能听懂大人的要求时，可以开始训练自己坐盆大小便。开始训练孩子的时间最好选择在温暖的季节，避免孩子屁股接触到冰冷的便盆而不愿意坐；同时由于气候温暖，小儿出汗多，小便少，间隔时间长，可以规定时间让他练习坐便盆。

小儿大便一般比较有规律，一岁以后大便一般每天1～2次，大部分小儿在早上醒来后大便，大便前小儿往往有异常表情，如面色发红、使劲、打颤、发呆等。大人要注意观察，固定在一定时间给小儿坐盆，再加上父母声音的配合，可以逐步摸出小儿大便的规律，提高排便的成功率。每次大便坐盆时间不宜过长，以5分钟左右为宜。

一岁以后，小儿排尿次数将减少，大人可在每天固定的时间将小儿抱到便盆上，如白天在小儿睡前、睡后或吃奶后。开始大人可在小儿旁边扶持并口中发出"嘘嘘"声或放些流水声，促使小儿排尿。

每次成功排便后，大人要给予夸奖，增强小儿的信心。经过反复训练，使时间、姿势、声音和小儿排便联系起来，形成条件反射。随着小儿长大，活动能力增强，以后孩子就不需要大人陪伴，学会自己控制大小便，自己主动去坐盆大小便。注意便盆一定要让小儿容易找到，否则会影响主动性。

四 宝宝喂养

◎ 饮食的特点

与一岁前的婴儿比起来，这一阶段孩子的食欲、饭量没有太大变化，这令许多父母不满意。的确这个年龄孩子的饭量一般比父母期望要少。从孩子体重增加来看，在1～2岁期间，正常小儿在一年内体重只增加2千克，而在婴儿期体重却猛长3倍。因此，父母不能再根据婴儿期的情形，希望孩子一天比一天吃得多，并勉强孩子。

婴儿满周岁后的饮食与成人的饮食已相差不大，只是饭菜需要烧得烂、碎些，以便小儿的咀嚼消化。当然，饮食中要避免那些辛辣、咸重、大荤油重的菜肴。只要制做得合适，孩子几乎都能品尝各种菜肴。注意保证孩子膳食中营养充足，不在于孩子的饭量大小，这个年龄的孩子少吃米饭，多吃鱼、肉、蛋、禽等动物性食物是比较好的。如果不愿吃这些，可以用牛奶来补充。蔬菜、水果仍是不可缺少的。至于牛奶，只要饭菜吃得好，没有必要非喝不可，但牛奶的确是一种饮用方便的营养佳品，只要孩子不反对喝，每天喝上1～2瓶是很值得的。

孩子满周岁后，母乳仍然可作为其重要的热量和营养素来源。母乳一般能为孩子提供每日蛋白质和热能需求量的1/3，45%的维生素A和90%以上的维生素C。所以，有母乳的话应继续给孩子喂。

◎ 食量的差异

小儿的食量因人而异，并受各种因素的影响。此处重提食量的问题，是因为小儿到了一岁后，与原来相比食量的个体差别越来越明显。人的食量是没有固定的"标准"的。有的成人每顿只能吃二两，有的每顿可吃四两甚至更多。同一个人昨天吃得多，今天吃得少，这也是很正常的事。但发生在孩子身上，为什么父母要不解甚至担心呢？尤

从本质上来讲，儿童的爱是单纯的，他爱，是为了获得感官印象，这种印象又给他提供了生长的养料。

其在听说某某孩子一顿能吃上多少时，妈妈就要同自己的孩子比较，只要比不上就会担心自己的孩子吃少了，其实完全没有这个必要，吃得多与吃得少一样可以健康成长，只是各自身体需要的不同而已。这就是个体差异，没有太多的为什么。

　　另外，饭量还会因时因地而不同，这也是很平常的。从每天每顿的角度看，孩子的饮食有些偏差，父母没有必要去纠缠计较。只要孩子的饮食从1～2周的时间段来看是平衡的就没问题，如果饮食持续很长时间失去平衡，就要去找保健医生咨询。

　　孩子食量大小父母是操心不了的，孩子是可以根据自身的需要去摄取食物的。父母要做的是合理安排好膳食，让孩子在有限的食量中摄取丰富的营养。小儿的成长，需要大量的蛋白质，这些蛋白质在鸡蛋、牛奶、肉类等动物性食物中含量较多，在米饭、面条、面包里较少，因此，对于食量小的孩子要多吃点蛋、牛奶、肉类。

◎ 开始学会挑选食物

　　一岁以后开始学会挑食，说明小儿在进步，在成长，父母应该理解孩子。小儿挑选食物想出于本能的选择是自然的，没有偏见

的。父母应该允许的才对，因为这与大孩子的挑食完全是两码事。

美国的一位医生曾做过一个试验，得出三条重要的规律：第一，选食未精制食品婴儿发育情况很好；第二，小儿每天、每顿的饮食情况都有很大的差异，从一顿饭的角度看，小儿的饮食是不平衡的。第三，从一段时间来看，每个婴儿自己选择的饮食搭配是任何科学家都会首肯的平衡饮食。这说明正常的小儿会本能地选择出有益健康的饮食组合，父母可以毫无顾虑地允许小儿按照自己的欲望选择食物，过分的干预会起反作用。父母应该做的是了解米饭、牛奶、肉类、蛋类、蔬菜、水果等各种食品的营养价值，为小儿提供能够满足他需要的可供选择的多样饮食。

◎ 多食健脑食品

从健脑这个角度来说，母乳是婴儿最理想的健脑食品。正常母乳中牛磺酸的含量达425毫克/升，是牛奶的10~30倍。牛磺酸对婴幼儿神经系统和视网膜的发育有重要作用，对婴幼儿的大脑发育具有特殊意义。

1.鱼类的健脑作用

科学研究认为，鱼体中含有的DHA(二十二碳六烯酸，俗名脑黄金)，对人类来说是一种不可缺少的必需脂肪酸，而且是高度不饱和脂肪酸。经研究发现，DHA有增强记忆力的作用，而它只存在于鱼油中，猪油和牛油中一点也没有。

怎样给身体补充DHA呢？很简单，吃鱼就可以给身体补充DHA，什么鱼都行，怎么吃都可以，DHA都不会被破坏。

2.豆类和瘦肉的健脑作用

对于大脑发育来说，豆类是不可缺少的提供优质植物蛋白的食品。黄豆、豌豆和花生等都有很高的营养价值，豆类还可以提供不饱和脂肪酸以及大脑活动需要的葡萄糖等。

动物的瘦肉、内脏和脑等可以提供蛋白质及人体需要的脂肪酸、卵磷脂等，对健脑也极为有益。

粗粮、蔬菜和水果可以为人体提供各种矿物质和维生素，其中的维生素A和B是脑力活动不可缺少的重要物质。

总之，父母一定要多准备各种各样的健脑食品，让孩子吃了更聪明。

◎ 适量吃点硬食

小儿的饮食应该由软至硬过渡。在小儿能咀嚼小块状食物后，就可以适当给些硬一点的食物。如果只吃柔软的食物，孩子不需要太多的咀嚼就能吞咽，牙床和脸部肌肉得不到锻炼，颌的发育一定不好。

父母往往会担心小儿的牙齿吃不了硬食，其实完全没有必要，小儿的能力往往高于父母的估计。经观察，婴儿期的小儿就能凭牙床和舌头把块状食物碾烂咽下。当然，所谓硬食绝对不是指那些蚕豆、核桃、松子等坚硬的食物，而是指那些相对于软食较硬的食物，像面包干、馒头片、红薯片等。平时，父母可以给小儿吃些硬食，让他多磨磨牙床，增强咀嚼能力。

◎ 培养良好的饮食习惯

1. 定时进餐

如果宝宝玩得正高兴，不宜立刻打断他，而应提前几分钟告诉他"宝宝，快要吃饭了"；如果到时他仍迷恋手中的玩具，可让宝宝协助成人摆放碗筷，转移注意力，做到按时就餐。

2. 愉快进餐

饭前半小时要让宝宝保持安静而愉快的情绪，不能过度兴奋或疲劳，不要责骂宝宝。培养宝宝对食物的兴趣爱好，引起宝宝的食欲。

3. 专心进餐

吃饭时不说笑，不玩玩具，不看电视，保持环境安静。

4. 定量进餐

合理安排饮食量，如果宝宝偶尔进食量较少，不要强迫进食，以免造成厌食。

还要合理安排零食，饭前一小时内不要吃零食，以免影响正餐。不可过多进食冷饮和凉食。

5. 进餐习惯

尽可能根据当地情况和季节选用多种食物，经常变换饭菜花样，引起宝宝的食欲。培养宝宝不偏食、不挑食的习惯。

◎ 少吃甜食

甜食是小儿成长的大敌，这种观点并非没有道理。现在市场上五花八门的甜品太多，再加上广告的宣传，对父母和孩子诱惑很大。甜点、糖果、巧克力等各种甜食

> **>>专家提醒：调味时不应以成人口感为准**
>
> 在日常生活中，父母习惯以自己的口味来决定小儿的口味，殊不知成人对食盐的耐受力比婴儿强得多。盐的浓度到0.9%时成人才感到咸味，婴儿仅是0.25%。因此，父母在为孩子调味时不应以自己的口感为准，一般以刚出现一点点咸味为宜。让自己吃得清淡些，为了孩子也为了你自己。

含糖分很多，极易饱肚，而蛋白质、维生素、矿物质和纤维素几乎一点都没有，完全

是营养贫乏、低劣的食品。小儿吃了这类食品后，马上就会感觉饱胀，不想吃饭，而实际上又处于半饥饿的状态，长期下去会造成营养不良。

甜食破坏牙齿，尤其是在临睡前吃或含着甜食睡觉，更易引起蛀牙。

一定要让小儿少食甜食，父母不要买，家里不要放。小儿贪吃甜食的习惯多半是父母自己造成的。孩子都爱吃甜食，父母会利用孩子这种求食心理来哄孩子，这就等于是教唆孩子养成贪吃甜食的坏毛病。另外，幼儿园的老师往往用这种办法哄孩子，这是不应该的，家长一定要协调重视。

当然，适当地给小儿吃点甜食不是完全不可以，毕竟甜食可以给孩子带来些快乐，给机体提供一定的能量，但父母一定要做到择时适量。当然，父母一定要充分认识到甜食是缺乏营养、败坏食欲、促进肥胖、引起蛀齿、不利健康的食品。

育儿锦囊　　反反复复地做同一件事情，不是孩子天生就喜欢的，但是在重复的过程中，孩子能熟能生巧。

五 异常与疾病

◎ 乳牙迟萌

小儿出牙有早有晚，因人而异，但相差不应是太久。如果一周岁还没有长出一颗乳牙，医学上称之为乳牙迟萌。乳牙迟萌要比乳牙早萌的发生频率高。

乳牙迟萌的原因

❶ 局部原因：多为外伤引起的牙龈肥厚增生、腭裂。

❷ 全身原因：多为发育障碍、营养障碍、内分泌功能障碍、甲状腺功能不全等。

针对策略 建议家长带孩子到医院检查，首先排除先天缺牙的可能性；如果是牙龈肥厚阻碍牙齿萌出，则可在局部麻醉下切开牙龈以帮助牙齿萌出；如为全身性疾病引起，则应对全身性疾病进行治疗，一定要查明原因，对症治疗。

◎ 不会讲话的情况

面对说话晚的孩子，父母心里就开始着急了，甚至会怀疑孩子是否是哑巴或智力低下。其实不必要，因为孩子之间存在个体差异。这主要由个人的个性、教育情况、身体健康状况等决定的。热情开朗的孩子自然开口早；沉静善察者，则"三思而后言"。有些孩子说话确实很晚，到了3岁还说不出几句话来，而事实上他们的智力是正常的，甚至聪明异常。

如果孩子说话迟，父母应该做些什么呢？

首先，父母要看看他听力有没有问题。如果大人的话他能听懂，就是不开口说，那听力和智力一般不会有太大的问题。如果别人对他讲话而他反应很迟钝，甚至没有反应，到一岁半还不会讲话或者发音含糊不清，尤其是以往曾接受过链霉素、卡那霉素、庆大霉素治疗的孩子，则应怀疑耳朵听力是否有问题，应去耳鼻喉科进行详细检查。听力不正常必然要影响小儿语言的发展。

其次，对于发音不清楚的孩子，可以去检查一下口腔，看看有无异常，如舌系带过短的孩子常伴有说话不清，尤其是发不清卷舌音。

另外，小儿所处的语言环境如父母照料小儿的方式，对语言的发展也起重要作用。如果照看孩子的大人精神压抑，平时不爱讲话，这样，孩子学话的机会就少了，语言能力自然得不到正常发展。

当然，还有遗传因素的影响，有的孩子天生就是个"沉默的小家伙"。

家长不要认为孩子说话迟就愚蠢，要多

让他与别的孩子一起玩，多用简单的字眼同孩子说话，多体贴、多诱导。当孩子要什么东西时，鼓励他把物品的名字叫出来。初学讲话的孩子咬字不准是常有的事，不要训斥他，更不要讥笑和模仿，而应耐心地、一次一次地帮他纠正。应注意，在教孩子说话时，大人发音要尽量准确，要让小儿跟大人学，而不是你跟着小儿学，不应用小儿的不准确发音来逗孩子玩。

◎ 小儿肺炎

肺炎是小儿的一种常见病，多见于婴幼儿。在我国5岁以下儿童死亡调查中，肺炎居首位。能否早期发现及时治疗和精心护理小儿肺炎，是降低小儿病死率的关键。

肺炎往往多在感冒的基础上发病，故早期常有：发热、流鼻涕、咳嗽、打喷嚏等感冒症状。如进一步加重，则出现呼吸增快、喘憋、呼吸困难。新生儿往往症状不典型，可呈现吃奶呛咳、口周青紫、呕吐、拒奶、气急、口吐白沫等。肺部可听到干、湿性罗音。胸透或胸片发现肺部片状阴影。按世界卫生组织对此病的诊断要求：只要有呼吸增快，婴儿<2个月，呼吸次数≥60次/分，2

~12个月≥50次/分，1~4岁≥40次/分，即可诊断为肺炎。如有胸凹陷(下胸壁内陷)或2个月的婴儿有严重的胸凹陷，就是重度肺炎。

肺炎的治疗主要是抗感染，根据病情，随证加减。除上述治疗外，退热、镇静、止惊及对症治疗。

婴幼儿得了肺炎，应及时住院治疗。若在家治疗，护理好患儿非常重要。除按时打针、吃药外，具体照顾病儿应注意以下几点：

❶ 为病儿安排好安静、空气新鲜的休息环境。

❷ 吃易消化而富有营养的食物，吃母奶的病儿如果憋得太厉害，可把奶挤出用小勺慢慢喂，以防呛着。

❸ 若病儿发热喘得厉害，可多饮些水，以利排尿解热。

❹ 病儿流鼻涕用湿毛巾及时擦干净。病儿发热，会引起抽风，可用湿毛巾捂在额头上，以利降低体温。

❺ 病儿住的屋子要保持安静，有利充分休息和睡眠。同时，大人不要在屋里抽烟，免得引起病儿咳嗽。

在达到理智的年龄之前，孩子不能接受观念，而只能接受形象。

◎ 小儿癫痫

"羊角风"医学上称为癫痫，小儿时期比较常见，是一种由于大脑功能一时性紊乱而引起的综合病症。本病发作有四个特点，即突然性、暂时性、反复性和临床表现的多样性。患儿常常突然意识丧失，伴有全身或局部肌肉抽动，口吐白沫，感觉异常或行为改变，多数有脑电图改变。一些较轻刺激如过累，过饱或强光及声音均可成为发作的诱因。该病治疗与管理如下：

❶ 寻找和治疗原发病，同时控制抽搐发作；第1次发作而脑电图阴性者，可暂不给药，但需密切观察，若有反复发作，即可开始治疗。

❷ 药物治疗原则应根据发作类型选用相应的药物，先用单一药物，从小剂量开始。对大发作，常首选苯巴比妥，以后必要时每2周增加剂量一次，出现副作用或达到最大量尚不能控制症状时，须加另一种药物，如苯妥英钠等，剂量应掌握在以控制发作而不产生副作用为好。

❸ 发作控制后，宜继续治疗2~3年，停药前6个月逐渐减量。

❹ 详细向家长说明治疗期间不应到危险场所活动，如登高、游泳等，必须长期按时服药，骤然停药可诱发癫痫持续状态，当感染发热时，要及时治疗或暂时加大药量，出现癫痫持续状态时，要及时送医院积极抢救。

癫痫患儿若能系统正规治疗，加强管理，绝大多数预后较好，仅个别患儿预后差或遗留后遗症，影响智力发育。

◎ 维生素D中毒

有些人为了给自己的孩子预防或治疗佝偻病，未去医院就诊，就自己给孩子乱用浓缩鱼肝油或其他维生素D制剂，并且认为是营养药多用无害；有的个别庸医弄不清维生素D正确使用方法，而致病人大量使用。有的人则把一切出牙晚，走路迟误诊为佝偻病而给予维生素D治疗，结果导致维生素D中毒。轻度中毒出现食欲减退、厌食、烦

躁、哭闹、精神不振，可有恶心、呕吐、腹泻或便秘、烦渴、尿频、夜尿增多。年龄大的小儿可诉说头痛。血压升高，心脏亦可受损伤。重度中毒可出现精神抑郁，运动失调，肾脏衰竭，甚至死亡。长期慢性中毒影响身体和智力的发育。为了避免维生素D中毒应注意以下几点：

❶ 要大力宣传维生素D过量的危害性，严格掌握维生素D的预防量和治疗量。

❷ 不要随便大量应用，在多次应用维生素D治疗时，医生应详细了解既往应用维生素D历史并观察有无中毒症状，以防过量。

◎ 小儿气管异物

小儿气管异物即误把物品(常见食物或玩具)呛入气管。主要发生在3岁以下小儿，主要由于幼儿自我保护能力差，吞咽协调功能不完善，喉保护反射功能又不健全，使异物易呛入气管。常见异物有花生米、瓜子、果核等。

异物呛入呼吸道，根据其大小，所在部位，各有不同表现：喉部异物常立即出现剧烈呛咳和音哑，如堵塞声门则出现面色紫绀，甚至在几分钟内窒息。

异物吸入气管，主要表现呛咳、憋气、作呕，异物大者可出现严重的呼吸困难或窒息。异物小而轻者以阵咳为主，呼气时异物随气流上升撞击声门可听到类似拉风箱的拍击声。

一旦发现有喉、气管、支气管异物可能时，应立即停止进食，立即去医院救治。现场急救可提起小儿双脚使身体悬空，以手掌轻拍病儿背部，借助咳嗽可将喉部及气管内小的异物咳出。但这种方法可能不彻底，故仍应去医院检查。必要时，借助气管镜取出异物。

小儿气管异物是一种危重疾病，治疗亦较痛苦，重点在预防。3岁以下小儿应尽量少吃干果、豆类，进食时不要逗玩、嬉笑，也不要斥责、吓唬，以免呛咳。较大儿童不要把异物含在口中，以免吸入。

父母必须维持孩子们的高度兴趣和强烈持续的注意力。

六 智能开发

◎ 怎样提高记忆力

所说的记忆好，是指识记快、保持长久、记得准确，而且用时提取快。

识记敏捷 当识记一个新材料，形成新的神经联系速度快。比如数学家茅以升先生小时候在看父亲写诗时，父亲写完他就能把诗完整地背下来。

记得准 所记材料再认和再现时没有歪曲、遗漏、增补和臆测。比如有人记忆圆周率"π"小数点以后一百多位，准确无误。

保持持久 所记材料在头脑里贮存长久。

记忆的准备性 所记材料在必要时，能够把记忆的贮存迅速提取出来，解决急待的问题。

上述几方面记忆品质是有机地联系着，缺一不可。培养幼儿良好的记忆品质，应注重帮助他们在大脑中建立丰富、系统、精确而巩固的神经联系。

◎ 发音训练

如果孩子j、k、g发音困难，妈妈可反复给孩子讲下面的故事，帮助他练发音。

有一天，鸡妈妈、鸡爸爸和小公鸡一家三口开家庭演唱会，请来鸭子做观众。

鸡妈妈第一个开口唱："咯咯咯，咯咯咯"（妈妈问孩子："宝宝，你学一学鸡妈妈怎么唱。"）

鸭子听了说："鸡妈妈你唱得太好了，我也唱一曲。"于是她"嘎嘎嘎，嘎嘎嘎"地唱起来。（妈妈问孩子："宝宝，你会学鸭子唱吗？"）

小公鸡跳着说："鸭阿姨唱得真好听，鸭阿姨你听我唱，叽叽叽，叽叽叽"（妈妈问孩子："宝宝，你会唱叽叽叽，叽叽叽吗？"）

最后，鸡爸爸不慌不忙走过来，高声唱道："喔喔喔，喔喔……"大家一齐拍手："真好听，真好听！"

◎ 发挥左撇子的优势

人的能力发挥在右手上也好，左手上也好，这是无关紧要的问题。应当允许孩子们自由地使用左手。用左手做事已不会发生任何困难，现在左手用剪刀、机器等各种用具应有尽有。

我们也可以设法取得儿童的合作，让他们也愿意练习使用右手，从而达到左右两手都能使用用具。使他们感到"两只手都可以用，真方便呀"，产生一种喜悦之情。

专家认为：

❶ 善待使左手的孩子。

❷ 发展孩子利用左手的特长。

❸ 不要强制孩子用右手或左右手交替使用。

❹ 左手在音乐、体育、直觉、创造思维上都有优势。

❺ 左手的优势在婴幼儿期要得到挖掘和培养。

❻ 要注意训练使用左手的孩子语文、数学和推理方面的能力。

◎ 以兴趣引导孩子

孩子的活动以兴趣为转移，持续的时间短。只要是他感兴趣的，就主动、有积极性，情绪保持在最佳状态，也能克服困难。而他不感兴趣的事，就是能干好，他也希望少干一些，或是爸爸妈妈帮助干。独立性较强的孩子好一些，而依赖性强的孩子，表现得就突出些。比如孩子做游戏时，他可以费很大力气地把东西搬来搬去，把玩具柜翻个

底朝天，一点也不烦，不觉得累，但如果妈妈说："我们收拾吧。"他立刻变得懒洋洋的，告诉妈妈他累了。

对于孩子的这一特点，妈妈要把"教育"、"学习"这一枯燥的活动，转化为孩子感兴趣的活动，使他变被动为主动，由他自己的浓厚兴趣调动积极性。督促孩子、呵责孩子很容易，真正"寓教于乐"就很难了，需要妈妈事事都动脑筋，精心设计适合你宝宝的教学方案。

◎ 教孩子识别大小

妈妈可以准备各种杯子、球、盒子等物品，每次游戏时选一种。比如球，选两个大小不同的球，告诉孩子哪个大，哪个小。然后母子两人扔球玩或踢球玩，运动一会儿，再把球捡回来问孩子："你告诉妈妈哪个是大球，哪个是小球？"再比如拿两个塑料玩具碗，一大一小，让孩子比一比哪个大哪个小，让孩子把小碗装在大碗里，使孩子理解什么叫大，什么叫小。反复比较，反复装进去倒出来，孩子慢慢会悟出大小的意义。

玩这个游戏是让孩子通过游戏对物品大小有个概念，并能把物品从小到大排列起来，使他明白不仅有数，还有大碗小碗之分，小的比大的小，能放在大的中间。这是数字的最基本最形象的认识，有了大小的概念，孩子才知道排列，逐渐才有对顺序的理解。

认识世界上的东西有大小不同，是最初级的根据外表的分类方法。记忆是靠特点分类来记忆的，这是学习和记忆的开端。

妈妈除了跟孩子玩识大小的游戏外，还可玩分辨形状、色彩的游戏。妈妈可以制作小的简单的教具，一点点帮助孩子认识形状，认识色彩，然后分门别类地归在一起。孩子在游戏中，在自由地、随意地摆弄各种东西的同时，可逐渐认识木头、金属、塑料、棉布等物品，在游戏中学到很多。

◎ 动作训练

一岁半的孩子已经会跑了，可以训练他做许多大运动量的活动，如跳舞、双脚跳、快跑、踢球等，还可以训练他单独上、下楼梯，以增加肌肉力量。

还可以通过做游戏，训练身体的协调能力。如找一条长毛巾，家长拉住两个角，让孩子拉住另两个角，把一只皮球放在毛巾中间，让孩子一蹲一站，皮球就会来回滚动。还可以把皮球抛起来，和孩子一起用毛巾把皮球接住。

这样可锻炼孩子与他人合作的能力以及自身动作协调的能力。专家提醒：早期教育应注意的问题一岁半的孩子已经懂事了，父母之间、祖辈之间、家长和托儿所阿姨之间都要在教育孩子的问题上保持一致。切不可父亲这样教，母亲又那样讲，父母刚批评完了孩子，奶奶又让他那样去做。这样，大人前后矛盾、要求不一，孩子就会不分是非，不知所措，很多良好的习惯就不能形成。

有的孩子非常任性，一不顺心就大哭大闹，打滚耍赖。对这样的孩子既不能打骂，又不能屈从，最好的办法是走开，不理他，在他情绪平稳的时候再教育他。有些孩子过分胆小，对这样的孩子就不能经常批评、训斥，而要鼓励他，即使他做错了什么事，也不要过多唠叨。

◎ 孩子独立性的发展

孩子独立行走之后，身体发育更强壮，大脑功能更灵活，具备一定独立能力，再也不喜欢搂在妈妈的怀里，也不愿事事等待成人办理，着急时，自己便要亲自下手了。吃

我们所谓的不干预孩子的学习尊重孩子的行动、必须在孩子本质上的发展趋于成熟之后才得以实行。

饭自己喂，尽管勺子拿得很笨拙，狼藉很多，但还是自己吃得香；穿衣要自己来，别看袜底朝上，也还要坚持自己的；喝水要自己端杯，别看洒满衣襟，还是喝上一杯再一杯。让妈妈看看我长大了，会走路、会吃饭，什么事情都爱干。

这种"独立自主"的精神和愿望，在心理发展过程中具有特殊意义，标志着自我意识的发展、各种能力的发展、个性的形成。

独立能力强的孩子喜欢自己哄自己玩，不再缠住妈妈，也不闹大人，在独立游戏中感到别有兴趣、情绪饱满、心境愉快。小皮球滚来滚去多好玩，小石子扔出来投回去也有趣，火柴盒更有意思，一根一根拿出来，再一根一根装进去，这种重复动作丝毫不叫他厌烦，反倒满足了活动手指头的需要。若没这小小火柴盒，小手指可去哪里活动呢？只好去抠墙上的小洞洞、床头虫蛀小窟窿、被角破绽。总不能让他闲起来无事干啊。

就在这十几次、几十次地滚球，不知厌烦的重复动作中，视觉的观察能力、目测距离、以及空间知觉都得到了训练。反复动作使大脑产生了行动性思维，在行动的同时，学会了概括。明白了小手、小脚怎样动才会把球踢跑；怎样使用拇指和食指才能拿住东西……可见，周岁的小淘气真没白白淘一场，淘中长本领、长才干、增智慧。

在各种独立活动中，促进独立能力的发展，引起性格变化，更积极、更主动，增强了克服困难的意志，也明白了自己的力量，加深了自我了解。如果培养得好，孩子从此开始不完全依赖于成人的独立生活，不仅减轻成人的负担，更重要的是及早锻炼孩子手脚，发展大脑功能，培养各种能力，栽植出一棵强壮的小幼苗。还是多让孩子自己活动好。

对于这个阶段的小儿来说，父母要给他们足够的个人空间，又给他们单独处理各种事的机会，父母可每天带孩子出去走走，找

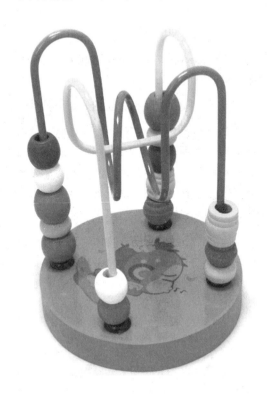

一个比较安全的地方，用不着盯在他屁股后面，让他自由自在地同别的小朋友玩耍。即使身上弄脏一点也不要紧。但要注意不能让他把脏东西放进嘴里，如香烟头、泥巴等。另外，孩子想自己做的事情应尽量让他自己做，如让他自己拿勺子吃饭，即使撒掉一点饭也没关系，如果孩子自己能坐便盆大小便就让他自己去坐就是了。

◎ 最初的游戏

游戏其实就是玩，是小儿的一种获得乐趣的过程。玩往往被认为是无关紧要的嬉耍，对于小儿来说，玩并非如此简单。玩基本上就是游戏，而游戏正是孩子最喜爱、最感兴趣的活动形式，孩子在游戏中学习、探索和成长。

游戏，从活动形式加以划分，可分为感觉游戏、运动游戏、模仿游戏、接受性游戏、结构性游戏等。不同年龄的孩子对游戏有不同的兴趣。小儿最初的游戏以感觉游戏占主要地位，如听铃声、音乐，看漂亮的玩具、画书等感觉活动引起小儿的喜悦，还可以通过感知触摸、摆弄物体，感知物体的形状、色彩、质地及声响等带给小儿乐趣。

随着小儿运动能力的发展，运动性游戏不断增多，如学拉车、滑滑梯、骑小车等。特别是学走路的孩子，更喜欢也更需要运动性游戏。另外，近一岁半的小儿开始对成人活动发生兴趣，并尽力模仿成人的动作和活动，出现模仿游戏。如他们看见妈妈喂自己吃东西，也就在玩布娃娃的时候，学着妈妈的样子"喂"布娃娃吃东西；或者安置布娃娃睡觉；还会学成人扫地、抹桌子、烧饭、刷牙、洗脸等动作。在游戏中，小儿已经开始表现出最初的想象力和创造性。

当然，小儿最初游戏的水平还是很低的，动作常常重复，情节也常常是片断的，主题和扮演的角色往往不明确。例如，喂布娃娃吃东西时忽然又喂到自己的嘴里，而且往往只有单调地重复"喂"这个动作，没有其他更丰富的情节。而且，这时的游戏还离不开实物或玩具的帮助，离开了实物或玩具，游戏往往也就随之停止。完全凭空想象进行游戏活动是很少见的。

因此，成人应该了解小儿最初游戏的特点，为小儿提供一些适宜的实物或玩具，有意识地加以引导，加强小儿游戏的乐趣，促进游戏水平的发展。

七 亲子游戏

◎ 采蘑菇

训练宝宝走和蹲的动作，从而提升宝宝的肢体协调能力。

具体做法

(1)爸爸妈妈准备一个小提篮、一只玩具兔子，一些彩色硬纸剪成的蘑菇，并将蘑菇散落在地上。

(2)取出玩具小兔，说："小兔子饿了，宝宝给采一些蘑菇。"

(3)让宝宝提着篮子拾蘑菇，再走回父母身边来。

提 示 蘑菇不要太多，不要让宝宝蹲的时间过长。蘑菇放得不要太集中，让宝宝在采蘑菇时四处找找，训练宝宝的观察力，提醒宝宝忽略的蘑菇。家长可和宝宝一起采蘑菇，增加宝宝的兴趣。

◎ 分蔬菜和水果

这个游戏可以促进宝宝观察和思考能力的发展。

具体做法

(1)准备一些干净的蔬菜和水果。妈妈先做示范，将蔬菜和水果分开。

(2)把蔬菜和水果混合在一起，对宝宝说："妈妈不小心将蔬菜和水果混在一起了，宝宝能帮妈妈把蔬菜和水果分开吗？"当宝宝在分开的过程中出现错误时，家长可及时提问"萝卜是蔬菜还是水果呢？"让宝宝动脑子考虑后再重新分。

(3)如果宝宝还不能分辨，家长可教宝宝"萝卜是蔬菜，应该放在蔬菜这边。"

提 示 家长所备的蔬菜和水果都必须是宝宝已经认识的。游戏结束后，家长可洗净水果，奖励给宝宝吃，以增强宝宝参与游戏的积极性。

◎ 自己吃饭

培养宝宝的生活自理能力，同时锻炼手的能力，来达到提升宝宝自理能力的目的。

具体做法

(1)妈妈把着宝宝的手，将小勺放进宝宝的嘴巴里，同时说"乖宝宝，吃饭了。"

(2)重复几次后，鼓励宝宝自己把勺子送进嘴巴里。完成动作后，妈妈要奖励宝宝。以后还可以让宝宝自己拿杯子喝水。

提示 因为不熟练，宝宝可能会把自己弄得很脏，甚至衣服上的食物比吃到嘴里的还多。但宝宝还是很高兴自己吃饭，所以不管他吃得如何糟糕，在他吃到食物的时候家长要鼓励他，表扬他，给他自信。以后他会有很多时间来学习，吃饭时应注意的礼节，所以爸爸妈妈不必过于担心。

◎ 我爱大自然

带宝宝到户外或公园散步时，引导他观察大自然，让宝宝认识、感受大自然，从而提高宝宝的感知能力。

具体做法

天上飞的、地上走的、水中游的……让他摸摸小石子，捡捡小树叶，动手做个野花野草编的小帽子戴在宝宝头上，做个简易小风车让宝宝握在手上迎风旋转。宝宝闻着自然的芬芳、收录着自然的美丽、经历着自然的神奇，怎能不为大自然所动呢？

提示 这个游戏正是通过宝宝在大自然中的亲身感受，才引发宝宝对大自然的感情和喜爱的。

◎ 品尝味道

让宝宝分辨东西的基本味道，充分刺激宝宝的味觉。

具体做法

(1)准备一些味道比较典型的液体食品。用小吸管蘸点糖水，让宝宝舔一舔，妈妈说："什么味道啊？"

(2)再蘸点柠檬水，让宝宝尝。

提示 一次不要让宝宝尝太多种味道，以防混淆。

孩子天生就能改进他们的行为，而且他们也喜欢这样。心理学家说，孩子必须游戏、因为借着游戏，孩子的发展才能更趋完善。

◎ 戴帽子

培养宝宝的观察、思考能力，以及做事情的专注性，从而提高宝宝的逻辑思维能力。与此同时，还可以锻炼宝宝手部的精细动作。

具体做法

(1)家里准备一些干净的不同颜色的瓶子。妈妈把每个瓶子的盖子都拧下来，再一一对应地盖上，让宝宝仔细观察。妈妈还可以说"看妈妈给小瓶子戴帽子。"

(2)多发重复后，再将瓶盖都拧下，并让宝宝给小瓶子"戴帽子"，看宝宝是否能对应。

提示 注意瓶口不要有锋利的缺口，以防割伤宝宝的手，瓶子要控制在4个以内。

◎ 投球

锻炼宝宝认识空间方位的能力。

具体做法

(1)妈妈为宝宝准备一个皮球和一个球筐。

(2)妈妈让宝宝站在离球筐1 2米的地方，宝宝抱着球准备扔球，当妈妈喊"一，二，三，投球"时，让宝宝把球向球筐内投去。

(3)如果宝宝投进了，妈妈要表扬。游戏可以反复多次，让宝宝听妈妈的口令去投球。

提示 通过游戏能让宝宝练习向前投

掷的动作，促进宝宝身体的协调能力和平衡能力，更重要的是能锻炼宝宝对上、下、里、外等方位的认知能力。

◎ 一个一个跑出来

这个游戏可以培养宝宝的手眼协调能力。

具体做法

(1)准备空面巾盒1只，手绢和纱巾数条，小铃铛和小玩具2~3个。

(2)把手绢和纱巾连接起来，扎上小铃铛和小玩具，放入面巾盒里，盒口留出一截手绢。

(3)让宝宝坐在床上或者地毯上，面巾盒放在宝宝身前。

(4)妈妈示范，慢慢拉出手绢和纱巾，问道："一个一个跑出来，这是什么？"

(5)再把东西塞回去，拉住宝宝的手，再拉一次。

(6)让宝宝自己拉，妈妈用夸张的表情和语言表示开心，鼓励宝宝。

提 示 塞到盒子里的玩具不要有坚硬易划伤手的东西。注意帮助宝宝动作。

◎ 球球泡泡澡

通过与水、球等物品接触，让宝宝体验触觉感受，并启发宝宝对数量多少的基本认知，从而提高宝宝的数学能力。

具体做法

(1)让宝宝先进入浴缸，再往浴缸里注入温水，然后将球一颗颗放入浴缸中，让宝宝体验玩水的乐趣及触觉刺激，感受浴缸从"0"(没有球)开始后的变化。

(2)爸爸妈妈将球丢进浴缸时，可以同时报数，让宝宝对数与量有最基本的认知。

提 示 避免宝宝在浴室里滑倒、发生窒息或溺水的意外。宝宝如果有害怕、逃避、拒绝的反应，不要强迫他，可以慢慢地引导他用手或用脚先行碰触浴缸。

◎ 追玩具车

帮助宝宝掌握空间知觉。

具体做法

(1)妈妈将玩具小车用绳拴好。

(2)妈妈在前面拉着玩具小车，让宝宝在后面追，妈妈拉着玩具小车边走边说："妈妈在前面拉小车，宝宝在后边追妈妈，追

呀，追——"当宝宝追上，停下脚步蹲下准备抓玩具时，妈妈再拉着玩具小车走几步，让宝宝站起身再追。

(3)反复几次后，要让宝宝抓到玩具小车，以提高宝宝的游戏积极性。换过来，让宝宝拉着玩具在前面跑，妈妈来追。

提 示 游戏中通过训练宝宝走、下蹲、站起等动作，不仅让宝宝逐渐感知到空间的变化，丰富了宝宝的空间知觉能力，同时还增强了宝宝的运动能力。

1.5~2岁 >>性格反抗期

一 养育要点与宝宝发育标准

◎ 养育要点

- · 食物多花样，防止挑食、偏食
- · 继续对孩子独立生活能力的培养
- · 扩大认知能力的训练
- · 注意孩子安全，预防家庭事故
- · 满足孩子的好奇心、探索的勇气和自信心
- · 鼓励孩子多结交伙伴，多认识人
- · 多讲解，多提问题，引导孩子思维的发展
- · 对孩子良好的行为要立即表扬
- · 少用命令、警告、威胁、指责等语气的词汇与孩子说话
- · 从多个方面教育孩子增加语汇，鼓励孩子说话

◎ 身体发育指标

	体重（千克）	身长（厘米）	头围（厘米）	胸围（厘米）
1.5岁	男童≈11.55 女童≈11.01	男童≈83.82 女童≈82.51	男童≈48.00 女童≈46.76	男童≈47.23 女童≈47.61
2岁	男童≈12.89 女童≈12.33	男童≈89.91 女童≈88.81	男童≈48.83 女童≈47.67	男童≈48.84 女童≈49.04

二 生长发育

◎ 动作更加自如

随着小儿的成长，身体的动作更加自如了。一岁半以后的小儿，手的动作也更加灵活了，已能搭起4～8块积木，能握笔在纸上随意画，有的已能模仿画直线，能用拇指和食指捏东西，会穿木珠，会自己拿勺子吃饭，会开关门，会搬小凳子；能有目的地投掷。

进入这一阶段，小儿大多已能行走自如，很少摔跤，有的都已经学会跑了。许多小儿已经能扶着栏杆上下台阶，能迈过高度20厘米左右的绳子或者门槛，能低头钻进矮门，会用脚踢球向目标并会蹲下去捡起来，甚至能双脚并跳等。

当然这阶段的小儿神经系统发育仍然不够完善，他们的姿势控制能力及视觉感觉能力还较差，所以虽然他们学会的动作较多，但动作的准确性、灵活性和熟练性仍不够。

家长了解小儿这一阶段应该具备的动作能力和特点后，应该有目的有计划地为小儿创造一个适宜动作训练的条件，促进小儿动作的发展。如训练小儿跑步，教小儿学会双脚并跳，还可训练小儿跨越障碍物、上下台阶等。手的动作方面，可训练小儿随意抛球和扔小沙袋，教小儿学会正确握笔、折纸、穿木珠等。还可让小儿参加一些简单的劳动，如帮大人拿递东西、穿脱鞋袜，学会自己吃饭、喝水、洗手等。

◎ 学跑

继续一岁时的蹒跚走路，宝宝已经在尝试着另一个挑战，那就是放开手脚的跑起来。

跑应该在比较自如地直立行走的基础上逐步学习。有的小儿走得还不太稳就想学跑了，似乎有点可笑，但却可爱。其实，这一时期很多孩子"跑"时只有跑的外形，而没有跑的腾空阶段。这是由于他们练习走时，身体重心较靠前，不得不加快步伐的频率，以类似跑的动作来代替走。大约到了两岁，小儿就基本上能跑起来了。由于身体形态的特征是头大、四肢短以及下肢的力量较弱，平衡能力差，所以跑起来显得头重脚轻，步幅小、步子快，容易摔倒。一般要到三岁时，跑的动作才能比较自如，身体各部位的动作才会比较协调。

◎ 说话的积极性高了

随着小儿神经系统和语言中枢的发育，他们已经不但从会听逐渐过渡到会说了。约从一岁半开始，小儿进入了积极的言语活动发展阶段。而一岁半以前，小儿虽能听懂大人说的话，但说话的积极性不高，自己会说的话也不多。

随着小儿语言理解能力的发展，儿童的积极言语表达能力很快发展起来，发音逐渐准确，会说的句子逐渐增多，日益复杂化。这期间，小儿开始逐步从成人的语言习惯中来掌握语法结构。在正确的教育下，儿童开始初步学会正确使用各种基本类型的句子，包括简单句和复合句。小儿掌握词的数量迅速增加，除了名词、动词以外，也逐步掌握了其他一些词类，如形容词和副词等。

作为家长，应该了解小儿语言发展的特点，重视小儿语言能力的培养，这不仅对孩子正确地掌握语言很重要，而且对小儿智力的发展也具有极其重要的作用。

◎ 发音不准

这一阶段的很多孩子都存在着发音不准的现象，如把"汽车"说成"汽切"、"狮子"说成"西几"、"苹果"说成"平朵"、"黄瓜"说成"土注"等等。这是因为这时宝宝的发音器官发育得还不够完善，听觉的分辨能力和发音器官的调节能力都比较弱，还不能掌握某些音的发音方法，不会运用发音器官的某些部位。如在发"狮"

>>专家提醒：不要用儿语和孩子说话

孩子用"儿语"，是因为受语言发展的限制。有些大人因此认为孩子只能听懂这些"儿语"，或者觉得小儿说"儿语"很有趣，于是也用同样的语言和孩子讲话。这样做是不对的，往往会强化孩子的"儿语"，拖延孩子过渡到说成熟词句的时间。

不管孩子怎样说话，做父母的应尽量用正确的语言来对答，用标准的词句和语言指导孩子，给孩子提供一个规范的语言环境。

音时，舌头需要往上卷，呈勺状，有种悬空感，小儿一般不会做这个动作，所以就发错音。对于这种情况，家长若模仿小儿的发音讲话，就会巩固小儿的错误。

小儿发音不准是正常现象，随着小儿的生长和发音器官功能的完善，并给予准确的发音指导和反复的发音练习，小儿的发音就会逐渐正确。

◎ 独立行动的倾向

这个时期的孩子具有明显的独立行为倾向，这是独立性的必然发展。由于他们能独立行走，并且逐步获得操控简单物体的动作能力，所以独立行动倾向也就逐渐被刺激和发展起来。小儿比以往更加积极、主动地探索和认识周围世界。他们对于自己可以完成的动作，总不希望成人帮忙。走路时，他会说"别扶我"，喂饭时他会说"我自己吃！"。

这种独立行动的倾向，为家长引导儿童有目的、有意识地活动提供了有利条件。因此，成人应积极地为孩子提供一些力所能及的做事机会，让小儿体会到自己动脑、动手做事的乐趣和喜悦。

另一方面，孩子虽然独立愿望越来越强，但独立做事的能力却还很差，因此，父母要用适当的办法协助孩子，并鼓励和辅导孩子逐步独立完成所做的事。怕孩子做不好或者动作慢而一切包办，会阻碍孩子独立性的发展。如辅导并鼓励孩子自己正确地穿衣、吃饭、收拾东西等，即能促进孩子独立意识发展，又能培养孩子独立生活的能力。

◎ 独立性与安全感

独立性与安全感是这一阶段小孩的双重需求。他们想自己做事，但同时又希望父平能给他提供保障。自己走路不愿要你的帮忙和扶持，但若你真的离开他，他又会感到恐慌，失去练习的兴趣和信心；他喜欢独自摆弄玩具，津津有味地翻阅画册，但当他感觉不到你的存在时，他就会哭闹起来。显然安全感在小儿的感情结构中占重要地位。父母应该了解孩子的安全感，不仅指父母对他们生活和身体的照料，还包括对他们活动的关心，对他们情绪的理解，甚至包括父母是否在他们身边。如果完全放手不管甚至走开，就会使孩子感到被抛弃了，不能满足他对安

育儿簽

孩子的天赋如同自然花市，要用来修剪。

全感的需求。例如孩子学走路但还走不稳时，如果你在后面跟着，那么不管他看得见与否，都符合他的安全愿望。你此时的存在，对孩子来讲是一种鼓舞，他相信你能保护他，帮助他，他就能安心地干他的事了。但是应该知道，给孩子安全感要避免过分地保护，不然会限制孩子的自由，会使孩子变得胆小、适应力差，反而加重对父母的依赖。

总之，孩子有了安全感，才能独立地探索新事物，才会变得自信、勇敢。

◎ 注意力与记忆力

随着年龄的增长，小儿的注意力和记忆力不断增强。这阶段小儿注意和记忆的特点是形象化。色彩鲜艳、新奇、强烈的刺激容易引起他们的注意和记忆。

这个阶段的小儿开始能够集中注意力在他感兴趣的事物上，但大多是无意注意行为。注意集中的时间不长，一般在几分钟到十几分钟。

通过小儿的言行，我们已经能够观察到小儿的记忆特征。这阶段小儿的记忆内容仍较简单零碎，一般是他们熟悉和感兴趣的内容，如玩玩具、做游戏、吃东西等。虽然有些东西能记忆很长时间，但大多都容易忘记。

日常活动中，我们能明显地观察到小儿注意和记忆的特点。如到动物园时，他们对各种动物都很感兴趣，注意力非常集中，回来后在较长的时间内还是记得见过的动物。玩玩具和做游戏也是小儿最感兴趣的事，也能引起他们的注意，玩几次就能记住怎样玩法。另外，小儿对与自身有关的事物记忆力比较好，如刚刚入托的小儿能在几天内记住自己的座位、床位、活动室、厕所等地方，并能记住老师和小朋友的名字。

◎ 好奇心和探索欲望

这个年龄段的小儿好奇心依旧，随着各方面的发展，在好奇心的驱使下他们能进行父母意想不到的探索了。这样也相应有了更多的危险，他们总是喜欢东走西摸，什么东西吸引他，他就渴望拿到手，家里的东西不论是玩具还是家庭用具，也不论是能玩的还是不能玩的，他都要拿来摆弄摆弄。如果你给他买一个新玩具，他只能新鲜两天，然后就会翻来覆去地捣弄，直到弄得玩具散架才罢休。

孩子的所有这些行为都是在好奇心驱使下的积极探索和学习。孩子摸来弄去，正是在探索奥秘和积累经验。通过这些活动，小儿认识了物体的大小、形状、软硬、冷热和活动性，认识了各种事物之间的关系，促进智力和行为技能的发展。显然，家长不能因为孩子的行为不符合成人的理性就制止他、训斥他，这样做不但会打击孩子的积极性、压制孩子的好奇心，使他变得缩手缩脚，而且会扼杀孩子的自信心和探索欲。

当然，放任孩子去损坏一切物品，显然

是不明智的，应该想办法在保护孩子好奇心的前提下减少损坏。例如可以去选择结实的或者能拆装的玩具，把家里易损坏的和贵重的物品收拾好等等。

◎ 想象的萌芽

想象是一种心理过程，是把头脑中的事象进行加工改造，创造出新的形象来。儿童喜爱的动画片中的形象都具有想象成份，最典型的如"孙悟空"的形象。

想象力对儿童智力发展是极其重要。儿童智力发展的几个要素如观察力、记忆力、思维力等，只能使儿童获得信息，这些信息本身是死的，而想象力则赋予它们以生命力。

一岁以前的小儿由于知识经验和语言发展水平的限制，无法观查到他们的想象。

1～2岁时，就可以发现小儿想象的萌芽，他们已能把现实的生活"搬到"自己的活动中去，如抱着娃娃给她吃饭、穿衣等。但是，他们想象还处于初级阶段，是自发的"无意想象"，没有主题，内容简单，创造性成分很少，往往是对客观环境的直接模拟，不作更多的加工。

三岁以后，随着小儿语言的发展、生活经验的丰富和活动的复杂化，特别是参与各种游戏活动，小儿就会逐渐进行有目的、有主题的"有意想象"，就会参考经验、利用语言的帮助加工头脑中的形象，进行创造性想象。

◎ 模仿能力提高

模仿不同于想象时的模拟，是小儿学习成人参与现实的活动。随着小儿年龄的增长，模仿能力和欲望越来越强。这一阶段，孩子主要是对成人动作和语言的模仿。

在行为模仿方面，小儿常跟成人学刷牙、学扫地和抹桌子等。他们模仿动作一开始不可能做得太好，但孩子模仿做事的态度却很认真，而且兴趣也很浓。这时，父母不要因为孩子做不好，"越帮越忙"就阻止甚至责怪孩子，而要利用孩子这种积极性，为他创造条件，有选择地让他做些力所能及的事情。没有生而知之，只有学而知之。

在语言模仿方面，小儿也具有浓厚的兴趣，也很严肃认真。父母应抓住时机，结合日常生活中的具体事物教孩子模仿说一些简单句子，并用微笑和语言来肯定和赞扬孩子的模仿语言。这样孩子的语言能力就会快速发展。

◎ 自理能力增强

这个阶段的孩子，生活自理能力在逐步发展。孩子一岁半时，有一部自己就会用勺子吃饭，并且吃得较好，饭菜散落得也不多了。有一部分自己能脱外衣，有的还能试着穿衣服；到两岁时，有的都会用筷子了。部分孩子已经自己会洗手了，并且还能用毛巾把手擦干净；孩子自己也会搬凳子坐。

小儿自理能力的增强，有助于孩子的全

面发展，增强孩子对环境的适应性。孩子的自理活动，能很好地发挥其手的动作，锻炼其行为技能。因此，父母应及时加以引导，帮助孩子学习和提高各种自理能力。如果孩子学得慢，做得不好，父母应耐心，反复指导练习。最终孩子都会在这些活动中体会到成功的快乐，意识到自己的力量。父母切不可嫌孩子慢、做不好或怕孩子累，从而长期一切代劳，这样做可能省事，但不利于孩子成长。长大后工作无能，生活难以自理。

◎ 需要小伙伴

随着孩子身心的成长和发展，他们需要结交小伙伴。这种早期的交流对孩子的成长十分重要，是培养孩子社会性的一个重要方面。孩子已能走会说，交往能力和范围变大了，开始对小伙伴感兴趣。在成人的引导下，两个孩子已能在一起玩上片刻。虽然他们在一起玩时往往是各玩各的，看似互不相干，但小伙伴在场与否，对孩子玩耍的效果和兴趣却不一样。有研究认为，小儿玩玩具时，如果有小伙伴在场那么他会作出更多的游戏动作，玩的时间也更长。在与小伙伴一起玩的过程中，他会意识到同伴的存在，尝试与小伙伴交流配合，甚至观察学习小伙伴的玩法。

◎ 最初的道德行为

俗话说的好："有其父必有其子"，儿童的道德行为直接受成人的影响。随着儿童

心理的发展，在一定条件下就会产生最初的道德行为。一岁以内的孩子受语言和思维的局限不可能作出什么道德判断，也不会有什么道德行为。1～2岁阶段的孩子，在相互接触时就会出现各种积极的和消极的行为关系。这就是人与人之间社会关系的一种初级表现，也是道德行为的最初形态。

儿童之间积极的相互关系主要表现为：各自愉快地玩耍，互不侵犯；相互愉快地游戏；共同分享或交换玩具；友好行为和相互帮助；正确评价自己和其他小朋友；对不当行为表示不满和反对等等。

消极的相互关系主要表现为：攻击性的

>>专家提醒：孩子的第一任老师

父母都应该意识到，自己是孩子的第一任老师，你们的言行会影响孩子一生。

对1~2岁的孩子来说，衣、食、住、行样样都离不开父母。虽然他已开始蹒跚学步，但其生活范围仍非常狭小。生活中他反复看到的是父母的言行。父母与小儿之间这种必然的关系，确立了父母作为第一任老师的重大职责。父母如果做得好，就能在孩子成长之初，为孩子的生活习惯、性格和品德培养等方面打下良好基础。否则，对孩子将造成十分不利的影响。

以整个儿童成长过程来看，由于儿童的是非观念薄弱，知识肤浅，父母的一言一行、一举一动对孩子都有很大的影响。父母的行为方式、处世态度会逐渐在孩子身上潜移默化，成为他们个性、品格和行为发展的基础。

父母作风正派，孩子也会正派；父母的作风不正，就会污染孩子的心灵。父母好学习，孩子爱看书，上学后容易养成主动学习的习惯。父母勤俭，家务事安排得井井有条，孩子也会勤俭，生活、学习也会安排得有条理。家庭和睦，富爱心，孩子的性格就会愉快、活泼、开朗；父母常为小事争吵，孩子的心灵就会受创伤，性格会变得忧郁、乖僻、懦弱，对人缺乏热情或是冷酷粗暴。

总之，父母作为第一任老师的职责影响深远，一定要注意自身的道德修养和行为举止，为孩子竖立良好的榜样，不仅对孩子要有高要求，对自己也一定要严格要求。

动作，如争夺玩具、位置等；防御性的动作，如大哭、叫喊、告状等。

儿童的道德行为是在成人的言传身教下逐步学会的。因此，父母应该注意自己的言行和教育方法，及时地抓住各种机会培养儿童良好的道德行为。对这个阶段的小儿，培养和巩固儿童间的良好关系，防止儿童间的不良关系的发生，是教育中的重要任务之一。

◎ 任性与溺爱

行为能力发展了，自我意识就该萌芽了。这一阶段的孩子虽然离不开大人的照料，但却有自己的主张。他们常常要同大人作对，不断地提出要求，达不到要求就哭，不一而足。这些都是正常现象，因为孩子独立的愿望越来越强，而且又不懂事，分不清好坏利蔽。面对这种情形，父母一定要正确对待，不可溺爱，否则孩子就会变得无理任性。

现在独生子女多，父母对孩子疼爱有加，所以毫无原则地满足孩子的要求，纵容孩子的错误言行，给予孩子不合理的特权。结果呢？孩子越来越无理取闹，稍有不满就大哭大闹。而父母为了让孩子停止哭闹采取的纵容迁就，让他们学会用各种办法来要挟父母。

面对这种状况，到底应该怎么办呢？

首先要求父母端正育儿态度，认识到百依百顺、百般纵容不是爱孩子，而是害了孩子。

其次，应该用你的行为让他懂得什么是合理的，什么又是不合理的。对孩子合理要求要尽可能地满足他，实在办不到的也要讲清道理。而对于孩子的无理要求，干脆回绝。

再者，如果孩子用哭的办法来要挟想达到某种目的，你可以"冷处理"：不睬他，冷淡他。当他发现自己的哭闹不能达到目的时，也就会自觉没趣而自动停止哭闹了。

另外，父母双方在教育孩子的态度上要一致，例如爸爸很严而妈妈很迁就，或者二人观点不一致在孩子面前争执，那么，孩子就不能明白究竟该怎么做，该听谁的话，不利于孩子的成长。

幼儿的学习是全方位，并不局限于读写算和各种技艺。

三 日常护理

◎ 尽早穿满裆裤

　　一岁以前的孩子，还不会自觉控制大小便，为把尿和更换尿布方便，一般都穿开裆裤。到了一岁半以后，孩子在语言、动作和心理发育上都比前一个年龄组的孩子成熟得多，当孩子学会大小便前告诉大人时，就可以逐渐让孩子穿满裆裤了。

　　一岁半以后孩子户外活动增多，没有卫生常识，不管什么地方都坐。如果穿的是开裆裤，特别是女孩，由于阴部敞开，尿道短，阴道上皮薄，地面上的细菌等脏东西会从孩子的肛门和外阴侵入体内，引起尿道炎、阴道炎、外阴炎等。有时即使没有细菌感染，由于阴部受不洁物的刺激，也会引起局部瘙痒，手抓后诱发炎症。另外，这个年龄组的孩子容易感染蛲虫，蛲虫一般在夜间爬出肛门，并在肛门附近产卵，引起孩子肛门周围瘙痒，影响孩子夜间睡眠。如果小儿发痒，孩子用手抓痒，可能又会通过吮吸手指而引起自身再感染。特别提醒，孩子穿开裆裤不宜坐地上、不宜坐滑梯、不宜骑摇马、不宜坐公共便盆，总之，不宜随意接触不清洁、不卫生的地方。

　　另外，冬天气候寒冷，如果孩子穿开裆裤，四面透风，容易着凉。

　　父母应尽早训练孩子便前通告大人或自己坐盆大小便，尽早给孩子穿上满裆裤，保证孩子健康成长。

◎ 睡眠

　　孩子大了，他们的活动量也大了，因此保证孩子良好的睡眠，使他们身体得到充分休息很重要。然而这一阶段的孩子常常并不听从大人的安排。那么父母怎样解决好睡眠问题呢？

　　首先，睡前不应让孩子过度兴奋，以免影响入睡，如做剧烈运运，听新故事或看新书等，可以和小儿一起说说歌谣，听一些柔和的音乐或者让小儿独自玩一些安静的游戏和玩具。

　　如果小儿暂时还不想睡，家长不要勉强，更不要用恐吓或打骂的方法强迫孩子入睡，如用"大灰狼"、"大老虎"、"鬼来了"、"打针"等小儿害怕的东西和事情来恐吓孩子，这种做法会强烈刺激孩子的神经系统，使小儿失去睡眠的安全感，容易做恶梦、睡眠不安，影响大脑的休息。

　　再者，室内灯光应暗一些，电视、收音机的声音要放低，大人说话的声音也要相应放轻，拉好窗帘，创造睡眠氛围。另外，临睡前要作一些准备。睡觉前应为小儿洗手、洗脸、洗屁股，使小儿知道洗干净才能上床，床是睡觉的地方，应保持清洁，并逐步形成洗干净就上床，上了床就想睡的条件反射。还要让小儿大小便，以免尿床影响或者中断睡眠。睡眠时还应给小儿脱去外衣，最好换上宽松的衣服，使小儿肌肉放松，睡得舒服。躺下后就不能允许孩子再玩耍嬉闹，让孩子安静入睡。

◎ 尿床

小儿尿床是正常的，能避免小儿尿床是令人高兴的。小儿夜间尿床原因是熟睡时不能察觉或者正确处理体内发生的排尿信号。那么，怎样尽量避免小儿尿呢？

首先，家长应尽量减少导致小儿夜间排尿的因素。具体办法是为小儿制定合适的生活制度，如晚上晚餐不能太稀，少喝汤水，入睡前一小时不要让孩子喝水，上床前要让孩子排尽大小便。

其次，掌握小儿夜间排尿规律。一般孩子隔3小时左右需排一次尿，也有些孩子晚上可以不排尿，家长要掌握好小儿排尿的规律，要定时叫醒孩子排尿。

再者，夜间排尿时，一定要孩子清醒后让其排尿，很多5~6岁甚至更大些孩子尿床，都是由于幼儿时夜间经常在朦胧状态下排尿而形成的糊涂习惯。一般孩子通过以上办法，都可以成功地避免尿床。

另外，有些小儿开始可能不配合，一叫醒就哭闹，不肯排尿。这时家长一定要有耐心，注意观察小儿排尿的时间、规律，在小儿排尿之前叫尿，时间长了，就会习惯。如

果小儿偶尔尿湿被褥，家长不要责备孩子，以免伤害孩子的自尊心，造成孩子心理负担，更难解决尿床问题。

◎ 擤鼻涕的方法

感冒是小儿最常见的疾病之一，小儿感冒时鼻黏膜发炎，鼻涕增多，造成鼻子堵塞，呼吸不畅。这个年龄组的小儿生活自理能力还很差，对流出的鼻涕不知如何处理，有的孩子就用衣服袖子抹得到处都是，有的孩子鼻涕多了不是擤，而是使劲一吸，咽到肚子里，这都是很不卫生的，会影响身体健康，还会传播鼻涕中的大量病菌。因此，教会小儿正确的擤鼻涕方法是十分必要的。

在日常生活中有一种十分常见的错误擤鼻方法，即捏住两个鼻翼半堵住孔用力擤，或者完全堵住鼻孔用力擤时突然松开手。这样做不卫生，容易把带有细菌的鼻涕通过咽鼓管(即鼻耳之间的通道)到中耳腔内，引起中耳炎，严重时中耳炎会引起脑脓肿而危及生命。因此，一定要纠正小儿不正确的擤鼻涕方法。

正确的擤鼻涕方法是，用手绢或卫生纸盖住两个鼻孔，然后按住一侧鼻翼，擤这一侧鼻腔里的鼻涕。清理鼻涕后，再用同样的方法擤这一侧鼻腔里的鼻涕。用卫生纸擤鼻涕时，要多用几层纸，以免小儿把纸弄破，搞得满手鼻涕，再往身上乱擦，既不卫生也不好看。

◎ 保护乳牙

父母一定要认识到乳牙的重要作用，从孩子牙齿萌出起即加以保护，彻底消除乳牙是"暂时的、无关紧要"的错误观点。

乳牙是婴幼儿和学龄前期儿童咀嚼食物的重要器官。健康的乳牙有助于消化食物、有利于生长发育。乳牙的存在将为以后长出的恒牙留下间隙。若乳牙发生龋坏或早期丧失，可使邻牙移位、恒牙萌出的间隙不足而排列不整齐，还可以使恒牙过早萌出或推迟萌出。另外，从开始长乳牙一直到5～6岁是小儿开始发音和学讲话的时期，正常、完整的乳牙则有助于儿童正确发音。若乳牙损坏

和脱落，还会使得部分孩子不愿张口说笑，从而给孩子心理上带来不良影响。

父母还应该早点带孩子去看牙科医生，以便早期预防、早期发现、早期治疗各种牙病。

第一次带小孩看牙科要做好下列准备：家长可以预先为孩子备好牙刷、小毛巾，给孩子穿上易于穿脱的衣服。还可以和孩子一起边看边讲解口腔保健、牙病治疗的连环画。家长应注意，带小孩去看牙科时，不要担心小孩子不去故意把牙科诊室说成小孩喜欢去的地方。当孩子问看牙痛不痛时，可告诉孩子等会儿自己去问医生；并且告诉孩子牙科医生是他们的好朋友，对每个小孩都是友好的，可以帮你治疗牙病，让你有一口好牙齿。千万不要让孩子听到关于看牙时的不愉快。每次看牙后要多给孩子表扬和鼓励，以增强孩子的自信心。看牙前不要随意许诺孩子或者满足孩子的无理要求。

◎ 教孩子学漱口

这阶段的小儿学习漱口也许不是一件容易的事，然而漱口能清除口腔中部分食物残渣，是保持口腔清洁的简便易行的好方法，所以应尽早教小儿练习漱口。

首先，应教会小儿将水含在口腔内，闭上嘴唇，然后鼓动两腮，漱口水就能与牙齿、牙龈及口腔黏膜表面充分接触；反复来回冲洗口腔内各个部位，使牙齿表面、牙

缝和牙龈等处的食物碎屑得以清除。父母应先做给孩子看，让孩子边学边练习，逐步掌握、提高。

孩子学会漱口后，每次餐后都应让孩子漱口。日常生活中有的成人习惯于用淡盐水和茶水漱口，它有助于口腔卫生，但对于这个阶段的小儿不适用。小儿适宜用清水漱口。

◎ 避免噪音污染

噪音是非节律性的音响。噪音对人体危害很大，尤其是幼儿。人体正常允许的噪音不超过50分贝，当噪音达到115分贝时，便会损坏大脑皮层的调节功能。如果幼儿经常处在噪音声中生活，幼儿容易感到疲倦，严重的还会干扰小儿的注意力，影响小儿的空间知觉和语言能力。时间长了，在一定程度上会阻碍儿童的智力发展。

乐音是和谐性、节律性的声音，如悦耳的音乐、美妙的鸟语、潺潺的流水，都能使小儿大脑功能得到提高，心情愉快。因此，平时应避免在孩子面前大声吵闹、喧哗，家庭日常使用的电视机、音响的音量一定要适

中。有条件的家庭，可在居室内铺上地毯，在桌椅腿底钉胶皮，这样可减少噪音。另外，大人也不要多带小儿去嘈杂吵闹的地方，如大街上、集市上等，以免过大的噪音影响孩子的健康。

总之，要尽一切可能减少各种不和谐的声音，为小儿健康成长创造一个好的听觉环境。

◎ 保护好宝宝的眼睛

眼睛是心灵的窗户。婴幼儿时期，既是宝宝视觉发育的关键时期和可塑阶段，也是预防和治疗视觉异常的最佳时期。因此，保护好宝宝的眼睛要从小开始。

根据照明的要求，宝宝居住、玩耍的时间，最好朝南或朝东南方向，窗户要大而且便于采光。如果自然光不足时，可加用人工照明。人工照明最好选用日光灯，一般电灯泡照明最好再加上乳白色的圆球型灯罩，以免光线刺激宝宝的眼睛产生视觉疲倦。此外，宝宝房间的家具和墙壁最好是鲜艳明亮的淡色，如粉色、奶油色等，这样可巧妙利用光的折射，增加房间的采光效果。

教育上操之过急和缓慢滞后，都会摧残孩子正常的心理发育。

四　宝宝喂养

◎ 学会自己吃饭

小儿学会自己吃饭的早晚因人而异，有的小儿一岁半就能握匙熟练地吃饭了，有的小儿到了两岁以后还不会独立吃饭。学会吃饭早晚，很大程度上取决于大人的态度。

如何让孩子学会自己吃饭，父母应注意以下几个方面：

❶ 小儿从一岁左右开始一般都有把持匙的愿望，这是初步学习用匙的动机，父母应把握时机，充分给予孩子练习的机会。

❷ 父母教育孩子要有耐心，不应该吝惜时间，吃饭也是这样，不要等不得孩子自己拿匙子吃，妈妈就麻利地喂完了，根本就没有给孩子练习的机会。本来想自理的孩子，觉得还是妈妈喂舒服，久而久之就养成了依赖的习惯。

❸ 父母不要过分讲究饭桌上的规矩和卫生，孩子毕竟还小，难免会把桌子、地面、衣服弄得脏乱，这时候父母只能将就些，重要的是让孩子得到练习的机会。

❹ 孩子练习吃饭时，父母应该在一旁不断地给予鼓励，孩子就会更卖力地去练习。当练习不好，弄撒饭菜时，切不可训斥。

❺ 不要担心孩子自己吃饭会吃不饱，没等孩子兴趣减退就赶紧拿过匙子喂饭，希望孩子多吃点这是所有做母亲的心，殊不知这样做会打击孩子的积极性。

孩子学会自己吃饭后，应该完全让他自己吃饭。父母不要再过多干预，随着孩子年龄的增长，吃饭技巧就会逐渐掌握，吃饭的规矩就会逐渐养成。

◎ 进餐前后要忌水

幼儿从饭前半小时到饭后半小时整个时间段都不宜喝水。因为这段时间内喝水会影响消化功能。由于人的胃肠等器官，到了该进餐的时间，就会条件反射地分泌消化液，食物中的大部分营养成分依靠消化液消化后被人体吸收。如果这段时间内喝茶饮水，势必冲淡消化液，影响消化吸收。即使小儿饭前口渴得厉害，也只能先少喝点温开水或热汤，休息片刻后再进餐，这样就不致影响胃的消化功能了。

应该注意，孩子容易养成边吃饭边喝水的习惯，这对消化大为不利，一定要纠正。

◎ 饭前饭后不宜喝冷饮

幼儿在饭前不宜喝冷饮或者冷水，因为冷饮或冷水会刺激胃肠造成胃肠毛细血管收缩，从而影响消化腺的分泌，使消化过程不充分，日久会影响消化功能。另外，冷饮中一般都含有较多的糖，会使血糖升高，食欲下降。饭后也不宜喝冷饮，因为冷饮会使胃部扩张的血管收缩，血流减少，会妨碍正常的消化过程。冷刺激还会使胃肠道蠕动加快，缩短食物在肠道中的滞留时间，从而减少了营养物质在肠道中的吸收。

◎ 零食的控制

小儿大多都爱吃零食。一方面，小儿好动，消耗的能量多，需要补充能量，因此，吃些零食对小儿是有利的。另一方面，吃零食往往会影响正餐进食，对小儿的生长发育极为不利。

幼儿胃容量相对小，而消耗的热能又相对多，每餐吃的食物支撑不到下一顿就被消化掉了，孩子就会觉得饿，想吃东西。这时候，父母怎么做呢？首先，应选择适宜的食品，如易消化的像水果、饼干、面包等。决不可选择太甜太油腻的食物，这样会影响食欲又不易消化，而且对牙齿也不利。其次，餐前半小时至一小时内不要给零食吃，免得影响到正餐的进食量。再者，零食的数量也要控制，不可没完没了。

另外，为了保护乳牙预防龋齿，小儿吃完零食后，最好漱漱口或者喝一些温水。

◎ 少吃精细食物

这个时期的宝宝正是生长发育的旺盛时期，理应补充更富有营养价值的饮食，才能满足身体发育的需要，精制食物的营养成分丢失太多，因此，宝宝应少吃精细食物。另外，精细食物往往含纤维素少，不利于肠蠕动，容易引起便秘。

比如糙米和白米的营养价值是不同的。糙米就是仅去除稻壳，未经加工精白的米，这些米保留着外层米糠和胚芽部分，含有丰富的蛋白质、脂肪和铁、钙、磷等矿物质，以及丰富的维生素B族、纤维素，米仁部分含有淀粉，这些营养对人体的健康极为有利；而白米的米粒是经过精研细磨后，剩下的主要是淀粉，损失了最富营养的外层。因此，从米的营养角度看，糙米比精白米的营养价值高，而且越精制的食物往往丢失的营养素越多。

但是，事物总有其相反的一面，提倡宝宝少吃精制食品，并不是说宝宝吃的食物越粗越好，就拿米面来说，加工太粗吃起来粗糙难以消化吸收，甚至还会连带其他食物还未充分消化吸收，就一起排泄掉了，这不适合这个时期宝宝的消化特点。因此，给宝宝吃的食物，既不要过于精制，也不要太粗糙，两者都要兼顾。

◎ 宝宝的健脑食品

为了能让宝宝更聪明，妈妈应在宝宝的饮食安排上适量增加健脑食物，以下食物都对宝宝的大脑发育有很大好处。

鲜鱼

鲜鱼中钙、蛋白质和不饱和脂肪酸的含量都很丰富，可分解胆固醇，使脑血管通畅，是最佳的儿童健脑食物。

蛋黄

蛋黄中含有的胆碱和卵磷脂等是脑细胞所必需的营养物质，宝宝多吃些蛋黄能给大脑带来活力。

牛奶

牛奶中富含钙和蛋白质，可为大脑提供各种氨基酸，适量饮用牛奶，也能增强宝宝大脑的活力。

黑木耳

木耳中含有丰富的纤维素、蛋白质、多糖类以及矿物质和维生素等，也是补脑健脑的佳品。

大豆

宝宝每天适量食用一些大豆或豆制品可以补充卵磷脂和丰富的蛋白质等营养物质，能很好地增强大脑的记忆力。

香蕉

香蕉中钾离子的数量很高，且含有丰富的矿物质，宝宝常吃也有一定的健脑作用，且可以预防便秘。

核桃仁

核桃是公认的健脑食品，它含有钙、蛋白质和胡萝卜素等多种营养，对宝宝的大脑发育极为有益。

杏

杏含有丰富的维生素A和维生素C，宝宝吃杏，可以改善血液循环，保证大脑供血充分，从而增强大脑功能。

圆白菜

圆白菜中含有丰富的B族维生素，能够很好地预防大脑疲劳。

此外，玉米、小米、洋葱、胡萝卜、香菇、金针菜、土豆、海带、黑芝麻、栗子、苹果、花生仁以及动物的脑和内脏等也都是较为理想的儿童健脑食物。

五 异常与疾病

◎ 口吻疮

口吻疮又名燕口疮，医学上称维生素B$_2$缺乏病，主要是由于人体内维生素B2缺乏而引起的，在小儿时期是很常见的一种疾病，给儿童带来一定的痛苦。主要表现在唇舌、眼和皮肤三个方面。口角部初起湿润、发白渐出现糜烂，裂缝，裂缝由口角向外延伸长达1厘米。裂缝表皮脱落，形成溃疡、结痂，张口易出血。口唇部呈现上、下唇缘的黏膜呈鲜红色，唇部皲裂较多，张口或哭闹时裂缝继而出血。舌部也可看到乳头变平，并有裂纹的现象。眼可有畏光、流泪、烧灼样的感觉，重的影响视力。皮肤在鼻唇交界处，鼻翼、耳后等处发生脂溢性皮炎。

为什么会发生维生素B$_2$缺乏症呢？其原因是：

❶ 食用新鲜蔬菜和动物性食品少；

❷ 患有各种慢性胃肠道疾病及反复呕吐或腹泻影响食物的吸收。因此，小儿平时只要多食用新鲜蔬菜及适量的蛋、瘦肉等食物就可避免维生素B$_2$缺乏的发生，对有慢性病者要积极治疗同时补充维生素B$_2$。一旦患有该病，给予维生素B$_2$5毫克，每日2~3次。同时调整饮食，还要积极根治各种慢性胃肠道疾病。

◎ 溃疡性口腔炎

溃疡性口腔炎是小儿时期很常见的口腔感染性疾病。口腔溃疡常发生在舌、颊、上腭、唇内侧及咽部等处。有的扩展唇外面及口角。初起时口腔黏膜充血与水肿，不久出现大小不等的溃疡，有的连成大片，溃疡面呈灰白色。小儿疼痛难忍，哭闹不安，难以进食。大部分伴有发热，体温在38℃~39℃。必须及时治疗。首先做好口腔护理，每天要坚持彻底清洗口腔1~2次。常用2%的双氧水或1:2000的高锰酸钾，以棉球蘸洗溃疡面，轻轻的反复洗净。然后用淡食盐水将溃疡面上的坏死组织及口内的双氧水液(或高锰酸钾液)冲洗干净，再局部涂药。口内常用的药有：冰硼散，1%龙胆紫等，含抗生素鱼肝油等。唇部溃疡暴露口外容易发干，应涂抹如红霉素软膏或磺胺软膏，不宜用紫药水。其次，患儿如发热较高或不进食者，应注意水的补充，勤喂水，进流汁饮食，饮料宜温凉适宜。多次饮水可保持口腔内潮湿，阻止口内细菌繁殖。此外应补充多种维生素，必要时选择应用敏感的消炎药，以控制口腔内及全身感染。

◎ 严重烧伤或烫伤

对小儿严重烧伤或烫伤的初期处理应该做到：

❶ 消除造成烧、烫伤的原因，使小儿脱离火源或热物。由火焰造成烧伤的应立即脱去着火的衣服，安慰小儿不要哭喊，以免呼吸道吸入烟火烧伤。也不要用手灭火，以免造成手烧伤。由于热水、汤等液体烫伤的要迅速脱下衣服，可用冷水或自来水浸沐烫伤处，以减轻疼痛及损害，时间一般半小时或到不痛为止。

❷ 镇静止痛，对由烧、烫伤引起烦躁不安、疼痛剧烈者可服止痛片或肌注强痛定、杜冷丁，但对小儿应慎用。

❸ 保护创面，一般局部可应用烧伤湿润膏、紫万红、獾油等。烧伤面积较大者应将患儿衣服脱下，用洁净的被单或衣服简单包扎，急送医院以防污染和再损伤，防治休克，创面污染严重者，必要时肌注TAT1支预防破伤风。

◎ 小儿脑膜炎

小儿脑膜炎具有共同的特点，即发热、头痛、呕吐、嗜睡或烦躁不安。再进展则可出现惊厥、昏迷。医生检查可有脑膜刺激征阳性、脑脊液改变等。但在新生儿及婴幼儿则临床表现可不典型，易于漏诊和误诊，延误治疗。因此注意观察意义较大，新生儿及3月以下婴儿化脓性脑膜炎时，全身中毒症状常较突出，表现为性情改变，易哭闹、嗜睡、呕吐、双眼凝视、尖叫、惊嚇、发热或体温不升。面色发灰，呼吸不规则，前囟隆起紧张。4月～2岁小儿常有发热、呕吐、烦躁、嗜睡、易激怒、惊厥、前囟饱满、紧张、颈部强直较常见。大于2岁的小儿症状多较典型，剧烈头痛，喷射样呕吐、高热、嗜睡、精神障碍、颈部强直及脑膜刺激征。有时小儿头痛不能用语言表达，可有摇头，用手拍打头部表现应予警惕。一旦出现可疑征象时应尽量听从医生安排或腰穿协助诊断。小儿患化脓性脑膜炎应住院治疗。

父母不可能陪伴孩子一辈子，所以必须从小培养孩子的社会意识和独立的意识。

六 智能开发

◎ 认颜色

我们的环境中有各种不同颜色，两岁的孩子早就感受到并且认识颜色。这个游戏是把不同颜色分类。妈妈拿出孩子的塑料拼块，再拿两个盒子，让孩子把红色的塑料块放一个盒子里，把绿色的塑料块放另一个盒子里。如果他拿对了，就夸奖他，反复地说："这是红的，这是绿的。"然后让孩子把红色拼块排一列火车，绿色的拼块排一列火车。以后再玩这个游戏时，可逐渐增加颜色品种，凡是同一颜色的归在一类。

玩这个游戏，一开始是让孩子通过游戏认识不同的颜色，从一两种，到多种色彩。而后的目的是让孩子学会归纳和分类，使孩子的逻辑思维得到锻炼。

◎ 认识身体

用彩纸先剪一个人头大的圆形，再剪两个一样大的小圆形和一个月牙形。妈妈问孩子："你看这个大圆纸像不像你的脸？"孩子会高兴地在脸上比来比去。妈妈再问："你看这个脸上还少什么？"孩子看看妈妈，如果他答不上来，引导他去照照镜子。照过镜子，他会捡起一个小圆片放在纸脸上。

妈妈问："乐乐是一只眼睛，还是两只眼睛？"孩子会再放一个小圆片在脸上。"那么，这个脸上还缺什么呢？他用什么吃饭？"妈妈这一问，孩子会想起来把月牙形的纸片贴在纸脸上。这个脸形基本做好，妈妈帮他用胶水贴好，让孩子拿着给爸爸或奶奶看。再做这个游戏时，还可剪些鼻子、耳朵、头发、花结之类的纸片，一一贴上去，并可变换人物，做一个男孩或女孩，头发可长也可短，可戴眼镜或有胡子等等。以后还可以用同样的方法认识身体的其他部分。

这个游戏使孩子逐渐从对实物的认识发展到对非实物的认识，逐渐扩大到抽象的概念，有利于促进小儿认识物和人的特征与异同点，开发他的想象力。

◎ 语言训练

快两岁的孩子，已经很喜欢说话了，但是词汇量还不够表达他的意思。这时，家长要想方设法帮助他丰富词汇，提高语言表达能力。家长可以在游戏中锻炼孩子的语言能力，如玩"打电话游戏"，通过打电话教孩子说自己的姓名、住址、爸爸妈妈是谁、正在做什么等。家长还可以教孩子说儿歌，以丰富孩子的词汇。

家长可以给孩子买一些图书、画报等少儿读物，讲给宝宝听，讲完后可以让孩子再讲给你听，这可以锻炼孩子的记忆力和表达能力。也可以结合宝宝日常生活中经常遇到的问题让孩子回答，可以问："如果你把别人的玩具弄丢了怎么办？"、"如果把别人的玩具玩坏了怎么办？"、"把别人的玩具带回家里了应该怎么办？"、"你向别人借玩具，别人不给你怎么办？"、"别的小朋友打你怎么办？"等类似的问题。训练孩子解决问题的能力。

若是孩子到两岁仍不能流利地说话，要考虑是否有语言发育迟滞，最好带孩子到医院检查一下，看听力是否有问题，神经系统发育是否健全，也可能孩子一切发育正常，只是缺少语言训练罢了。

◎ 空间知觉训练

快2岁的孩子应逐渐发展空间知觉。小儿一般是先学会分辨上下，而后是分辨前后，最后才懂得左右。

为了发展孩子的空间知觉，家长要有意识地训练孩子。例如："把桌子底下的画片捡起来。""把床上的毛巾被递给我。"这样做可使孩子理解上和下。和孩子一起玩游戏时，一边跑一边喊："后边有人追来了，咱们快往前跑吧！"或者说："你在前边跑，我在后面追。"让孩子掌握前和后的概念。戴手套的时候，一边戴一边说："先戴左手。哟，右手还没戴手套呢！咱们再戴右手吧。"穿鞋、穿袜子时也这样，一边穿一边说。脱袜子时可以告诉他："先脱左脚呢，还是先脱右脚？"反复训练，孩子很快也会记住左右。

让孩子掌握空间概念是比较困难的，如果只是空洞地讲，孩子很难理解，必须结合实际，反复训练，才能逐渐掌握。

◎ 认知能力训练

两岁小孩的兜里，什么破烂都有：糖纸、瓶盖、石头子、画片等，他们把这些破烂都视为"宝贝"，也正是通过玩这些"宝贝"发展了孩子的观察能力和认识能力。

家长可以结合这些零零碎碎的东西教孩子认识事物特征。例如：这张糖纸是透明的，这张是不透明的；这个瓶子是圆的，那个瓶子是方的；这个瓶盖是铁的，那个瓶盖是塑料的……无形中就能够教孩子很多知识，培养了孩子对事物的认识能力。

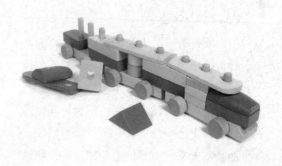

另外，带孩子上街、上公园时，一路上见到的东西，都可以讲给孩子听。如：这是公共汽车，这是卡车，这是小汽车，那是松树、杨树……还可以教孩子识别颜色。这一切都会使孩子的观察能力逐渐地敏锐起来。

◎ 培养数学的概念

很多孩子到两岁已经会数1、2、3、4、5甚至更多了，但他们根本不理解数字的概念。父母必须联系与数字有关的生活小事，反复训练，才能逐渐让他对数字有所认识。

家长可以拿两个苹果，告诉孩子："这是几个苹果啊？我们数一数，1、2是2个。现在拿一个苹果给爸爸。"还可以拿其他的实物或玩具，反复训练，让小儿感知1和2的实际意义。等他对1和2的概念明确了，再教3、4……也可以通过扑克牌游戏，提高孩子学习的兴趣。

准备一副比较漂亮的扑克牌，增加宝宝的兴趣，教宝宝分辨每张扑克牌的不同点。如颜色区分、点数之分、图案区分等。还可以教他玩拉大车的游戏或从小排到大、从大排到小的顺序排列。根据孩子每天玩的情况给予适当鼓励。这个游戏可以训练孩子对物体的分辨能力和对数字的识别能力。

◎ 动作训练

快两岁的孩子已经走得很稳、跑得很好了。应该训练他单脚站立，开始会站不稳，因为他还掌握不了身体的重心变化。训练一段时间后，他就会站得很稳。还可以训练他蹬小三轮车，骑车的时候，眼睛要平视前方，手要扶车把，脚要蹬，身体要坐正，哪一点没有弄好，车都无法前进。这使全身肌肉都必须协调，同时也锻炼眼睛，锻炼头脑的灵敏度和反应能力。

◎ 和孩子一起涂鸦

一岁多的孩子很喜欢涂涂画画，可以给孩子一根细木棍让他在沙土地上画，也可以给他一支铅笔或腊笔，让他在纸上画。家长可以先向孩子示范一下如何画直线、画圆圈、画螺旋形，让孩子学着去画，即使他乱画也不要去管他。当他画了圆圈，虽然不圆也要鼓励他，每天让他画1～2次，每次10～15分钟，孩子会越画越好，对自己

适时引导孩子讲故事，这是保持他们思想活跃的绝妙方法。

手和手臂的控制能力也就会越来越强。乱涂乱画是学习书写、画画的萌芽阶段，它能够训练孩子的手灵活、精巧，并能培养孩子的创新精神。

◎ 孩子的平行游戏

有时两个孩子在一起，但却各玩各的，和平共处，互不相扰。他们为什么不在一起玩呢？

从外表上看，他们两人的确没有在一起玩，一个人在玩玩具，一个人在看小人书，这两者毫无联系。然而，在这种场合，孩子们并没有孤独感，也不觉得是自己一个人在玩。他们的自我感觉是"在一起玩儿"。互相都意识到对方是自己的游戏对象，既没有各玩各的，也没有分开。在极其友好融洽的气氛中，他们丝毫没有隔阂之感，玩得非常愉快。

这两个孩子的游戏方法，我们称它为"平行游戏"。因为他们各自做不同的事情，像互不干扰的两条平行线。

这是一种美妙的游戏形式。它是孩子游戏活动发展中的一个阶段，处于"单独游戏"和"旁观游戏"的下一阶段。

既然两个孩子都认为他们是在玩儿，并且是"在一起玩儿"，那么，这无疑就是在一起游戏了。

家长必须理解和承认这种现象。最好的办法是默默不语。不要去多管闲事，之后，还必须表扬他们说："你们两人玩得真好呀，也没有吵架。"

这种现象证明他与朋友已建立起人际关系，我们应该为他感到高兴。家长必须注意提醒自己：他们是在做平行游戏。

◎ 孩子爱磨蹭怎么办

许多孩子动作慢，特别是早晨，妈妈要上班，看着孩子磨蹭真着急。

孩子总是被母亲催赶着，心情不大舒畅。可是在孩子看来，他不明白，有什么必要那么着急。而且，受到催促是不愉快的。所以也仅仅是当时应付一下，催一催，动一动，过后也就忘得一干二净了。

儿童的特点之一就是注意力缺乏持久性，总是接连不断地受到外界环境的诱惑、被有趣的事情所吸引。

既然每次催促都只限于当时解决问题，过一会儿就失效，那么，就让我们从今天起停止催促而改用另一种方式，用一个什么"目标"来吸引其注意力。

提出的目标必须是不久将来的事情。眼前的毛衣、袜子之类的东西不能成为引导的目标。目标必须对孩子有吸引力。到幼儿园去固然可以作为一个引导目标，但是你如果说"要迟到了"，这对于孩子是无所谓的，因而也就失去了它的效应。

重要的是你揭示的目标必须能使孩子的心情激动，跃跃欲试，激起孩子的兴趣。

◎ 怎样向孩子提问题

妈妈经常向孩子问问题，可以激发孩子探究问题的兴趣，引导他观察事物，提高孩子的思维能力。但家长要善于向孩子发问，知道问什么，怎么问。

1.要选择问题

不是什么问题都能问孩子，妈妈问的问题要符合自己孩子的年龄和思维发育水平。问题太简单孩子不喜欢回答，问题太难孩子回答不上来。

2.要善于抓住机会问

妈妈要在孩子兴致勃勃的时候发问，最好在一定场景中问场景中的问题，景物就在眼前，有利于孩子思考。

3.问题要宽泛

问问题是为了增加孩子的知识，所以要走到哪儿问到哪儿，说到哪儿问到哪，不要翻来覆去总是那几个问题。妈妈要是不善动脑子，孩子怎么提高思维能力呢？

4.父母的知识要丰富

妈妈问的问题，自己要清楚，不要自己问的自己答不上来。

◎ 怎样对待孩子提问

妈妈必须珍视和爱护孩子的好奇心和求知欲。对孩子提出的每一个问题，要尽可能地给予满意的解答，不能有丝毫的不耐烦。

对孩子的问题，能解答多少解答多少，如果孩子提出的问题家长根本不懂，要告诉孩子自己也不懂，不要不懂装懂，乱解释。将错误的东西教给孩子是很有害的。

如果孩子问的问题是他这个年龄还不好理解的问题，就告诉孩子："等你长大了读了书就弄明白了。"孩子一般不会缠住不放。

孩子间的问题若妈妈当时答不出来，事后要把它搞清楚，然后给孩子讲解。

父母要随着孩子年龄的增长，读一些《幼儿十万个为什么》、《儿童十万个为什么》之类的书籍，这些书里包括了绝大部分孩子们常问的问题。父母事先读点书，做到"有备无患"。

◎ 别对宝宝讲太多的道理

婴幼儿的思维还不健全，他们还不能把道理和事情联系在一起，对妈妈讲的话他也听不太懂，说得太多他便烦了。1~3岁的孩子对妈妈频繁的劝告很不耐烦。因为他做事不是根据理论，他们行动从不计后果。

另外，对孩子的发问也不要讲太多的道理，只解释是什么就行了，妈妈解释太多，孩子不好好听，反而不断地问为什么，无休止地问下去，不代表他好学，而是他根本没弄懂。对幼儿不必过于"民主"

婴幼儿还不懂事，在日常生活中不要过多地征求孩子的意愿，比如问他："你晚饭吃什么？"孩子随口说："吃蛋糕。"晚饭如果吃甜食，会影响孩子吃正餐。但如果不给他吃蛋糕，他已经提出了要求，妈妈会很难办。一般情况下，父母决定的事，不给孩子选择的余地，当然游戏例外。等他长大了，懂得道理了，可逐渐多听他的意见。

七 亲子游戏

◎ 贴贴纸

培养宝宝观察思考能力，从而提升宝宝的逻辑思维能力。

具体做法

(1)制作一些小贴纸，上面分别有眼睛、鼻子、嘴巴等图案。妈妈说"鼻子"，将鼻子的贴纸贴在鼻子上，按同样的方法再贴几张。

(2)将贴纸摘下来，让宝宝来贴。同时说出五官的名字来引导他。贴对了就表扬，错了就纠正。妈妈还可以念儿歌"贴，贴，贴贴纸，宝宝贴对(错)了！"

提 示 贴纸可以是各种图案，如肚子、脸蛋、椅子、沙发、杯子等。

◎ 和玩具捉迷藏

具体做法

先准备几样宝宝熟悉、喜爱的玩具，如玩具汽车、布娃娃等，妈妈一个个地拿给宝宝看，并问："这是什么？"得到回答后接着说："今天我们要用玩具汽车来玩游戏。"然后以同样的方式把其他玩具拿给宝宝看。妈妈当着宝宝的面，把玩具放在不同的地方，并且对宝宝说："所有的玩具都藏起来了，宝宝快去把它们找出来。"为了强化宝宝的记忆力，一开始也可以让宝宝自己藏玩具，然后再去找。

提 示 妈妈藏玩具时，一定要让宝宝看见，并且藏的范围不宜过大，当宝宝每找出一件玩具时，妈妈都要及时给予鼓励。

◎ 谁的衣服、鞋、帽子

使宝宝能够比较大小，训练宝宝的观察、判断能力，从而提高宝宝的数学能力。

具体做法

(1)准备一本画有不同大小的、宝宝常见的物品画册。妈妈让宝宝看画面，先让宝宝指一指谁是大娃娃？谁是小娃娃？再看一看两件衣服，哪件大？哪件小？看一看两双鞋，哪双大？哪双小？看一看帽子，哪顶大？哪顶小？

(2)妈妈告诉宝宝："大娃娃用大的，小娃娃用小的。"并且让宝宝指一指，说一说"大娃娃穿的衣服、鞋、戴的帽子在哪里？小娃娃穿的衣服、鞋、戴的帽子在哪里？"

(3)指导宝宝画线把它们连起来。

提 示 比大小的训练可使用家里的东西，如大床，小床；大桌子，小桌子；大碗，小碗；大被子，小被子等等，并且边比边说"大的"，"小的"。

◎ 宝宝的一家

培养宝宝的语言及观察能力，从而提高宝宝的表达能力。

具体做法

(1)父母准备好家里各个成员工作或做日常事务的照片。然后，妈妈问宝宝："宝宝家里都有什么人？"

(2)引导宝宝回管："有爸爸、妈妈(爷爷、奶奶)和我。"

(3)出示爸爸扫地的图片，问，"爸爸在做什么？"

(4)引导宝宝回答："爸爸在扫地。"

提 示 同理，可以依次诱导宝宝说出"爷爷在干什么"，"奶奶在干什么"等。

宝宝的一家

◎ 手帕猜谜

通过训练，培养宝宝对物品的认知和联想，发展宝宝的逻辑推理能力。

具体做法

(1)父母拿出一样物品，用手帕遮住，让宝宝触摸它的形状和大小，猜猜它是什么。

(2)如果这样东西太难猜，父母可以给宝宝一些提示，例如，"它的味道很甜"，"它有很多水"，"它是铁做的"，等等。

提 示 当谜底揭晓后，父母可以进一步让宝宝分类，如水果类、蔬菜类、文具类等。

◎ 小火车

具体做法

(1)拎起裤子，对宝宝说："火车转弯了，要进山洞了。"然后教宝宝把膝盖弯起来，把腿伸进裤腿。同时，妈妈要很夸张地喊："呀，小火车进山洞了，呜——看不见了。"等到宝宝的小脚丫伸出来，妈妈立刻轻轻地捏捏宝宝的小脚丫说："哟——小火车头出来了哟。"

(2)拎起衣服，扶着宝宝的一只小胳膊，一边往袖子里伸，一边说"小火车出发了，呜——呜——进山洞了。"然后以同样的方式将宝宝的另一只骆膊伸进袖子里。轻轻地抚弄一下宝宝的小身子，然后说："我们要把这列小火车关进山洞里喽。"一边说，一边给宝宝系扣子。等到扣子系好，再抚弄一下宝宝的小身子，说："小火车进山洞了，看不见了。"

提示 在跟宝宝玩这个游戏时，妈妈的表情要夸张一些，并且，每当宝宝成功地完成一个步骤的时候要亲亲他，或者拍拍他的小脑袋，拥抱他一下，给予他一些鼓励。宝宝通常都会很享受妈妈给予的这种充满温情的关注。

◎ 捉尾巴

让宝宝练习追逐跑，训练宝宝的动作反应能力。

具体做法

(1)在宝宝和家长身后各系一条尾巴。

(2)在训练过程中，家长要提醒宝宝在捉对方尾巴的同时，还要保护好自己的尾巴不被对方提到。

(3)被对方捉到尾巴的宝宝要大声学猫叫。

提示 这个训练可以一家人一起玩，以增强亲子感情。

◎ 宝宝讲故事

培养宝宝的说话能力。

具体做法

(1)给宝宝准备经常看的画报，一边引导宝宝："妈妈想听故事，你给妈妈讲故事好吗？"

(2)让宝宝看画报讲故事，并学会称呼故事中的人物。比如："两个哥哥一起去上学，在课堂上老师问了一个问题……""画中的老奶奶去买菜，在路上遇到了一个阿姨……"

(3)如果宝宝看到一些新鲜的图还不会讲时，妈妈可以给宝宝解释一下，然后引导宝宝继续讲下去。

(4)在讲故事的时候，妈妈还要告诉宝宝翻书的方法。妈妈要求宝宝按顺序讲，这样宝宝就会慢慢学会自己看书。

提示 通过这个游戏，不仅可以提高宝宝的语言表达能力，还有利于树立宝宝的自信心。

◎ 放飞想象的翅膀

想象来源于对客观事物的感知，要培养幼儿的想象力，首先，要丰富幼儿的生活，这是想象力发展的基础。其次，家长要启发引导进行想象，从小让宝宝多想、敢想。

具体做法

可以让宝宝模仿日常生活中的事情，如玩"过家家"游戏，让他自己当妈妈，学着大人的样子，哄宝宝睡觉，喂宝宝吃饭。给他一套模型餐具，让他学习大人的样子，给玩具小熊，小狗等安排一日生活。这样既发展了他的想象力，也锻炼了他的语言表达能力，并能让他体会人与人交往中的一些情感。也可以通过讲故事描述图片内容、绘图、表演、游戏来发展宝宝的想象力。

提示 想象对人类的创造性活动有着重要意义，因此，从小培养宝宝的想象力具有重要意义。

◎ 糖和盐不见了

锻炼宝宝对问题的思考能力。

具体做法

(1)准备三个装水的透明玻璃杯，三张写有"沙子"、"糖"和"盐"的贴纸，沙子、糖和盐各少许。

(2)妈妈将"沙子"、"糖"和"盐"的贴纸分别贴在三个透明玻璃杯的外面，然后将沙子、糖和盐分别倒入杯中。

(3)让宝宝仔细观察杯子，并问宝宝杯子中发生了什么变化？"宝宝看看，沙子还在不在？""盐和糖还在吗？"

(4)让宝宝尝一尝放盐和放糖的杯子中的水都是什么味道，再给宝宝简单讲讲"溶化"的原理。

提示

此游戏通过让宝宝直接观察沙子、糖和盐放入水中的变化，让宝宝懂得了什么是"溶化"，可以帮助宝宝对事物规律有个初步的认识，刺激宝宝的视觉，激发宝宝的求知欲与逻辑思维智能。

2~2.5岁 >>个性形成期

一 养育要点与宝宝发育标准

◎ 养育要点

- 合理膳食，培养良好的饮食习惯，鼓励孩子进食蔬菜和水果
- 训练孩子听令行事，并强化记忆，如一次发出两个命令
- 扩大词汇量，鼓励孩子说完整的句子
- 注重孩子的计算和思维训练
- 扩大孩子的认知范围，如教孩子认识一些自然常识
- 加强运动及户外锻炼，增强体质，继续大动作，精细动作训练
- 给孩子充分的游戏时间，该其随心所欲地玩，在游戏中学习
- 培养孩子的公德意识
- 尊重孩子，多给孩子爱抚，要正确对待孩子的情感

◎ 身体发育指标

	体重(千克)	身长(厘米)	头围(厘米)	胸围(厘米)
2岁	男童≈12.89 女童≈12.33	男童≈89.91 女童≈88.81	男童≈48.83 女童≈47.67	男童≈48.84 女童≈49.04
2.5岁	男童≈13.87 女童≈13.41	男童≈94.44 女童≈92.93	男童≈49.31 女童≈48.25	男童≈49.67 女童≈49.89

二 生长发育

◎ 运动技能的发展

孩子每天都在成长，这一阶段的孩子运动技能有了新的发展，他们已经能跑、跳、攀登楼梯或台阶等，动作技巧和难度也有了进一步的提高，能够越过小的障碍物，如门槛、楼梯、滑梯都能征服，他们甚至还能爬到床上或沙发上。有的小儿还能学会踢皮球、骑三轮童车等。

我们反复提到，在儿童心理发展上运动技能的发展具有极其重要意义，这是家长和幼儿园老师应该重视的。运动技能的发展不仅扩大儿童的认识范围，使他们能主动地多方面地接触事物，而且还为空间知觉及初步的思维活动准备条件；同时也促进了小儿独立性的发展。

1.跑

跑对小儿运动技能的发展很重要，家长应该多重视，加强这方面的训练和辅导。

严格地讲，小儿2岁之前的跑，只能说是"快步走"。因为没有腾空的过程，两脚总有一只脚在地上，因此不能说是真正意义上的"跑"。2岁以后，小儿的跑有了腾空的过程，已开始出现了真正意义上的"跑"。但由于此时身体形态的特征是头大、躯干长、四肢短以及下肢的力量较弱，平衡能力差，所以跑起来仍显得头重脚轻，摇摇晃晃，步幅小，步频较快，且容易摔倒。为了保持身体的平衡，跑动时两脚之间的距离也较宽。

2.跳

跳对小儿运动技能的发展也很重要，家长应多加强这方面的训练和指导。

这一阶段的孩子，多数已能独自并足原地跳动，但跳得不高。跳起来落地时较重，身体不稳，动作不协调，且容易摔倒。跳的技巧难度比跑大。小儿跳起时还不会用前脚掌用力蹬地和两臂上摆配合，而落地时也不会前脚掌先着地。他们还不会使两臂摆动以保持身体平衡，跳的过程中手脚及身体的整体也配合不好。

如何让孩子撑握跳的技巧呢？

先可以有意识地教孩子在原地跳跃或从15厘米左右的高处向下跳。逐渐地可以教小儿练习跳远，让小儿跳过一条线，然后练习跳过两条线的间隔距离并逐渐加大距离。练习跳之前家长可先给小儿做示范动，边做动作边讲解。少数孩子能在原地并足远跳20厘米。

小儿练习时，场地要平整，最好在垫子上或沙坑里练习。练习时一定要有成人在旁边加以保护，以免发生意外。

3.上下台阶

这一阶段的孩子，多数已经能上台阶了，甚至不需手扶栏杆或墙壁。随着下肢力量的增强，他们很快就能由一步一停到连续迈步上台阶了。但这时小儿往往还不会下台阶，即使有的小儿能下台阶，也需要手扶栏杆或墙壁。下台阶比上台阶容易摔倒，家长要注意看护。

◎ 自理能力

两岁以后的小儿独立愿望很强烈，自己能做的事甚至不能做的事，他们不愿意别人帮忙。这一阶段的孩子，已具有一定的自我服务能力了。对于家长，应该根据小儿的特点，积极帮助小儿学习使用一些日常用具进行基本的活动，提高处理能力。

我可以看到，孩子之间自理能力存在着显著的差别。在托儿所、幼儿园生活的孩子，一般比在家里长大的孩子具有较好的自我服务能力。这是为什么呢？关键在于这些在幼儿园、托儿所生活的孩子受到了良好的训练，而在家里生活的孩子生活上却大多数由父母照料。虽说照料孩子是应当的，但如果父母代替孩子去做一切事情，孩子的自理能力得不到发展，那么培养孩子良好的生活习惯、卫生习惯，培养孩子的独立性和良好的个性全都无从说起。

孩子从会走路时就愿意试着自己做事情。家长要珍惜孩子的这种宝贵的天性，积极鼓励并辅导孩子自己学会动手做事。当然，由于这一阶段孩子的生理和心理发展水平的限制，他们的自我服务能力还很有限。因此，父母应当循序渐进，逐步培养孩子的自理能力，从收拾东西、吃饭、洗手到漱口、刷牙、穿衣等，由易到难。父母要在鼓励的前提下，先做出示范，手把手地教，再放手让孩子自己练习，然后再手把手地纠正不对的地方。经过多次反复，孩子一定不会让父母失望。

◎ 想做简单的事

出生模仿的天性，孩子大多都喜欢跟在大人后面，看见大人干什么他也想干什么，你不叫他做他也想做，你假如叫他去帮你做一些简单的事，他会很高兴，如搬搬小凳子、放好鞋子等。得到大人的肯定，孩子会很开心，这既可以加强孩子的自信心，又可以培养孩子爱劳动的习惯。通过帮助大人做一些力所能及的事，会使孩子感到自己是家中不可缺少的一员，感到自己的价值得到肯定，这样既增进了亲情，又增加了孩子做事的热情，有利于他们日后的成长和自立。相反，如果对孩子说"走开，别捣乱！"或说"真是越帮越忙！"等，会刺伤孩子的自信心和劳动热情。

当然，让孩子做事首先要注意安全，不适合小儿干的事、不适合小儿去的地方，则要严格看管，以免发生危险。如果孩子一定要干，可利用注意力转移法把他支开，如对他说"去看看爸爸在干什么？"、"你的小车在哪呢？"等，这样既达到了阻止孩子做不适合的事，又保护了孩子做事的积极性。孩子的心是敏感的，大人要时时保护。

◎ 手的动作更灵活

这一阶段的小儿，手的动作逐渐精细，学会扔、拿、抓、拉、推等动作，能比较准确灵巧地摆弄各种物体，还能运用拇指和食指相对准确地捏物、捡豆、搭积木、翻书、拿匙、握杯柄喝水，开始会用手指握笔涂抹。

虽然在这一时期，有些动作小儿掌握得还不太好，但是小儿已经能够逐步按物体的特点来改造手的动作，使手变为使用工具的"工具"。对于孩子来说，不断地让他运用手的各种活动能力，可以刺激和促进大脑的认知作用，这如同给他一笔巨大的财富。

此外，在语言和思维能力发展的促进下，通过概括形成了动作概念。如对不同物体反复使用同一动作，并知道这一动作的称谓，听懂大人的指挥。小儿会把给玩具小狗"喂食"这个动作推广到玩具"小猫"、"小熊"等。

◎ 口语发展的关键期

2～3岁是学习口语的关键期，因为这个时候，小儿对周围事物的兴趣特别高，他们好奇、好问、好模仿大人说话，学说话最快，是获得词汇的高峰期。这一时期孩子虽然掌握的词不多，但对成人的语言能听懂不少，对成人的说话、唱歌、念儿歌、看图讲简单的小故事都有兴趣去听。有时还可以根据成人言语的指示去做事，如"宝宝把报纸拿给爸爸"，他能理解并乐意去执行。

实验证明，错过口语发展的关键期，会

让孩子参与工作，能增强他们对生活环境的责任感。

影响小儿语言能力的发展。因此，家长应重视和加强这一阶段小儿的口语的学习。

发展小儿口语首先要注意正确发音。由于小儿口语是模仿成人学来的，所以成人要用标准语音和孩子说话，并对孩子发不清楚的发音要及时加以纠正。孩子的看护者如保姆或老人，说话带一些口音，孩子的发音一定时期内会受到一些影响，但这只是阶段性的问题。孩子的大脑具有极强的可塑性，一旦接触到其他语言，一般上了幼儿园、小学后，自然就会纠正过来，家长不用太着急。此外，孩子身处的语言的环境并不是单一、封闭的，即使在看护期，孩子的生活中也不会仅仅接触到看护者。

但是，如果看护者不太活泼、不爱说话，或者因为工作太忙没有时间和孩子进行语言的交流，对孩子语言的发展将是非常不利的。孩子得到的语言刺激少，只是被动地看，被动地听，很容易出现语言发展滞后。可给孩子讲故事、说绕口令、看图说话等，帮助练习语言。丰富语言学习素材，扩大范围。还应教孩子讲述自己的事，描述简单的事物或过程。另外，发展孩子的口语应注意扩展词汇量。父母应注意丰富孩子的生活，让孩子广泛接触周围的人和事，在和人们的交往说话中发展和丰富词汇。孩子用词不准确也是十分重要的。平时要启发孩子多用词，出现不当或错误马上纠正。

◎ 注意与记忆的特点

随着年龄的增长、生活范围的扩大，小儿的注意力与记忆力将有新的进步，他会对周围更多的事物发生兴趣。

这一阶段的孩子，专心做一件事持续时间会变长，如玩玩具、看图片、看电视或观察一个物体等。有的孩子能专心地自己一页一页地翻着书看半小时，也能集中注意力安静地看上一个小时的电视节目。他们注意的内容也较以前更丰富，已开始注意周围发生的事件，如注意妈妈洗衣服、烧饭，看爸爸修理自行车等，并且自己还有参与进来的欲望。

这一阶段的孩子，记忆的时间也有所延长，如能把托儿所老师教的儿歌回家背给爸爸妈妈听，讲小朋友的事。有的孩子记忆中开始与联想结合，如有的孩子，当他看到妈妈买回的罐头上有黄色和红色，就联想衣服的黄色和花的红色。因记忆能力的增长，小儿已经能背儿歌、唱歌等，还会识路、记得亲友的家。

◎ 再谈道德

小儿的道德判断和道德行为反映了小儿对待别人和对自己的态度及其行为。虽然小儿的道德判断和道德行为缺乏一贯性、完整性、自觉性，但也是他们性格特点的一种表现形式。

1～2岁小儿之间的相互关系，显示出他们道德行为的最初形态，主要表现为积极的和消极的两种类型。

两岁以后的小儿，随着语言和思维能力不断增强并通过成人语言的强化作用，他们将逐步形成了初步的道德判断和道德行为。当小儿在日常生活中做出良好的行为时，成人就说"乖"、"好"等词给以强化，当小儿做出不良行为时成人就说"不乖"、"不好"等词加以否定。于是小儿就形成了对自己行为的肯定与否定，同时他还会将这种判断转移到别人和其他方面，这就形成最初的道德观念。道德判断的形成过程也是道德判断导致道德行为。

道德判断及道德行为是小儿在跟成人的接触和交往过程中逐步形成的。在小儿不断做出合乎道德要求的行为的同时，道德观念也不断得到强化，最后养成各种道德习惯。

＞＞专家提醒：沟通三忌

与小宝贝沟通要掌握技巧，切忌成为一个否定者、讲道者和施压者！

否定者

当孩子述说对一件事情的看法时，就算您不认同，也不应当场否定孩子的看法，像是说，"你这样，妈咪不喜欢"等。正确的做法是说，"这样啊！妈咪觉得很好，不过……"

讲道者

与孩子沟通，最怕的就是成为一个讲道者，当孩子才起个头，家长就抢白地说个不停，"你这样做不对，妈咪觉得……"，经常性地长篇大论，可是会让孩子退避三舍的哦！

施压者

恼羞成怒是为人父母最忌讳的。由于孩子还小，语言表达能力仍不是十分理想，所以家长如果不断地追问，可能会形成孩子的压力，而造成反效果，使孩子更不愿开口。如小宝贝从幼儿园一回到家，妈妈急着追问，"今天你学了什么啊？说一句英文给妈妈听。"孩子不说就逼问，"为什么你都不会，快点说啊！"这么问会带给孩子极大的压力，而令到孩子更紧张。建议父母在孩子答不出问题时，可以说，"我来猜猜，你今天学了什么？"或是说，"啊！你忘记了？没关系，想起来再告诉妈咪。"减少孩子无形的压力。

以后一旦到类似场合，就会毫不迟疑地做出合乎道德要求的行为，而对不合乎道德要求的行为则取否定的态度。如当孩子看到别人在玩新玩具，一方面自己很想拿过来玩，而另一方面又觉得这样做是不对的而克制自己，这就是道德感的源泉。

人性是复杂的，在小儿最初的道德判断中，对人还只能简单地分成"好人"和"坏人"两大类。

当然，对这个阶段的小儿来说，道德行为和道德判断只是萌芽表现，他们还不可能掌握抽象的道德原则，只能用具体的人和事来使他们知道什么是好的、什么是坏的。主要是让他们在模仿周围人的榜样中逐步发展道德判断和道德行为。另外，这时期小

儿的道德行为和道德判断是不稳定的，需要经常鼓励和督促，不断强化其正确的观念和行为。

◎ 占有欲

这一阶段的孩子，随时会见到他们的占有欲行为。到别人家做客时，看到桌上的糖果伸手就抓，占为己有，而当别人向他要东西时，他就用小手紧紧抓住不肯放手，甚至会哇哇大哭。这类现象是小儿成长过程中的正常心理行为，是自我意识发展的结果。

一岁以前的孩子，基本上以本能的个体活动为主，没有明确的自我意识，因而对东西的所有者尚不能区分。当孩子长到两岁时，由于自我意识的发展，他们已经意识到自己的存在，头脑中有了"我的"、"我自己的"概念，但没有形成"不是自己的"或"别人的"概念。对这一阶段的孩子来说，他能见到的东西，只要喜欢就想占有。到三岁以后，在大人不时对其占有行为的说服和制止后，逐步形成"不是自己的"的概念。

因此，当我们发现孩子抢夺同伴的东西时，不要厉声斥责，要让孩子在正确的教育下克服这种习惯的。如果反复教育孩子还是经常抢夺同伴的东西，就让他跟较大的孩子交往，较大的孩子懂得保护自己的东西，会制止他的抢夺行为。相反，如果孩子的东西经常被别的小朋友抢夺时，应设法让他多和较小的伙伴交往以减少受侵犯的机会。

另外，如果孩子不愿意把自己的玩具让给别人玩，父母不应强制孩子把玩具让别人玩。这样做不仅不能使孩子学会"礼让"，反而促使他产生逆反心理和更强烈的占有欲。

遇到这种情况，父母应该根据具体情况设法引导，如可以另给孩子一个玩具，也可以设法将一人玩法变成二人合作玩法，如自己玩球变为二人传球。这样，能培养孩子与人同乐的精神。

◎ "第一反抗期"

这一时期的孩子很倔强不听话，逆反心理强烈。他们处处与父母"作对"，事事要自己作主。如果干涉他，他就会发火。不肯妥协、忍耐和顺从……，总之给人感觉就是"无理取闹"。父母常常束手无策，难以管教。从心理学角度看，这时孩子进入了"第一反抗期"。

"第一反抗期"是儿童自我意识迅速成长的表现，也是发展儿童独立性和自信心的大好时机，小儿一般从2岁开始进入"第一反抗期"，四岁左右达到高峰。

在进入"第一反抗期"之前，儿童基本上没有自我意识，他们的活动大多出于本能，将把自己和周围的事物混为一体。随着自我意识的逐渐萌生，他们就开始按自己的方式行动了，出现"反抗期"的一些行为特征。

有些父母不了解孩子成长过程中会出现"第一反抗期"，因此不能正确认识和处理孩子在这一时期的行为表现，对孩子的行为横加指责，这对孩子的心理发展将会产生极为不利的影响，甚至导致孩子人格偏异。如家长过多的干预和压制会使孩子变得胆怯、畏缩、不敢进取、不能独立自主；有的变得表面温顺，而内心充满怨恨、矛盾，总想伺机发泄。有的孩子还会因此怨恨父母，进行更恶性的反抗，产生不良后果。

那么，对待进入"第一反抗期"的孩子该怎么做呢？以下是专家的意见我们一字不改地提供给家长们，以供学习和参考。

1.尊重孩子

儿童萌生自我意识，独立性就开始增长了，他们在不断地观察和模仿，什么事都想自己做。如他们要自己洗脸、自己穿衣、自己拿筷子吃饭等。随着独立性的增长，他们产生了自信心和自豪感，总是不愿意让别人说他们一点不好。虽然他们的动作很不熟练，做起来要花费很多时间，做的还不像样，但是，家长仍应尊重他们，让他们学着去做，并且给予鼓励。千万不可嫌孩子做得慢或做得不好而埋怨孩子或从中阻拦、包办代替，这样会伤害孩子正在萌生的独立性和自尊心。

2.坚持原则

这个时期的孩子常常会提出一些不应该提出的要求。例如，在上街之前，明明向他讲清楚了今天不买玩具，可是一到商店，看到橱窗里的玩具，他就非要买，不然就又哭又闹，赖在地上不走。这时，家长必须坚持原则，说话算数，向孩子讲清道理，不能依从他，并且赶快把孩子带走。尽管他还依依不舍，也无可奈何。使孩子明白，事先讲定的话应该守信用，无理的要求是不能得逞的。这样他们就会渐渐地懂得在生活中还有"可以"、"不许"、"应该"等一些概念，是非分明，促进心理健康发展。

3.转移注意

这个年龄的孩子能力有限，但又不自量力，常常要干一些他们干不了的事。这时，家长不要打击他们的积极性，一边给予表扬，一边分配他干另外一件事，并向他说明"你还小，等长大了就可以做这些事了"。

4.口径一致

在一个家庭里，每个成人对孩子的情感是不一致的，教育方法也会有差异。如父母在管教孩子而爷爷、奶奶却要护短，或父母自己的情绪忽冷忽热，高兴起来对孩子亲热非凡，不高兴起来把孩子痛骂一顿。孩子年龄小，不知道接受哪个要求才对，而且也会给他们的不合理的愿望、需要和坏习惯制造"防空洞"。因此，在一个家庭里，成人对孩子的教育态度和方法必须口径一致，否则会使孩子无所适从，也会增加他们情绪上的反抗性和不稳定性。

5.耐心诱导

对孩子的反抗家长不能采取"高压政策"，要冷静对待，并且应该反思一下，为

>>育儿须知：孩子争抢玩具怎么办

孩子在一起时免不了会出现争抢玩具的现象，他们时常会因抢夺一张小纸片或一颗小石子而争吵起来，这是因为小儿还没有形成"所有权"的概念，还分不清"你的"和"我的"。在他们的心目中，从别人手中取得的玩具与从自己玩具架上去拿玩具没有什么差别。

那么怎样防止这种不愉快发生呢？大人可以给每个小孩一件东西自己玩，或教他们用自己手中的玩具跟别人换。如果你的孩子太好强，总是抢玩具，你可以让他和大一些的孩子一块玩，这样，他就会收敛一些。学会控制自己的愿望和行为，是小儿学习成功交往的开端。有的小儿不愿把自己手中的玩具送给别人玩，这是正常的，但家长要教孩子懂得与小伙伴分享自己的玩具，并体会到这种"交易"的乐趣。家长要及时鼓励和赞赏孩子的分享行为。

什么孩子会产生"逆反心理"的，是因为家长对孩子不了解，受了"委屈"，使他们的独立愿望不能实现，还是因为家长动辄训斥打骂，伤害了他们的自尊心。只有真正地了解他们，耐心诱导，因材施教，才能促进亲子间的和谐关系。

◎ 孩子之间

这一阶段的孩子，还不知道互动配合，他们不会做集体游戏，几个小伙伴在一起大多都是各玩各的。不过，这时的孩子已经开始关注小伙伴，并且喜欢身边有小伙伴。

多个小伙伴在一起玩时，玩的东西在数量上最好要多一些，因为孩子还不习惯和其他的孩子一起分享玩具，玩具少了会引起孩子之间的争夺和打闹。另外，孩子们在一起时，大人最好要守在孩子的旁边，一旦发现孩子们发生争抢，应马上调解、教育。

◎ 坐的姿势

这一时期的孩子，要注意坐姿的正确。因为孩子骨骼还较软、弹性大、可塑性强，受压迫后容易弯曲变形。如果孩子坐姿长时间不正，容易引起脊柱变形；另外。这一阶段的孩子肌肉力量和耐力仍很弱，坐姿不正或者持续时间过长，还会引起肌肉劳损。

小儿正确的坐姿应是身体端正、腰部挺直、两腿并拢、两眼平视前方、两臂自然下垂放在腿上。2～3岁孩子正确坐姿持续坐的时间以不可超过30分钟。父母应及时纠正小儿不正的坐姿。为了促进骨骼和肌肉的发育，防止胸部和脊柱畸形。可采取动静结合的方法，让孩子坐一会儿玩一会儿，更替变化。

>> 育儿须知：是否要让孩子道歉

让小孩心甘情愿说出来的"对不起"是有意义的，而迫于成人的压力、言不由衷的道歉却往往难以达到教育孩子的目的。这种"歉意"只是对成人的敷衍，而非发自内心，既没有让孩子了解别人的感受，也没有教会孩子考虑别人的利益。

处理孩子们之间的冲突时，让孩子走出自我中心、发展同情心是最根本的目的，而道歉，则应该是水到渠成的事情。

三 日常护理

◎ 如何打扮孩子

家长，尤其是妈妈喜欢打扮孩子。打扮孩子该注意什么呢？

1.幼儿穿着应符合年龄特点

幼儿的可爱之处在于天真、活泼，因此幼儿的穿着打扮应能显示这些优势，但不要用成人穿着打扮的观点来对待孩子，如给孩子浓妆艳抹、戴各种首饰等，这样的打扮不仅不能美化孩子，而且对孩子是有害的。某幼儿园有个女孩子，有一天说什么也不洗手，为什么呢？因为她妈妈给她抹了红指甲，孩子为了指甲的红色，于是处处小心不敢洗手。这对幼儿是有害无益的，严重的是会使孩子养成好吃好穿、追求浮华的不良品行，这将直接影响幼儿今后的品行、学习、工作和事业。

2.幼儿穿着应有利于生长发育

人之所以要穿着，从根本上来说是为了生存的需要，这一点对幼儿来说尤其重要。幼儿处于生长发育迅速的时期，因此穿着打扮应符合生长发育的需要，然而有一些家长却忽视了这一点，只讲漂亮、讲时髦，如现在孩子们穿皮鞋的越来越多，但穿皮鞋不利于孩子的动作，何况孩子的骨骼尚在发育中，硬梆梆的不利于脚部骨骼的发育，因此

>>育儿须知：男孩不宜穿拉链裤

拉链裤方便时髦，有些家长喜欢让孩子穿拉链裤。但男孩子穿拉链裤是非常危险的。小男孩在小便后自己拉动拉链时容易夹住生殖器的皮肉，这时拉链上也上不去，下也下不得，稍一拉动，小孩就痛得哇哇直叫，使孩子遭受皮肉之苦。因此家长在为孩子选购衣服时，不应该只考虑方便、美观，而应该把卫生、安全放在首位。

幼儿以穿布鞋和旅游鞋为宜。

另外，有些家长出于性别的偏爱，倒错性别来打扮孩子，这不利于孩子的身心健康。男孩就应打扮成男孩样子，女孩就该有女孩的特点。

◎ 适当串门

在节假日里适当地带孩子串门，走走亲戚，可以锻炼孩子与人交往的能力。但家长有事无事就带上孩子走东家串西家，这样就对小孩很不利。

❶ 过多串门对孩子的健康不利。串门的机会愈多，孩子患各种疾病的可能性愈大。这个年龄的孩子抵抗疾病的能力低，又喜欢到处乱抓乱摸，容易感染上各种呼吸道、消化道疾病及各种传染病。

❷ 串门过多可使孩子养成不稳定的性格和东走西串的不良习惯。孩子一旦在家里呆不住，或者不能集中精力坐下来专心做事，孩子就不能养成专注、认真做事的习惯，这对孩子将来的学习、工作都十分不利。大人务必意识到这一点，少带孩子串门。

❸ 这个年龄的孩子，模仿性极强，对许多事似懂非懂，如不加选择地带孩子外出，使孩子耳濡目染一些不良的事情，对孩子的成长极为不利。

◎ 少去公共场所

公共场所，尤其是那些是人群密集、嘈杂的地方，空气污浊，病菌传播，噪音杂乱，对孩子的健康极为不利。诸如候车厅、人群密集的商场、医院、剧场等环境嘈杂的场所，应尽量不带孩子去。

公共场所是各类传染病广泛传播的场所，公共场所里的各种病原微生物、寄生虫卵随时都可能沾到手上。而这个年龄的孩子还没有养成良好的卫生习惯，孩子的免疫力又低，加上好奇心强，什么都想摸一摸，因此，极易患痢疾等肠道传染病和寄生虫病等。越是人群密集的地方，含有病毒、细菌的浓度就越大，孩子就越容易感染。呼吸道传染病如上呼吸道染、肺结核、流行性脑膜炎、腮腺炎、麻疹等都是通过飞沫在空气中传染的。因此带孩子到公共场所的潜在危险很大，家长务必重视。

◎ 保护好孩子的眼睛

抽时间陪孩子到郊外走走，尤其是在阳光明媚的日子，带他去郊游，登山远眺。这对孩子的视力非常有益，孩子也乐于采取这种"护眼措施"。

提醒孩子看电视时要离电视机2～3米，长时间用眼后，让孩子向远处眺望一会儿或做眼保健操，使眼部肌肉得到放松。

培养孩子良好的生活习惯，不要和别人共用毛巾、脸盆，要勤洗手，不要用脏手揉眼睛。

给孩子吃些对眼睛有益的食物。首先是蛋白质。蛋白质是保证良好视力发育的基础，对眼睛正常的视觉功能以及组织的修复和更新起着举足轻重的作用，瘦肉、禽肉、鱼虾、奶类、蛋类、豆类等食物中都含有丰富的蛋白质。其次是富含维生素A、C或是钙质丰富的食物。通常豆类、绿色蔬菜、虾皮食物中钙含量较高；而维生素A一般在动物肝脏、鱼肝油、奶类、胡萝卜、苋菜、菠菜、青椒、红心薯、桔子等食物中含量较高；维生素C是组成眼球水晶体成分之一，在青椒、黄瓜、花菜、白菜、梨、桔子等食物中含量较高。

如果孩子的视力低于4.8，家长则应带孩子到医院进行检查，分析情况，如果孩子被确诊为患有眼部疾病，应及时治疗，确定为远视、弱视、斜视症状的，要在医生的指导下配镜、用药。

◎ 让宝宝学刷牙

孩子应该从小养成良好的口腔卫生习惯，早晚刷牙、饭后漱口，睡前不吃东西。孩子长到两岁后，父母除了教会他们漱口外，还应教他们学习刷牙，并逐步提高刷牙水平，并且每日督促他们去执行。

但是这一阶段的孩子由于手的动作能力、协调能力还很差，而且不能较好地掌握含水漱口再吐出的动作，所以教孩子学刷牙是需要有一个适应过程的。

可以教孩子先将牙刷在牙面上做前后小移动，逐步加快成为小震颤，再过渡为在牙面上划小圈，最后教会孩子拂刷法。从简单到复杂，一个牙一个牙的刷，按照顺序，不要跳跃，不要遗漏。如果刷牙方法不正确，不仅达不到清洁牙齿的目的，还可能造成牙龈萎缩、牙槽骨吸收和牙颈部楔状缺损等病变。

家长在帮助孩子刷牙时，若发现龋齿就应立即带孩子看牙科，进行早期治疗，有道是"小洞不补、大洞吃苦"，切勿延误治疗时机，增加孩子的痛苦。

◎ 补牙用什么材料好

牙科中初牙的充填材料有很多，有带颜色的，也有没有颜色而接近牙齿本色的，有金属的和非金属的。给孩子补牙时，究竟使用哪一种材料好呢？是不是价钱越贵就对牙齿越好呢？

对于这个问题，三言两语还真是难以解释清楚，总之，使用哪一种充填材料应根据患牙的部位和充填部位承受咬合力量的大小来决定。前牙为门面牙，从考虑美观出发，多选择与牙齿颜色比较接近的材料如复合树脂、玻璃离子体等。而后牙多用来咀嚼食物，则要求材料强度高、耐磨损，所以，银汞合金这一古老的材料至今仍然被广泛应用。

有的家长还担心银汞合金中的汞会不会对孩子有伤害？关于这一点请家长放心：第一，孩子仅是补牙接触量极少；第二，银汞合金固化后，汞不会释出，所以无毒。到目前为止，银汞合金仍是我国充填材料中历史最长、使用最多的，几乎占充填物的75%～80%。但也不是说复合树脂绝对不可以充填后牙，随着材料性能的不断改进，一种对牙齿刺激小、耐磨损的树脂材料将被研究开发、应用于临床。家长可以相信，牙科医生是会尽力为孩子选择最合适的补牙材料的。

◎ 开窗睡眠益处多

当你走进关门、关窗的房间时，你会闻到一种怪味，这是由于室内长时间不通风，二氧化碳增多，氧气减少所致。若在这种污浊的空气中生活和睡眠，对孩子的生长发育大有害处。开窗睡眠不仅可以交换室内外的空气，提高室内氧气的含量，调节空温度，还可增强机体对外界环境的适应能力和抗病能力。

小儿新陈代谢和各种活动都需要充足的氧气，年龄越小，新陈代谢越旺盛，对氧气的需要量越大。因婴儿户外活动少，呼吸新鲜空气的机会少，故以开窗睡眠来弥补氧气的不足，增加氧气的吸入量，在氧气充足的环境中睡眠，入睡快，睡得沉，也有利于脑神经充分休息。

当然开窗睡眠也要注意，不要让风直接吹孩子身上，若床正对着窗户，应用窗帘挡一下，以改变风向。总之，不要使室内的温度过底低，室内温度以18℃～22℃为好。

动作是完整思考过程的最后一部分，精神的提升必须借助于活动或工作。

四 宝宝喂养

◎ 饮食特点

　　两岁以后的小儿身体活动的能力增强，能跑会跳，当然所需要的热能与营养素要比1岁小儿有所增加。一个两岁小儿每天应供给的营养为：热能5000千焦(1200千卡)，蛋白质40克，钙、铁、锌，基本与1岁幼儿略同，维生素类稍有增加。将上述营养供给量折合成具体食物，大约粮食量为100~150克，鱼、肉、肝、蛋总量约100克，豆类制品约25克，每天吃250毫升的牛奶或豆浆，蔬菜数量与粮食量大致相同，也为100~150克，再加上适量的油及糖。有的小儿活动量大或生长发育较快，尤其是男孩，食量要大些。

　　两岁小儿的胃容量约为400~500毫升。为了满足生理需要，要将上面列举的食物吃下去，至少要安排四顿，一般称为三餐一点。根据热能计算，三餐一点即早餐、午餐、午点、晚餐。各餐之间的热量比例为25%：35%：10%：30%。其原则可按照"早上吃好，中午吃饱，晚上吃适量"。食物的数量是否符合身体需要，一定要参考小儿每月的体重增长情况。

◎ 正常进食要领

饭前准备

　　每次饭前要进行桌面清洁消毒，幼儿饭前洗手，饭后擦嘴、漱口(点心后也要漱口，吃完水果要洗手)。教育幼儿饭前不要进行剧烈活动，饭前半小时不要饮水，饭前组织幼儿安静地活动，让他们休息片刻，做好即将吃饭的思想准备。

定量定点

　　每次进食要让幼儿固定地方。每餐要根据幼儿的需要量供给相应的标准，注意营养质全面、量充足、食物品种丰富多样。平时以主食为主，副食为次，干湿搭配、甜咸搭配，午餐以主、副食并重，一荤一素一个汤，配上荤素炒菜和汤。主食和副食的摄入量参考各不同年龄幼儿营养供给量的标准。平时一日三餐不要让幼儿用汤泡饭，否则幼儿连汤带饭，不加咀嚼，就吞进胃里，会影响幼儿的消化吸收。在欢度节假日时，不要让幼儿进食无度，大吃大喝，这样很容易伤害幼儿的胃肠，造成幼儿呕吐、消化不良等现象。

按时正常就餐

　　每天三餐一点要养成按时就餐的习惯，一次用餐的时间掌握在半小时左右为宜。要教会幼儿按时就餐，并能安静地吃完自己的一份饭菜。培养细嚼慢咽的吃饭习惯，既不要狼吞虎咽，也不要吃得太慢，更反对边吃边玩，边吃边讲话，边吃边看电视的坏习惯。对于个别幼儿挑食或吃得过慢，成人不要迁就，更不要给予糖果点心等零食作补充，避免正食不吃，以零食度日的现象。幼儿每天按时就餐，少吃零食，使肠胃有规律地工作，同时也有休息的时间。另外千万不要养成幼儿用手抓食的坏习惯。

◎ 纠正厌食的措施

这个年龄的孩子，有些会出现厌食。对于小儿的厌食，在排除病理因素后，成人应给予合理的教养和正确的心理诱导，就会产生良好的效果。

1.顺其自然，不强迫孩子

在孩子食欲不振时少吃一顿并没有大妨碍，反而为已疲劳的消化腺提供一个休整机

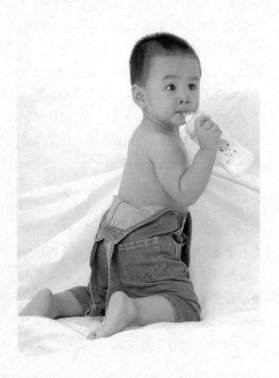

会，对儿童消化功能恢复有益。多数孩子饿了自然会产生食欲，自然会吃。有些家长担心孩子营养不良，强迫孩子多吃，并严厉训斥、非吃不可，这对孩子的机体和个性都是一种可怕的压制，使孩子认为进食是极不愉快的事，逐渐形成顽固性厌食。

2.诱导食欲

在烹调上可经常变换花色品种，色、香、形俱佳的食物可以引起食物中枢兴奋，产生食欲。初次接触某种食物时，家长可给食物适当评价，成人的正确评价可起"导向"作用。

3.进餐前应有愉快的情绪

准备饭菜时可让孩子帮助选择、洗菜、做饭，并有意夸奖他的劳动成果，使他觉得自己帮助做的饭菜更有味道，提高进餐兴致。进餐时要为孩子提供一个整洁舒适、安静愉快的环境，使孩子保持好情绪。也可以在饭前让孩子看一些有趣的画报，听一些有趣的笑话，做一些游戏，以保持愉快的情绪。在良好情绪下进餐，能提高摄食中枢的兴奋性，使胃肠消化液分泌增多，蠕动增强，促进食欲。

4.少盛多添

如果你想让幼儿多吃些，给他盛上满满的一碗饭会适得其反。根据幼儿的心理，吃饭时给他盛上满满一大碗饭会使他一看就感到厌恶、发愁，从而降低了食欲。所以我们在幼儿进餐时不宜把饭一次盛得太多、太

满。也不要将许多菜一下子都捡到幼儿的饭碗中，要做到少盛多添。在幼儿吃饭时，成人以自己喜欢吃的态度鼓励幼儿，激发幼儿吃得快、吃得好，吃完再添，及时表扬，使幼儿情绪愉快地吃完自己的饭菜，并把自己的餐具放好后才离开座位。

5.合理安排孩子作息

吃饭要定时，不无节制地吃零食；晚上孩子早睡；电视不能看得太晚；适当的活动量能促进新陈代谢、食物消化吸收快。但活动量不宜过大，特别是饭前不能玩得太高兴，以免过度疲劳或一时安静不下来而影响食欲。

◎ 如何纠正偏食、排食

偏食、排食会造成营养失衡，影响小儿的生长发育，所以一定要纠正孩子偏食、挑食坏习惯。

❶ 父母要以身作则，在孩子面前不能表现出偏食、挑食，也不要对于食物妄加评论，免得孩子先入为主，没进口就厌恶了。

❷ 要经常变换花样，注意调配，即一种食物可以换用几种烹调方法。同时，注意食物的色、香、味、形。不爱吃煮鸡蛋的可以做成炒鸡蛋、荷包蛋、蛋饼等，不爱吃肥肉或蔬菜的可以把肉或菜剁碎，包成馄饨或饺子。

❸ 还要注意教育孩子的方式方法，切忌采用强硬压制，也不能心急发怒。否则，非

但不可能纠正偏食、挑食的习惯，而且还把孩子的食欲搞坏了。

父母应该循循诱导，利用孩子好奇、好胜、好表扬的心理特点，激发孩子对多种食物的兴趣，逐渐改变偏食、排食的不良习惯。

◎ 吃水果一定要削皮

一般人都认为水果皮营养价值高，吃水果不宜削皮。这种观点是错误的，小儿吃水果更应该削皮。理由如下：

❶ 据营养学家的研究，水果肉质的营养成分越靠近果核越丰富，水果皮中的维生素与果肉相比微不足道。

❷ 为了防止病虫侵蚀，要喷洒农药，一些农药会渗透并残留在果皮表层的蜡质内，洗都洗不掉的，再加上水果在保存中使用的保鲜剂，这些对人体都有害处。

❸ 水果在采摘、运输、销售过程中常会受到细菌的污染，尤其是表皮破损的水果。这些细菌不易被水冲洗掉，总会有些残留，对人体有害。

❹ 近来科学研究发现，凡是颜色鲜艳的果皮中都含有一种类黄酮的化学物质，类黄酮在人体肠道内经细菌分解后会转化为三羟苯甲酸及阿魏酸，后者有抑制甲状腺功能的作用。

综合以上四点，父母给小儿吃水果一定要削皮。

五 异常与疾病

◎ 小儿呕吐

呕吐是小儿生活中常见的症状。呕吐严重者可致脱水、电解质紊乱，引起呕吐的原因很多：

❶ 喂养不当，喂奶过多或吞咽过快吞入空气引起；

❷ 小儿肠炎引起肠功能紊乱而致呕吐；

❸ 胃的上口(称贲门)松弛可致溢奶；

❹ 脑炎、肺炎等感染性疾病；

❺ 脑积水、脑水肿及颅内出血等神经系统疾病；

❻ 食道闭锁；

❼ 胃的下口(称幽门)肥厚而致胃内容物下流不畅而出现呕吐，多于生后2～3周呕吐，呈喷射状；

❽ 肠道不通，如肠梗阻、肠套叠、小肠狭窄或闭锁、肠扭转等；

❾ 巨结肠、无肛或肛门狭窄，先有便秘和腹胀，呕吐出现较晚；

❿ 其他如急性中毒、药物、幽门痉挛、晕车、晕船等均可造成呕吐。以上呕吐有的是正常的生理现象时，稍加注意会逐渐停止呕吐，有的呕吐是由一些严重疾病引起的，需要及时治疗。因此，发现孩子呕吐不可掉以轻心，应抓紧去医院就诊，以明确诊断，得到及时合理的治疗。

◎ 小儿厌食

首先应确定是否为厌食症。许多家长自认为孩子吃的少，而实际进食的热量完全能满足孩子的生理需要，这不能算厌食症。真正的厌食是指较长时间的食欲减退或消失，进食量低于其生理需要的热量并出现消瘦及体重偏低等。厌食症可由多种因素引起，一些消化道疾病可直接影响消化功能引起厌食，如胃炎、肠炎、肝胆疾病等。其次

孩子越能够专心，就越能从工作中得到平静，就越能发自内心地纪律或规则。

长期感染或慢性疾病如克汀病也可引起厌食。这两种情况均应在治疗原发病的基础上，再调整消化功能。长期服用某些药物对消化道会产生某些副作用亦可引起厌食，必须停用这类药物。微量元素缺乏如低锌症亦可引起味蕾萎缩，代谢失常而致厌食。对此必须补充锌制剂。但最常见的为习惯性或精神性厌食。现在独生子女较多，两代12只眼睛在精心照看着一个孩子，唯恐孩子"吃的"不好。于是哄诱，勉强甚至强迫孩子进食，结果导致孩子产生逆反心理，越强迫进食越不吃，终致厌食。对这种厌食，家长必须改正强迫进食的习惯。仔细观察，但要让孩子感到你并不注意他进食的多少。利用其越不给越想吃，别人吃他也想吃的小儿心理改变其进食习惯。对幼儿期以上的孩子，在吃饭时，在孩子和家人面前各摆一份食品，对孩子吃不吃，吃多少一概不理睬，进餐毕一律拿走，此时反而激起小儿想吃东西的愿望。此外，可适当应用一些能改善肠道功能的中、西药物，并严格控制糖等零食的摄入，会逐渐形成良好的进食习惯。

◎ 急性喉炎

小儿急性喉炎多发生在5岁以下，是一种常见病，尤其是在天气较冷的季节易发病。患了这种病要及时治疗，否则会引起呼吸困难，甚至窒息、死亡。

急性喉炎是指喉部黏膜发生了急性炎性肿胀，它常常和伤风感冒同时发生，或是一些传染病如麻疹、流感、水痘、百日咳、猩红热等疾病的合并症。

小儿得了急性喉炎以后，症状较急，常有发热、声音嘶哑、犬吠样咳嗽、夜间较重。病情较重者，吸气时常伴有喉鸣音，呼吸困难。严重的病人在吸气时锁骨上窝、肋间隙、上腹部可见凹陷，这就是人们常说的"呼吸三凹征"。由于缺氧，病儿常有烦躁不安，不吃东西，甚至出现面部、指尖有皮肤青紫。

患此病，要及时治疗，使用足量、有效的抗生素，如青霉素、红霉素、先锋霉素等，症状严重者，可加用激素治疗。在治疗中，要严密观察病情，必要时吸氧气。如果呼吸严重困难要立即送医院采取紧急抢救措施，必要时气管切开。

预防此病主要是加强儿童保健，增强体质，提高机体的抗病能力，当小儿患感冒或传染病期间，要注意加强护理，防止急性喉炎的发生。

◎ 小儿触电的紧急处理

❶ 发现小儿触电应尽快使小儿脱离电源。可用手边不导电的物体如干燥的木棍、竹棒、干布等使病儿脱离电源，或迅速关闭电源。决不能直接用手推拉触电病儿，防止自身触电。

❷ 患儿脱离电源后应立即检查呼吸心跳情况。如呼吸已停止，应立即进行口对口人工呼吸，若病儿已昏迷，瞳孔散大，触不到颈动脉搏动，说明心跳已停止，应在人工呼吸的同时进行胸外心脏按压，应坚持到来人支援，切勿过早放弃。

❸ 在抢救的同时应争取条件转送附近医院。

◎ 小儿外伤的紧急处理

小儿独立生活能力差，对危险识别和应急能力不足，易受外伤，如碰撞、坠地、挤压、切割等。小儿外伤，大多需在医院处理，入院前应注意两个问题：

1.病情观察

小儿受伤后，应根据受伤原因、性质、范围、程序、结合神志、脉搏、呼吸、血压给以初步估计伤情。在看到表面伤的同时不要忘记有关内脏损伤。如颅脑损伤硬膜外血肿，外伤昏迷后可有一清醒期，如认为病儿是病情好转就会延误治疗。因此小儿受伤后应严密观察，如为颅脑损伤，内脏损伤，伤口活动性大出血，合并休克及肾衰骨折情况应抓紧送医院治疗。

2.初步处理

闭合性损伤合并休克应去医院补液、止痛、输血。肢体损伤应夹板固定，防止继续发生损伤及出血。开放性损伤因有伤口存在，应抓紧止血，包扎伤口。小量出血局部用洁净纱布包扎多能止血。如大血管损伤，局部加压包扎仍出血不止，可在大血管近端扎一止血带，并迅速到医院做进一步处理。对污染伤口还应注射青霉素，防止感染，注射破伤风抗毒素预防破伤风。

六 智能开发

◎ 大动作训练

1.训练立定跳远

与孩子相对站立，拉着孩子双手，然后告诉孩子向前跳，熟练后可让孩子独自跳远，并继续练习从最后一级台阶跳下并独立站稳的动作。

2.训练跑与停

在跑步基础上继续练习能跑能停的平衡能力。

3.训练上高处够取物品

将玩具放在高处，在父母监护下，看宝宝是否学会先爬上椅子，再爬上桌子站在高处将玩具取下。让宝宝学会四肢协调，身体灵巧。训练前，家长要先检查桌子和椅子是否安放牢靠，并在旁监护不让宝宝摔下来。学会了上高处够取物品之后，家长要注意，洗涤剂、化妆品、药品等凡是有可能让孩子够取下来误吞误服的东西，都应锁入柜子内，不能让宝宝自己取用。当宝宝能取到玩具时应即时表扬："瞧我们宝宝多棒！真能干！"

4.练习踢球

用凳子搭个球门，先示范将球踢进球门，然后让孩子试踢，踢进去要给予鼓励。

◎ 精细动作训练

1.玩套叠玩具

如套碗、套桶等玩具，按大小次序拆开和安装，父母可以先示范，指导孩子按次序拆装，孩子会聚精会神地装拆，可培养孩子的专注能力，学会大小顺序。通过手的操作，实地观察到套叠玩具一个比一个大，逐渐体会到数的顺序和对空间的认识。

2.学画圆圈

用一张大纸放在桌上，让宝宝右手握蜡笔，左手扶纸在纸上涂画。家长示范在纸上画圈，握住宝宝的手在纸上做环形运动，宝宝就开始画出螺旋形的曲线，经过多次练习，渐渐学会让曲线封口，就成了圆形。

3.学习物品或图片配对

先从已经熟识的物品和图片开始。先找出2～3种完全一样的用品或玩具，如两个一样的瓶子、一样的积木、一样的盒子，乱放在桌上。妈妈取出其中两个一样的东西摆在一起，说："这两个一样"，鼓励宝宝找出第二对和第三对。

再找出以前学习认物的图片，先选择三对乱放在桌上，请宝宝学习配对。以后一面学习新的物品和图片，使宝宝能从

10、12、14、16~20张当中将图片完全配成对子。

◎ 语言能力训练

1.学习记住家人的称谓

教孩子记住爷爷、奶奶、小姨等称呼。学会自我介绍，说出自己的姓和名，同时学会爸爸妈妈的姓和名。学会用手指表示自己几岁，并用口说出来。如果学话顺利，还可以进一步要求孩子说出自己是"女孩"还是"男孩"。

2.教学说完整句

教小孩学说完整句，包括主语、谓语、宾语的句子。如"妈妈上班去了"，"我要上街"，"我要上公园"，并教孩子使用一些简单的形容词。如"我要红色的球"、"我

要穿红色衣服"、"我要圆饼干"等，这些形容词一定是简单、形象，是孩子生活中最常见的。

3.学习辨声音

让孩子听周围会发出声音的东西，如鸟叫声、汽车声、钟表声、电话声等，听到这些声音时，问孩子是什么东西发出的声音，答不出来就直接让孩子边看边听，并告诉他，什么是大人讲话的声音，什么是走路的声音，逐渐学会辨听。

4.背诵儿歌

教孩子念儿歌，每首儿歌四句，每句三个字，听起来押韵，读起来顺口，反复练习。注意，要完全会背诵一首后再教新的。这样提高了孩子的语言能力，增强了韵律感、记忆力，同时也激发了小儿的学习兴趣。也可以让孩子多听英语歌，戏耍中锻炼了语感。

◎ 认识能力训练

1.学数数

幼儿对物品大小数量的认识是在对实物的比较中形成的，准备各类大小质地不同的小物品，如积木块、纽扣、瓶盖、塑料球等，尽量让孩子用眼看、动手摸、张口讲，通过多种感官参与活动，比较认识物品的大小和数量。还可配合教点数，如口读数1，

手指拨动一个物品，读2，用手指再拨动一个物品，读3，再拨动一个物品，教点数1～3。学拿实物"给我一个苹果"，"给我拿两个苹果"等。

2.学习认识性别

结合家庭成员教孩子认识性别，如"妈妈是女的，姥姥也是女的，你是男的，爸爸也是男的"，逐渐让小孩能回答"我是男孩"。也可以用故事书中画上的人物问"谁是哥哥？""谁是姐姐？"以认识性别。

3.学习前后和上下

让孩子将两手放在身体的前面和后面，或把物品放在身前和身后，使孩子明白前后。然后让孩子将物品分别放在桌上面或桌子下面，练习分辨上和下。

◎ 情感和社交训练

1.认识环境

外出散步时要让孩子熟悉认识居住的环境、标志物，先认识家门，再让认识附近的几条路、附近的商店等以及父母常去的地方，再让孩子顺利找到家。

2.区分早上和晚上

早上起床时，妈妈说"宝宝早上好"。让宝宝说"妈妈早上好"。边起床边向宝宝介绍"早晨天亮了，太阳也快出来了，咱们快穿好衣服出去看看"。白天要开窗户，使宝宝享受新鲜空气。白天天很亮。不必开灯。到晚上也要向宝宝介绍"天黑了，外面什么都看不见了，要开灯才看得见，咱们快吃晚饭，洗澡睡觉"。使宝宝能分清早上和晚上，并让宝宝学习说"晚安"才闭上眼睛。此时可多说几遍"晚安"。让宝宝将词汇学熟练。

3.学习广交朋友

带孩子到室外散步时，鼓励他与其他小朋友交往，互换玩具，一起背儿歌。选择讲述小朋友团结友爱的故事讲给他听，让他和其他小朋友玩耍时做个好孩子，不打人、不咬人、不哭闹。

结合童话寓意，引导孩子去思考、探索，比单纯说理要深刻。

七 亲子游戏

◎ 说反义词

通过游戏，初识反义词，从而提高语言反应能力。

具体方法

(1)准备看图识字卡片若干张(包含有反义词的)。爸爸和妈妈做个示范："幼儿园里小朋友多，老师少；马路上梧桐树很高，桃树很矮。"等等。

(2)家长说一个词，要求宝宝说有相反意思的词。

提 示 励宝宝进行联想，在同类东西的相比中，找出相反意思的词来表达。力求表达正确，不要过分追求速度和数量。

◎ 猜一猜这是谁

这是则用听觉进行判断的训练，可以刺激宝宝的听觉辨析能力。

具体方法

(1)父母可以先用图片和音乐给宝宝讲讲各种动物发出什么样的声音，让宝宝知道不同的动物发出的声音是不同的。

(2)爸爸或妈妈在被窝里发出不同的动物的叫声，如狼的叫声、狗的叫声、狮子的叫声等。

(3)让宝宝猜猜藏在被窝里的是什么"动物"。

提 示 父母要尽量把声音模仿得逼真一些。

◎ 穿脱衣服

借着穿脱衣服的训练，让宝宝学会自己脱衣服，以锻炼其生活自理能力，从而达到提升宝宝自理能力的目的。

具体方法

(1)让宝宝洗澡，告诉他"现在是寒冷的冬天，不穿衣服就会感冒、生病。哇！渐渐暖和了，春天到了。到了夏天就好热好热，是玩水的好天气。不过，在进游泳池之前，必须先做什么？"等等，用宝宝感兴趣的事来启发他，让他自己一件一件地脱掉衣服。

(2)洗澡之后，跟宝宝说："现在要穿睡衣了。我们来比赛，看谁穿得快。"让他自己穿衣。

提示 注意时间，不要让宝宝着凉。

◎ 摇摇看

理解分类和类别，让宝宝知道不同与相同的概念，从而增加宝宝的逻辑思维能力。

具体方法

(1)准备5个卫生纸卷轴、豆子、大米、纸碎片或铝箔球等。家长取4个卫生纸卷轴，用纸封好卷轴的一边，并用胶布粘紧。

(2)家长在每个卷轴中灌入不同的东西，如豆子、大米、纸碎片或铝箔球，然后将另端也封好。

(3)要宝宝摇动每个卷轴，仔细听听它们发出的不同声音。

(4)在第5个卷轴中加入与原来4种材料之一相同的材科，将第5个卷轴给宝宝，要他说出原先4个中的哪一个与这个声音和感觉相似。

(5)家长打开卷轴检验。

提示 训练进行中家长要密切观察宝宝的活动，耐心给宝宝演示。

◎ 小猴摘香蕉

通过练习知道1加1是2，2加1是3来提升宝宝的数学能力。

具体方法

(1)提前准备好小猴和香蕉的图片。父母出示小猴子的图片，告诉宝宝："小猴现在要去摘香蕉了，先摘了一支香蕉。"

(2)出示一张香蕉图片问宝宝："现在摘了几只香蕉？"让宝宝回答。

(3)父母接着说："小猴还要给它的弟弟再摘一只香蕉。"再出示一张香蕉图片问宝宝"小猴现在一共摘了几只香蕉啊？"

(4)再问宝宝："这两只香蕉是怎么来的呀？"引导宝宝说出来"两只香蕉是由一只香蕉再添上一只香蕉得到的。"

提示 父母不要急于求成，如果宝宝回答错了，要耐心引导。

小猴摘香蕉

◎ 找好朋友

通过给袜子配对，培养宝宝的比较分析能力。

具体方法

（1）爸爸妈妈将家中的袜子都放在床上。

（2）爸爸妈妈任选一只袜子，请宝宝找到另一只相同的"好朋友"，将它们排在一起。

（3）以相同的方法，帮每一只袜子都找到"好朋友"，并排在一起。

提 示 注意选用特征较明显的袜子。当宝宝找对后要给予鼓励，找得不对时爸爸妈妈要及时用言语提示。

◎ 当当当

在宝宝认识数字的同时，提升了他的数学能力。

具体方法

准备1～5个圆点的卡片五张。爸爸做小钟，嘴里发出"当、当"声。

宝宝听到一声"当！"就拿1个圆点的卡片。听到"当、当！"就拿2个圆点的卡片。爸爸发出的钟声逐步加快，宝宝的反应也要迅速灵敏。

提 示 也可以交换角色，宝宝做小钟，爸爸拿卡片。或者是妈妈与宝宝比赛，

爸爸当裁判。训练开始时顺着1～5的数字拿卡片，以后不要按顺序训练，以培养宝宝灵敏的反应能力。

◎ 积木在什么位置

培养宝宝的空间认知能力。

具体方法

（1）家长在宝宝面前摇一个摇铃以吸引宝宝的注意力，当宝宝注意摇铃时，家长将它拿到桌子下面，同时说："摇铃在桌子下面。"同样的，把摇铃放在桌子上面、抽屉里面、抽屉外面。

（2）家长拿一块积木，把它放在桌子上下、抽屉里外，让宝宝找出来，并说出位置。

（3）家长给宝宝一块积木，家长说："把它放到桌子上面（或是下面，抽屉里面或是外面）。"要宝宝把积木放在相应的位置。

提 示 此游戏可以教宝宝怎样将积木放在桌子上面、桌子下面、抽屉里面、抽屉外面，提高宝宝对空间方位的认知和理解能力。也可用宝宝爱吃的食品来做这个游戏，找到后将食品给宝宝吃，以示奖励。家长一开始可以告诉宝宝积木等所在的位置，慢慢减少帮助。

◎ 我是小医生

帮助宝宝学习社会交往规则。

具体做法

(1)妈妈要先准备好玩具针、药瓶等医用设备，然后和宝宝一起玩"打针"的游戏。

(2)让宝宝扮演医生，爸爸扮演一位急诊病人，对宝宝说："大夫，我肚子疼，快给我打一针吧。"

(3)妈妈扮演一位普通病人，对宝宝说："大夫，我有点感冒，鼻子不通气，给我打一针吧。"

(4)进行角色互换，宝宝扮演病人，爸爸妈妈扮演医生。

提示 角色扮演游戏是宝宝成长过程中一项重要的活动，可以帮助宝宝提升交往智慧，进一步加强其自我意识，促进宝宝语言交流能力的发展。

◎ 收拾玩具

培养宝宝的生活自理能力。

具体做法

(1)每次宝宝玩儿完玩具后，妈妈要引导宝宝自己将玩具收拾好。比如可以对宝宝说："天气晚啦，小鸭子要回窝睡觉啦，宝宝快送小鸭子回家。"宝宝听到这些话以后，就会主动将玩具放回玩具架上。

(2)妈妈也可以让宝宝将玩具有序地排列在玩具架上，比如对宝宝说："小鸭子怎么能进小猪的家呢？小鸭子很不高兴哦，宝宝快让小鸭子回自己的家。"引导宝宝将玩具放回固定的地方。

提示 此游戏可让宝宝养成良好的生活习惯，提高宝宝的生活自理能力，为宝宝上幼儿园作准备。

2.5~3岁 >>社会规范敏感期

一 养育要点与宝宝发育标准

◎ 养育要点

· 合理膳食，注意预防营养不良
· 加强户外活动及锻炼，增强体质
· 加强生活能力的培养
· 继续孩子思维、计算和记忆力的训练
· 保护孩子说话的积极性，引导孩子正确使用语言
· 保护孩子的想象力
· 尊重孩子独立性的愿望和信心，并给予适当帮助
· 培养孩子友爱、同情等情感
· 教孩子认识简单的行为准则
· 带孩子参加社会实践活动

◎ 身体发育指标

	体重(千克)	身长(厘米)	头围(厘米)	胸围(厘米)
2.5岁	男童≈13.87 女童≈13.41	男童≈94.44 女童≈92.93	男童≈49.31 女童≈48.25	男童≈49.67 女童≈49.89
3岁	男童≈14.73 女童≈14.22	男童≈97.26 女童≈96.28	男童≈49.63 女童≈48.65	男童≈51.17 女童≈50.80

二、生长发育

◎ 注意力在提高

这一时期的孩子注意力在不断提高，能更长时间地注意看电视、看电影、听故事、做游戏。上幼儿园、托儿所的孩子能集中注意力较长时间地跟随老师上课或者做活动。

当然，孩子的注意力仍较易转移，如当他听到窗外有鸟叫或有其他声响时，容易停止正在进行的事而转头向窗外看去。这很正常，孩子毕竟有较强的好奇心。

◎ 记忆的特点

这一时期的孩子，记忆的能力也在逐步提高，记忆的范围在逐步扩大，因而他们的"阅历"也在一天天地丰富起来。

记忆可分为，有意记忆和无意记忆。这一时期的记忆仍以无意记忆为主，但有意记忆已在萌芽。他们常常会记住感兴趣的或特殊的、新鲜的刺激，而有目的地去识记某些东西的能力还较差。由于这时期的孩子生活经验仍较贫乏，理解能力和思考能力较低，所以他们只能重复成人说过的话，机械地模仿，这表明他们的记忆仍以机械记忆为主，理解记忆能力还较差。由于他们的思维特点是具体形象思维，孩子对于具体的、形象的、生动的事物容易记住，而对较为抽象的

事物则难以记住。

这阶段的孩子再认识能力有较大的进步，已经能再认识相隔1~2个月的事物了。重现的能力也有所提高，他们能回想起几个星期以前发生过的事情。这都说明孩子的记忆能力在提高。

◎ 精力旺盛

这一阶段孩子精力非常旺盛，整天总是生机勃勃的。他们从早到晚手脚不停。这一点值得父母珍视，因为这对确立孩子的自我，培养孩子坚强的自我意识，塑造孩子生机勃勃的性格具有重要意义。

如果一味禁止他们淘气，让他们像大人一样循规蹈矩，他们的欲望要求就得不到满足，充沛的精力就无法发泄，那么将会妨碍孩子积极的探索精神，不利于孩子长大后成为一个意志坚强、朝气蓬勃的人。

对孩子来说，玩耍和运动是提高孩子智力的重要途径。因此，应当认为孩子这种生机勃勃的素质是一种极其重要的精神资源，孩子就是在不停运动、玩耍、说闹中获得更多的知识、经验。父母应当把这种旺盛的生命力当做一种可贵的资产加以保护，珍惜孩子任何事情都想自己干、爱玩爱闹的心情，并且加以引导和创造条件，让他们玩得更丰富、更有趣、更有惊无险，如打滚、跳跃、

骑木马、扔球，甚至与父母摔跤等等。父应多和孩子一起玩，这样即能保护和培育孩子，又能很好地增进亲情。

◎ 个性逐渐显露

个性，简明地说就是一个人比较稳定的、经常表现出来的行为特征。

每个人天生就存在个体差异，但这些差异在后天的生活和教育影响下会不断改变。也就是说，在个性的形成和发展中，随着小儿年龄的增长，遗传的作用越来越小，而环境的影响越来越大。

这一阶段的小孩，个性逐渐显露，个体差异逐渐明显，如有的活泼、有的沉静，有

的灵活、有的呆板，有的发展了某些良好的行为倾向，而有的发展了某些不良的行为倾向。尽管这一时期的个性特点或倾向是容易改变的、较不稳定的，但是，这些萌芽表现值得注意，因为儿童的个性正是在这个萌芽的基础上发展起来的，特别是自我意识、道德品质和性格。

由于2～3岁这一阶段，是孩子自我意识、道德品质和性格特征等开始形成的时期，而早期个性形成是今后个性发展的基础，因此，父母必须认真对待，充分调动每个孩子的主观能动性，培养良好的习惯，并帮助他们发扬优点、克服缺点，使个性得到健康地、充分地发展。

◎ 好奇心强

2～3岁的孩子，好奇心越来越强，他们对周围的一切都感兴趣。由于他们认识范围的不断扩大，我们会发现他们的问题也越来越多，经常问这问那，有时甚至会问得父母都回答不了。

问题是思维的起点，思维是在解决问题的过程中进化的。好提问是一种好现象，是孩子好奇心盛、求知欲望强的表现，说明他们有了学习的主动性，同时也是他们善于思考的表现。问问题引导孩子细心观察世界、加深认识世界，并能促进儿童语言和智力的发展，父母应该尽力回答孩子的问题，并进一步引导他们的学习兴趣，让孩子保持这种良好的学习习惯。如果父母对孩子的提问感

到厌烦或觉得罗嗦，不愿回答孩子的问题，甚至阻止孩子提问，那只将会损伤他们的自尊心，扼杀他们旺盛的求知欲。这将是件多么令人惋惜痛心的事啊！

◎ 乐于交往

这一阶段的孩子，开始希望与小朋友交往，与小朋友一起玩。因此，父母应该有意识地多让孩子走出家门，多与邻居的小伙伴一起玩，结交一些好朋友。

孩子们在一起玩有很多好处。在一起玩耍的过程中，可以互相学习，互相激励，互相模仿，取长补短地获得各种知识和技能。同时，孩子们在一起玩，会引起愉快的情感和"情感共鸣"，从而培养孩子的友谊感、同情感等高级情感，体验到与小伙伴之间的理解和信任。另外，在成人的指导下孩子们通过交往，逐步懂得了一些初步的行为准则，掌握了一些简单的是非观念，从而能做出正确的行为，适应群体生活，例如：爱护小伙伴、不打人、讲礼貌、不独占玩具等。总之，社会交往会促使孩子个性的形成和发展，孩子在与人交往中逐渐地理解别人，认识自己，对周围事物产生一定的态度和行为方式，也培养了能力和性格。

◎ 乐于帮大人做事

这一阶段的孩子，很乐于帮助大人做事，这是向孩子进行劳动教育的极好机会。因此，家长要因势利导，鼓励孩子做些力所能及的事情。首先可以从自我服务开始，如学会自己吃饭、喝水、穿脱衣、洗手、洗脸等，然后可做些诸如收拾玩具、抹桌子、拔草、浇花等简单的劳动。父母要努力通过这些活动，培养孩子的劳动兴趣，使孩子逐渐养成爱劳动、爱整洁、讲卫生的好习惯。通过这些活动，孩子的动手能力和解决问题的能力得到提高，而且孩子的自尊心和吃苦耐劳精神也得到发展。

当然，这个年龄的孩子，在劳动活动中，会边干边玩，半途而废，还会"帮倒忙"、"捣乱"。因为他们在初学劳动时常常与游戏混淆，所以会边做事边玩，难以坚持把事做完，或者心血来潮时干得很高兴，不爱干时就半途而废。由于他们能力有限，劳动活动中存在盲目性，所以有时会损坏东西，打乱次序，等等。面对这些家长要针对具体情况给予孩子正确的指导，使孩子明确劳动目的，培养做事有始有终的习惯，使孩子懂得该做什么、不该做什么。

孩子自己动手制作小玩具，虽然粗糙，但远比得来现成的精美玩具快乐。

三 日常护理

◎ 选择餐具

在给宝宝选择餐具的时候最容易选中铅含量过高的餐具，而铅对宝宝的伤害又往往是潜在的。在产生中枢神经系统损害之前，铅的危害往往缺乏明显和典型的表现，因此极易被忽略，更为可怕的是，铅对中枢神经系统的毒性作用是不可逆的，当儿童血铅水平超过1毫克／升时，就会对智能发育产生不可逆转的损害。

因此，对于宝宝的餐具，除了应注意清洁卫生消毒外，还要避免使用过于艳丽的彩釉陶瓷和水晶制品，尤其是不能用来长期储存果汁或酸性饮料。此外，如果宝宝现在还喝奶的话，他的奶瓶、水杯等也不宜用水晶制品以及表面过于艳丽的陶瓷器。在宝宝的饮食中，可多吃一些大蒜、鸡蛋、牛奶、水果和绿豆汤、萝卜汁等，对减除铅的毒害有一定的作用。

到正规商店购买，选择上色均匀，无变形，表面光滑，贴花图案清晰、不起皱，来回擦拭不退色的产品。

正规仿瓷餐具底部有企业详细信息及生产许可证QS标志和编号。

◎ 睡午觉

午睡是保证小儿神经发育和身体健康的一项重要的卫生制度。这个年龄的孩子生长发育非常迅速，足够的睡眠是保证孩子健康成长的先决条件之一，在睡眠过程中氧和能量的消耗最少，生长激素的分泌旺盛，促进孩子的生长发育。如果睡眠不足，就会影响生长发育。

为保证孩子的充足睡眠，除了夜间睡眠外，午睡也是很重要的一个方面。午睡可以消除上午的疲劳，养精蓄锐，为下午的活动唤起活力。

为了培养孩子的午睡习惯，家长要合理安排好孩子的一天生活，使孩子生活有规律，每日定时起床，定时吃饭，午饭后不让孩子做剧烈运动，以免孩子太兴奋，不易入睡。午睡时间的长短因人而异，这个年龄的孩子一般午睡2～3小时。但注意，如果孩子午睡时间过长影响夜间的睡眠，可适当调整午睡的时间长度。

◎ 定期口腔检查

由于乳牙容易发生龋坏，而且发生龋坏的进展又比较快，所以家长应每隔半年带孩子到口腔医院作定期检查，以便及早发现问题，及时治疗或者采取防龋措施。对于父母本身牙齿不好，孩子已有多个牙齿发生龋坏的，最好每3个月就带孩子进行一次口腔检查。

对于口腔疾病治疗已经结束的孩子，也要定期检查，检查的内容大致如下：

❶ 口腔卫生习惯如何。

❷ 牙病预防措施是否到位。

❸ 有无新产生的龋齿和已补好牙齿的充填物边缘是否又发生龋坏。

❹ 口腔内充填修复物有无断裂、脱落。

❺ 根据龋蚀活动性的高低预测牙齿的排列和咬合上的变化。

❻ 口腔矫正装置有无破损、变形、移位、不适应。

❼ 乳恒牙交替后的健康管理等。

家长工作再忙，也别忽略带孩子去进行口腔定期检查。

◎ 牙刷牙膏的选择

1.牙刷的选择

孩子开始刷牙时，父母首先会面临如何选择牙刷的问题，市场上现在有各种类型的牙刷，应根据孩子的年龄、用途及口腔的具体情况进行选择，该年龄组的孩子选择日常使用牙刷的要求是：牙刷的全长以12~13厘米为宜，牙刷头长度约为1.6~1.8厘米，宽度不超过0.8厘米，高度不超过0.9厘米，牙刷柄要直、粗细适中，便于孩子满把握持，牙刷头和柄之间称为颈部，应稍细略带弹性，牙刷毛要硬软适中，毛面平齐，富有韧性。毛太软，不能起到清洁作用，太硬容易伤及牙龈及牙齿。

现在还有一种电动牙刷，常用于生活不

>>育儿须知：牙刷也会致病

牙刷使用时间长了，会出现两个问题，一是牙刷毛出现不同程度的弯曲和分叉，二是刷毛内会出现大量繁殖的细菌。所以，变形、不洁的牙刷，不仅会刺伤牙龈和口腔黏膜，还是多种疾病的传染源，一旦通过舌咽或破溃处黏膜侵入人体，就会引起疾病。

牙刷要注意保护和清洁，这样不仅可以使牙刷经久耐用，而且也符合口腔卫生要求。不要用热水烫或者挤压牙刷，以防止刷毛起球、倾倒弯曲。刷完牙后应清洗掉牙刷上残留的牙膏及异物，甩掉刷毛上的水分，并放到通风干燥处，毛束向上。分开使用各自的牙刷，以防止疾病的传染。通常每季度应更换一把牙刷，如果刷毛变形则应及时更换。

能自理的弱智儿童或手功能障碍需别人帮助刷牙者。建议家长让健康正常的孩子使用普通牙刷,通过刷牙,不仅保持口腔卫生、促进牙周组织健康,同时又锻炼了孩子小手的灵活性。

2.牙膏的选择

在选择牙膏前,先了解一下牙膏的组成,它包括:摩擦剂、洁净剂、润湿剂、胶粘剂、防腐剂、芳香剂和水。牙膏是刷牙的辅助卫生用品,在某些广告中过分强调了牙膏的作用,与牙刷对口腔的清洁作用相比,似乎有那么点喧宾夺主的味道。

牙膏不是清洁口腔的决定因素,为何还要使用呢?不外乎它能增强机械性去除菌斑(粘附于牙齿表面无色、柔软的物质)的能力,抛光牙面,洁白并美观牙齿,爽口除口臭。但由于幼儿具有自身的特殊性,应提醒家长注意的是:

❶ 尚未能掌握漱口动作时,暂不要使用牙膏。

❷ 选择产生泡沫不太多的牙膏。

❸ 选择孩子喜爱的芳香型、刺激性小的牙膏。

❹ 合理使用含氟和药物牙膏。

❺ 选择含粗细适中摩擦剂的牙膏。

❻ 不长期固定使用一种牙膏。

❼ 不使用过期、失效的牙膏。

◎ 培养自理能力

这时的孩子可以学习简单的生活自理能力。让孩子学会自理可以从以下几方面入手:

1.不要凡事都包办

此期的孩子都有自己动手的愿望,如果爸爸妈妈对孩子过分娇惯,衣来伸手饭来张口,就会养成孩子处处依赖大人的习惯。而且,爸爸妈妈总是包办的话,也会打击孩子自己动手的积极性,久而久之,就什么也不愿意做了。所以,尽管孩子做事还显得笨手笨脚,甚至给爸爸妈妈带来麻烦,但是大人一定要有耐心反复示范,让孩子慢慢学会。

2.适当协助

这一阶段的孩子虽然已经能够做很多事了,但能力毕竟是有限的,所以在孩子无论

简单、凝练的童话,往往蕴涵着丰富的知识和深刻的道理。

如何也做不好时，或者有可能会伤到自己时，大人一定要出手相助。另外，如果孩子总是做不好，就不会有成就感，甚至会产生挫败感而对这些事情失去兴趣。因此，培养孩子独立性时，适当的帮助还是必要的。

3.多加鼓励

幼儿做事最需要大人的鼓励，所以要及时指出幼儿的进步。比如，当他把被子叠上时(不要求很好)，爸爸妈妈可以点头微笑、拍手表示赞赏，或者夸上几句。爸爸妈妈的一个小举动都可以让宝宝得到莫大的鼓励，从而更愿意做事。

4.培养兴趣

对于孩子喜欢的事情，要尽可能满足他。比如，孩子对洗手绢时的肥皂泡感兴趣，那就让他去洗，虽然孩子通常是带着"玩"的感觉来做事，但时间久了，就会形成习惯。

5.善始善终

由于这个时候，孩子的注意力很容易分散，因此，做事情常常会半途而废，这时家长要要求孩子坚持做完，不迁就，要培养孩子"善始善终"的良好习惯。

6.激发孩子的潜能

"帮他不如教他"给孩子学习的机会与时间，教孩子学习自己穿脱衣物、刷牙、洗手、上厕所以及收拾玩具等，只要不苛求，不仅能让孩子养成自动自发、负责任的习惯，还会帮自己省下许多力气。

>>育儿须知："三三三"刷牙法

"三三三"刷牙法就是"饭后3分钟、每次刷3分钟、每天刷3次"的刷牙方法。

为什么要采取这种方法呢？因为口腔内的细菌分解食物残渣中糖而产酸来腐蚀牙齿的整个过程是在饭后3分钟开始的；而要刷清每个牙的每个牙面，大致需要3分钟的时间；仅早晨刷一次牙是不够的，晚上刷牙尤其重要并被更多的人所接受，有条件的最好每次餐后都刷牙。

刷牙的重点部位是牙的邻面、龈沟和牙冠的颈三分之一处。刷牙要采用竖刷法，千万不要采用拉锯式的横刷法，以免损伤牙齿、牙龈，而且刷牙的效果也不佳。长期下去会造成牙齿近龈部位的楔形缺损，并对冷热酸甜刺激过敏。

四　宝宝喂养

◎ 培养良好进餐习惯

1岁多的孩子学用勺子吃饭时，主要是训练用匙，培养独立进餐的能力，吃饭的状态、饭桌上的规矩一概不必讲究。但快3岁的孩子已经能够独自吃好饭了，良好的进餐习惯、饭桌上的规矩也就要讲究了。这不仅能保证孩子能够好好进食，而且也是在培养孩子文明礼貌、道德规范。

吃饭前要洗手。让孩子逐步形成良好的饮食卫生习惯，在脑子里形成吃东西前要先洗手的概念。吃饭时要坐姿规矩。一般主张孩子和大人一起进餐，大人要给孩子安排一个合适的位置，想办法把椅子垫高以保证孩子能坐稳坐好。饭菜不要剩下。孩子的饭菜要少盛，吃多少给多少，一是避免剩饭造成浪费，二是物以稀为贵，孩子看到自己碗中的饭菜不多，就会珍惜争着吃，这样就能调起孩子的胃口。切忌孩子还没开始吃，饭菜已经堆成小山似的，只会让孩子发愁，孩子进餐就会从主动变成被动。不能"独食"、排食。父母要让孩子从小懂得关心他人、尊重老人，进餐时就要注意不能给孩子"独食"，不能让孩子任意在盘中挑来挑去，好菜大家一起吃，不能尽孩子一个人吃。吃完饭后，应马上漱口，养成良好的口腔卫生习惯。这样即卫生，又保护了牙齿。

总之，整个进餐过程都要讲究文明礼貌，不能挑肥捡瘦，不能对着餐桌咳嗽、打喷嚏，不能狼吞虎咽，不能说笑、玩闹，等等。讲究吃饭的规矩、具有良好的进餐习惯是对这一阶段孩子应该提出的要求。

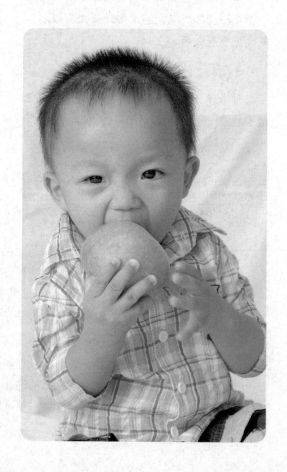

◎ 适量摄取蛋白质

能提供人体蛋白质的食物有两类：由动物性食物提供的动物性蛋白；由植物性食物提供的植物性蛋白。

1.动物性蛋白的生理特点

动物性蛋白质生理价值较高。例如，母乳中的蛋白质最适合人体的需要，是婴儿最好的食品，肉类蛋白质中所含的氨基酸组成接近人体蛋白质，用这种动物性蛋白质可以补充各类蛋白质的缺乏，适当地吃些肉类，对人体是有益的；鱼类含有蛋白质的数量在15%～20%之间，含量不在畜肉之下，它的必需氨基酸的含量以及相互之间的比值都和人体很相似，所以认为鱼肉的蛋白质的质量比其他肉类要好一些；鸡蛋最突出的特点是它具有优良的蛋白质，鸡蛋的蛋白质是动物蛋白质中质量最好的，它利于消化，吸收利用率达95%以上。

2.植物性蛋白的生理特点

谷类在供给植物性蛋白方面有重要的意义。虽然它含的蛋白质不多，每100克含蛋白质7～10克，但由于我国的膳食结构以谷类为主，我们每天吃的谷类食物较多，故可得到25～40克蛋白质，但谷类蛋白质的生理价值并不高；植物性蛋白中的黄豆类含蛋白质较高(高达36.3%)，而且质量好。黄豆含有的必需氨基酸比较丰富，其中赖氨酸较多，可以用来补充谷类蛋白质所缺乏的必需氨基酸。这样，利用蛋白质的互补作用，可以大大提高谷类蛋白质的生理价值。因此，膳食中添加豆制品是必要的。

3.动植物性蛋白要适量摄取

食物中蛋白质摄取不足，宝宝不能正常生长，将会使人体丧失正常的生理功能；但若是摄取过量，对人体健康也不利。多余的蛋白质只能作为热量消耗掉，产生过多的含氨废料如尿素和尿酸，会增加肾脏的负担。过多的蛋白质会使大肠里的细菌腐败作用加强，产生的有毒物质，如胺积于大肠内，会对身体有害。

父母应按照幼儿的咀嚼能力和消化能力的具体情况，在选择供给幼儿蛋白质的食物时，要做到动植物性蛋白质混合摄入。

丰富的想象力比书本知识更重要。

◎ 让宝宝爱上谷类

在宝宝每天的饮食中，谷类食物一直都是不可忽视的一大种类，它对宝宝的身体健康和茁壮成长十分有利。但是宝宝未必习惯谷类食物，为此，家长可以参考以下建议：

❶ 要保证谷类食物与牛奶一起被宝宝摄取。

❷ 可以在谷类食物中增加新鲜的水果，如将草莓和酸奶混合起来放在谷类食物的上面，增加其口味。

❸ 购买的谷类食物应是无糖的，必要时可以自己加糖，但加入的糖量不能高于加糖谷类食物中的糖薰。

❹ 为宝宝烹调谷类食物时要看一下标签，确定食物中是否已经加了盐，如果需要另外加盐，不宜在谷类食品加热后再加盐。

❺ 可以在烹调谷类食物时加入适量的奶粉，以增加宝宝的兴趣。

❻ 不要选用含有有害糖分的谷类食物。

◎ 应对挑食宝宝

很多宝宝都爱挑食，挑食问题出在孩子身上，但是错却多在大人身上。那么如何防止宝宝挑食呢，来看看下面的应对措施：

❶ 宝宝饮食量常常时多时少，爸爸妈妈不能将他吃得多的那次作为衡量宝宝食欲好坏的标准。而是要用几天的时间，仔细观察宝宝的日均进食量，只要孩子的饮食在平

均值附近，体重增加正常，就说明宝宝的生长发育没有问题，他的平日里大多数的饮食量也是正常的，而不是因为"挑食"而吃不多，这个问题，应该弄明白。

❷ 零食是造成宝宝食欲不佳的一大原因，所以两餐之间不要给孩子零食，让他保持饥饿感，才会好好吃饭，更不会出现挑食的情况。但如果孩子不吃饭的原因是感觉饭菜不对胃口，爸爸妈妈可以把饭菜拿走，等饿到下一顿，他就会"饥不择食"了。另外，在孩子好好吃饭的时候，应多多鼓励他。

❸ 全家一起吃饭的气氛是很有感染力的。当宝宝发现家人吃得有滋有味时，也会嘴馋。开始时餐桌上要有一两样他爱吃的菜，然后逐渐增加食物种类，孩子会慢慢接受其他食物而不挑食了。

❹ 再好的东西也会吃腻，孩子更是这样。因此不要发现孩子喜欢吃哪道菜，哪道菜就成了餐桌上的常客。可以在三餐中选一餐做他最喜欢的食物，而另外两餐则选其他食物。这样可以让孩子有新的尝试。

❺ 竞争的力量不可小看，尽管这些招数有些老套，但用它对付三岁以下的宝宝确实是管用的，一句"看谁吃得快"常常可以让宝宝大口吃下他平时不喜欢的食物。

❻ 食物混搭也有效果，爸爸妈妈可以将宝宝喜欢和不喜欢的食物混在一起，如宝宝不爱吃菜，但爱吃饺子，那就做盘蔬菜猪肉的饺子；不爱吃水果，但爱喝酸奶，

那就把水果拌到酸奶里。开始时，孩子不爱吃的食物所占比例应少些，以后慢慢增加就可以。

❼ 满满一盘子食物，在孩子眼里犹如庞然大物，看着就饱了。所以给孩子的食物应换成"儿童装"。

❽ 厨房对孩子具有巨大的吸引力，各种颜色和形状的食物，都能让他感觉新奇。让他帮爸爸妈妈侍弄他不喜欢的食物，吃的时候他也会格外卖力。

❾ 孩子天生就喜欢吃甜的食物，但甜食吃得多常导致孩子肥胖、影响食欲、损害孩子牙齿健康等。所以爸爸妈妈应做到：减少购买甜食；尽量购买高营养的甜食；规定孩子吃甜食的量，但让他们自己选择在什么时间吃。

❿ 吃饭的时候，还可以给他一把小勺，让他自己动手吃，这也是让孩子爱上吃饭，不挑食的高招。

另外，即便到了3岁，他吃饭的各种能力，如咀嚼能力、吞咽能力、拿筷子或勺子的能力等也不及大人，因此，不要催促孩子，而且吃得太快也不利于孩子消化。

◎ 冷饮无益健康

冷饮，是孩子们喜爱的食品，特别是在夏天。3岁左右的宝宝，即使家长不让宝宝看见，他自己也知道和家长要着吃。但是冷饮绝对不是健康的食物之选。

1.冷饮并不解渴

当人体的血浆渗透压提高时，人就会感到口渴。而孩子喜欢的冷饮中含有较多糖分，同时还含有脂肪等物质，其渗透压要远远高于人体，因此，食用冷饮当时虽觉凉爽，但几分钟过后，便会感到口渴，而且会越吃越渴。

2.胃肠不适

孩子食用冷饮后，胃肠道局部温度骤降，胃肠道黏膜小血管收缩，局部血流减少。久而久之，消化液的分泌就会减弱，影响胃肠道的消化吸收功能。不明原因的经常腹痛、腹泻是许多孩子夏天易得的病，这大多与过量食用冷饮有关。另外，冷饮市场的卫生状况并不尽如人意，孩子贪食冷饮明显增加了消化道感染的机会。

行动对生命是很重要的，教育不能策划出让生命缓和下来或压抑它的方法。

3. 营养不良

冷饮中的营养物质常以糖类(碳水化合物)为主,而人体所需要的蛋白质、矿物质、微量元素和各种维生素含量都极少,使得其中营养素严重失衡,长期嗜食冷饮,影响正餐,势必会导致营养不良。

4. 肥胖

对食欲旺盛的孩子,冷饮并不会影响他们的食量,又增加了许多糖、脂肪和能量的摄入,从而导致肥胖。

总之,多食冷饮对孩子的健康无利但是小宝宝爱吃冷饮,也无法做到一点都不给,所以爸爸妈妈要学会让孩子科学食用冷饮:

❶ 不应大量食用冷饮,即一天不能食用太多,一次不能食用太多;

❷ 饭前不宜大量食用冷饮;

❸ 选择质量可靠的产品,不食用街头卫生无保证的冷饮食品;

❹ 家中冰柜中保存的冰棍或冰淇淋,最好不超过3天,饮料也应注意食用期。

◎ 睡前不要吃过量

上班族的爸爸妈妈只有晚上的时间最充裕,因此,常常是在晚上做一桌子美食,而宝宝也自然跟着沾光。由于大多都是爱吃的,所以不免晚餐就吃多了。其实,这对宝宝的健康很不利。宝宝睡前吃进去的东西,还来不及消化就睡觉了,食物储存在胃里,使胃液增多,消化器官在夜间本来应该休息,结果却被迫继续工作。这样一来不仅影响睡眠质量,而且摄入过多的食物不能消耗吸收,时间一长就变成"小胖墩儿"了。除了晚餐要适量外,睡前1小时也不要再给宝宝吃东西了。

五 异常与疾病

◎ 口吃

口吃俗称"结巴"，其特征是孩子说起话来一顿一顿的，明显不流畅，发音经常重复，结结巴巴不能完整地表达自己的意思。

在儿童中，口吃的发生率大约为1%，大多数发生在2~4岁之间，男孩比女孩多见。

口吃现象的出现，与遗传因素、大脑皮层及发音器官的发育和所受精神压力有关，另外，孩子与口吃者接触，经常模仿也容易形成口吃。

孩子有口吃现象要及早纠正。首先，要创造一个轻松愉快的环境，周围的人都以正确的态度对待口吃的孩子，关心他、帮助他，而不要批评指责孩子，更不可讥笑和模仿，否则，将会使口吃儿童增加精神负担和产生自卑心理，使孩子羞于说话或者说话时紧张，这样口吃就难以纠正，甚至会越来越重。其次，多给孩子说话的机会，说话速度要慢些，慢慢引导孩子正确发音，一字一字说清楚，一句一句把话说完。平时可以多练习数数、唱歌、背儿歌、讲故事等，这对纠正口吃很有帮助。另外，要尽量避免接触有口吃的大人或孩子，以免相互影响而加重口吃，如发现孩子以学人家口吃而取乐则一定要严肃制止。通过及时纠正，随着儿童语言表达能力的提高，口吃孩子大多都可以恢复正常。

◎ 小儿肥胖症

肥胖症是指皮下脂肪积聚过多，通常以超过同龄等高的正常小儿体重20%为标准。我们以前认为孩子越胖越好，近来研究发现，小儿肥胖可发展为成人肥胖症、高血压病以及糖尿病，应及早预防。作为父母

让孩子自幼养成好的生活习惯，避免营养过度及甜食习惯。多吃蔬菜，不要过食。平时多锻炼身体，多活动，不要养成睡懒觉的习惯。父母本身肥胖者更要引起重视，从小警惕体重超重。

对已有肥胖症的治疗如下：单纯性肥胖症最主要的是加强饮食的管理，再适当增加体力活动，可使体重逐渐减轻。有关饮食问题要采取逐步减少食量的办法，而不要限制过严，因小孩处于生长发育阶段。饮食应减少脂肪类食物，以米饭、面食为主，辅食可多吃蛋类、鱼类、瘦肉以及蔬菜和瓜果等，少吃零食；蛋白质必须供应充足，维生素供应不应缺乏。但应避免油脂、白糖及食盐较多的膳食。饮食管理应全家合作和坚持。不让小儿从其他途径获得食物，才能获得满意效果。还要解除小孩思想顾虑，鼓励多参加适应的体力活动，持之以恒。对于减肥药物疗法小儿不可取。有些肥胖是因疾病引起的称病理性肥胖病。病因复杂，必须去医院接受诊断和治疗。

◎ 肚子痛

肚子痛在小儿期是一种较常见的症状，原因较多，大体可分功能性和器质性两大类。功能性腹痛多是由各种原因导致的肠痉挛所致，如腹部受凉，进冷食或饮食不当引起肠蠕动增强或肠痉挛。此种腹痛多不剧烈，不伴发热，多位于脐周部，喜按。用手轻轻揉一揉或用暖水袋热敷一下多能使疼痛缓解。虽经常发生，但多不需要特殊治疗，只需注意一下饮食，随着年龄的增长，症状会逐渐消失。器质性腹痛在小儿亦不少见，急性腹痛伴有发热、呕吐、腹痛剧烈、腹部不让按压、按压时腹痛加重，上述症状多见于急性阑尾炎、腹膜炎、胰腺炎、肠梗阻等。慢性腹痛最常见的原因是胃炎。有人统计1000例腹痛的病儿，有721例是由慢性胃炎所致。其次见于十二指肠溃疡：肠憩室、肠重复畸形等。此外，腹型癫痫、慢性铅中毒、过敏性疾病等亦可出现腹痛。可见，腹痛的病因较为复杂。孩子如偶尔出现一次腹痛，不剧烈，持续数分钟自行缓解，缓解后无其它不适，此种情况多系肠痉挛所致的功能性腹痛。如腹痛较剧烈，持续时间较长，伴有发热、呕吐、腹泻或无大便，且腹部不让按摸，此种情况多见于病理性，应去医院查明原因，以免耽误治疗。对长期腹痛或伴有食欲下降者，亦应让医生查明原因，以便进行治疗。

◎ 小儿哮喘

支气管哮喘属于反复性发作的呼吸道变态反应性疾病，是幼儿时期的一种常见病，多发于冬春季节，气候变化或精神激动常能诱发此病。一般支气管哮喘常有家族史或个人过敏史，婴幼儿湿疹，变态反应性鼻炎、病毒、细菌或支原体感染，吸入粉尘、皮屑以及进食鱼虾等物诱发毛细支气管痉挛，黏膜水肿、粘液分泌物增多，致使小支气管及毛细支气管腔狭窄，造成呼吸困难。哮喘可反复发作，夜间较重，发作时，患儿呼吸困难，以呼气时为甚，并伴有哮鸣音、表情痛苦、不能平卧、面色苍白、口唇紫绀、出冷汗。若哮喘持续较久，可并发急性心力衰竭，小儿哮喘一般预后较好，大多数患儿在青春期前后可自然痊愈。

哮喘急性发作期，由于支气管平滑肌痉挛弓起支气管腔狭窄。治疗主要以支气管扩张剂为主，如肾上腺素类、茶碱类以及肾上腺皮质激素等。发作时若有感染，应及时控制，尽量避免和减少诱发因素。哮喘发作多在傍晚或夜间，亦可能为季节性，一般口服或吸入支气管扩张剂即可。哮喘持续状态为小儿一种常见的急症，有时可危及生命，需要特别注意，一旦患病应迅速到医院积极治疗，切勿耽搁。

◎ 小儿包茎

所谓包茎是因包皮和阴茎头发生粘连，使包皮不能向上翻，露不出尿道口和阴茎头，或包皮口过紧狭小。两岁以内的婴幼儿如有这种现象不算病，有的小儿虽然包皮覆盖着阴茎头，但轻轻上翻可以露出尿道口及龟头。此种情况叫包皮过长。有包茎的小儿尿不易排净，大量尿垢堆积在包皮内，刺激包皮发炎，产生粘连，就更加重尿道口狭窄，小便时龟头前鼓起一水泡，尿不成线，只能滴尿。因此，病儿经常憋的哭闹不止，非常痛苦。长期排尿困难还可造成肾脏和膀胱的逆行感染，包皮尿垢刺激常有尿道口发炎，长期刺激还可导致阴茎癌，所以发现孩子有包茎时要及时到医院诊治。对包皮过长的孩子，应经常翻开包皮洗冲，包皮内要保持清洁卫生，这样可以减少和避免包茎的发炎。

◎ 小儿溺水的紧急处理

多数人浸没在水中4～5分钟都会死亡。一般第3分钟时呼吸停止，第4分钟心跳停止，而3分钟以前获救常可自动复苏，因此小儿溺水后应紧急抢救。措施如下：

❶ 迅速脱离水源，清除呼吸道积水。发现小儿溺水应迅速使其脱离水源，在上岸过

孩子在幼儿期间，蕴藏着无限的可能性，需要父母加以挖掘和引导。

程中或上岸后(如仍有心跳)可双手举在小儿腹部或用肩扛在小儿腹部,使头脚下垂,不断跑动,使呼吸道积水倾出并辅助呼吸。

❷ 保持呼吸道通畅,促进呼吸,溺水过程中常有泥沙、水中杂质、呕吐物吸入气管和肺中。因此患儿出水后如尚有呼吸心跳应立即撬开口腔清除异物,并将舌头拉出,保持呼吸道通畅。如有条件可用面罩吸氧,肌注可拉明、苯甲酸咖啡因、洛贝林等药物兴奋呼吸,也可针刺人中、合谷、内关、会阴等穴位刺激呼吸。

❸ 恢复呼吸、心跳,如患儿呼吸心跳停止,应立即进行口对口人工呼吸及胸外心脏按压。人工呼吸时将患儿头后仰,抢救者右手托病儿下颌,左手捏住鼻孔口对口吹气,吹气以病儿胸部轻度隆起为宜,停止吹气,放开鼻孔,使肺内气体靠胸廓的自动下陷排出,吹气与排气时间比为1:2。年长儿每分钟20次,婴儿每分钟30次左右。胸外心脏按压时以手掌根部置于患儿胸骨下端,向脊柱方向有节奏地按压使胸骨下陷1~2厘米为宜,按压应有一定冲击力,以能触到颈动脉搏动为有效,但也不可用力过猛,以免发生胸骨骨折。一般每分钟按压80~100次,如现场只有一人,可先作2次口对口人工呼吸,再作15次心脏按压,反复交替进行直至呼吸、心跳恢复。

❹ 病情危重者应边抢救边争取到附近医院治疗。

◎ 小儿误服药物

发现小儿误服药后,应从速送医院抢救。如情况紧急,去院前可先采用催吐,洗胃,导泻和利尿法清除毒物。

催吐

服药6~8小时内均可采用,越早越好。常用的方法是用病儿或抢救者手指、压舌板、筷子等压迫舌根,刺激咽后壁,引起呕吐。如为固体药物不易吐出,可让病儿服清水或盐水后再催吐。也可用1:2000高锰酸钾300~500毫升,服后刺激咽后壁催吐,或0.2%~0.5%硫酸酮10~50毫升,10~15分钟1次,直至呕吐,催吐应尽早进行,力争在药物未进入肠道前能够清除。

洗胃

有条件者在催吐后应插管洗胃,经鼻或口插入,以清水、盐水、1:2000高锰酸钾等。一次注入量应根据年龄阶段进行:婴儿50~1500毫升,年长儿200~400毫升,注入后松开胃管抽吸或让其胃内液体自动流出,然后再注入,反复清洗,直至水清无味为止。但对强酸强碱误服者禁忌洗胃,强酸可服镁乳,淡肥皂水,强碱中毒可服淡醋,果汁。

导泻

为加速尽快排出,可在催吐,洗胃后应用25%~30%硫酸镁每公斤体重0.2~0.25克导泻。上述处理后,仍应去医院进一步检查,给予针对毒物的特殊处理。

六 智能开发

◎ 大动作能力训练

1. 让幼儿自如的走、跑、跳

让幼儿与小伙伴玩"你来追我"游戏。练习跑跑停停。让幼儿练习长距离走路。

2. 训练上攀登架

锻炼幼儿勇敢的性格，学习四肢协调，身体平衡。学习爬上三层攀登架。

方法：将三层攀登架固定好，每层之间距离为12厘米（不超过15厘米），家庭中可以利用废板材或三个高度相差10~12厘米的大纸箱两面靠墙让宝宝学习攀登。攀登时手足要同时用力支持体重，利用上肢的机会较多，可以锻炼双臂的肌肉支撑自己的体重。同时锻炼脚蹬住一个较细小的面也要支撑全身的平衡。

攀登要有足够的勇气和不怕摔下去的危险。因此要检查攀登架是否结实可靠，支撑点是否打滑等安全因素。家长要在旁监护，鼓励孩子勇敢攀登。

3. 钻洞训练

使宝宝能钻过比身高矮一半的洞，培养克服困难的勇气。

方法：在家庭内利用写字台的空隙或将床铺下面打扫干净让宝宝练习钻进去。或利用大的管道或天然洞穴。钻洞时必须四肢爬行，低头或侧身才能从洞中钻过。孩子都喜欢钻洞。孩子有时还将一些玩具带到床铺下面钻进去玩。宝宝也喜欢一个属于自己的小空间。因此可用一只大纸箱如冰箱、洗衣机的大包装箱，在箱的一侧开"门"，一侧开小窗户透入光线，以满足孩子的需要。宝宝可以钻进这个小门作为自己的家，将一些小东西带进去玩，也可带小伙伴进去玩。孩子在钻进钻出的同时，锻炼了四肢的爬行和将身子和头部屈曲的本领。四肢轮替是小脑和大脑同时活动的练习。

4.骑足踏三轮车

练习驾驭平衡和四肢协调。32个月的孩子由于平衡的协调能力差，骑老式三轮车更为安全。孩子先学习向前蹬车，家长在旁监护，尽量少扶持，熟练之后，自己会试着左右转动和后退。双足同时踏，配合双手调节方向，身体依照平衡需要而左右倾斜。这些都是很重要的协调练习。

5.玩球

36个月的宝宝学会接滚过来的球。后又学会远方扔过来先落地后反跳过来的球。由于球先落地，已经得到缓冲，再接球时已作好准备，所以较容易。学习接直接抛球。大人站在小孩对面，将球抛到小孩预备好的双手当中，球的落点最好在小孩肩和膝之内，使孩子接球时可将双手抬高，或有时略为弯腰。开始练习，距离越近越容易接球，反复练习。以后逐渐增加抛球距离，可渐增至1米远。

6.跳高

练习跳跃动作，将10厘米高的小纸盒放在地上，让孩子跑到近前双足跳过去，反复练习。要注意保护孩子。

7.学跳格子

在单足站稳的基础上，练习单足跳，也可教小孩从一个地板块跳到相邻的地板块。或在地上画出田字形格子，让孩子玩跳格子游戏。

8.荡秋千

带小孩到儿童游乐园荡秋千，跳蹦蹦床、扶宝宝从跷跷板的这一边走到那一边，或坐在跷板的一头，大人压另一头，训练平衡能力及控制能力。

◎ 语言能力训练

1.训练说物品的用途

选孩子日常熟悉的物品如杯子、牙刷、毛巾、肥皂、衣服、鞋等，说出名称和用途。

2.训练说词模仿动作

训练幼儿在不断说出各种能表现动作和表情的词，让孩子模仿，如说："哭"，就做哭状，说"笑"，就做笑状，说"开汽车"，就模仿开汽车等，也可大人做各种动作，让孩子说出词。

3.反义词配对训练

锻炼思维、记忆能力，发展言语。

方法：在宝宝认识若干数字的基础上选出10对字卡做反义词配对。如出上时应配下，出长时应配短，出大时应配小等。在平时学汉字时要有意地成对学习，可便于孩子理解，又可做配对训练，可重复加深记忆。

4.学习复述故事

教孩子看图说话。开始最好由妈妈讲图片给他听，让他听并模仿妈妈讲的话，逐步过渡到提问题让他回答，再让孩子按照问题的顺序练习讲述。

5.猜谜和编谜的训练

促进幼儿语言和认知。家长先编谜语让孩子猜，如"圆的，吃饭用的"，"打开像朵花，关闭像根棍，下雨用的"，孩子会高兴地猜出是什么。启发孩子自己编，让家长猜。如果编得不对，家长可帮助更正。轮流猜谜和编谜。可促进孩子的语言和认知能力。

6.训练初步推理

与小孩面对面坐下讲故事或讲动物画片时，不断提问，引导孩子回答"如果"后面的话，如龟兔赛跑时，小白兔不睡觉会怎样？小兔乖乖如果以为是妈妈回来了，把门打开后又是怎样？通过训练，学会初步推理。

7.学说英语

当宝宝能够自如的用母语与人对话、背诵诗歌时，就可以开始学外语了。双语学习可以开发儿童的潜能，促进大脑半球语言中枢的发育。言语中枢位于大脑左半球。从小掌握双语的儿童，大脑的两个半球对言语刺激都能产生电位反应，能够用双语进行"思维"。5岁前，孩子存在着发展语言能力的生理优势和心理潜能。幼儿学外语，以听说为主，不要求学字母，也不学拼写，只要求能听懂，能说简单的句子、会唱儿歌即可。教唱英语歌是幼儿学英语的好方法。

◎ 认知能力训练

1.学习认识人的不同职业

家长要随时给孩子介绍不同职业的人，所做的工作和作用。如乘公共汽车时，认识司机是开汽车，售票员是给乘客卖车票。种地的是农民。修路的是筑路工人等。使宝宝学会尊重做不同工作的人，和各种不同的人配合，如早晨看到清扫马路的阿姨，

告诉他不要随便扔物品在地上，要扔到垃圾箱等。

2.学习点数

继续结合实物练习点数，让孩子能手口一致地点数1~3，训练按数拿取实物，如"给我一个苹果"，"给我二块糖，""给我三块饼干"，反复练习、待准确无误后，再练习4~5点数等。

3.学玩包、剪、锤游戏

这是古今中外儿童都喜欢玩的游戏。先让孩子理解布包锤、锤砸剪、剪破布这种循环制胜的道理。边玩边讨论谁输谁赢。让孩子学会判断输赢。当两个孩子都想玩一种玩具时，就可用包、剪、锤游戏来自己解决问题。

4.学找地图

找到自己居住的城市和街道。

方法：先让孩子在地球仪或中国地图、本市地图中找到经常在天气预报时听到的地名。重点是多次在不同的地图和地球仪上找到自己住的地方。要学认本市地图找出自己居住的街道。3岁孩子受过这种教育是可以记住的，也让孩子记住家中电话号码。

◎ 精细动作训练

1.学画人

宝宝学会画圆圈后，已画过许多圆形物品。有些孩子会画上下两个圆表示不倒翁。这就是画人的开始。让宝宝仔细看妈妈的脸，然后在圆圈内添上各个部位。多数孩子先添眼睛，画两个圆圈表示，再在圆顶上添几笔、表示头发。这时家长再帮助他添上鼻子和嘴，再让宝宝添耳朵。家长可示范画一条线代表胳臂，叫宝宝添另一个胳臂。又示范画一条腿，让宝宝画另一条腿。这种互相添加的方法可逐渐完善，使宝宝对人身体各个部位会进一步认识。

2.学用剪刀

学会用工具、锻炼手的能力。

方法：选用钝头剪刀，让孩子用姆指插入一侧手柄，食指、中指及无名指插入对侧手柄。小指在外帮助维持剪刀的位置。3个月的孩子只要求会拿剪刀，能将纸剪开，或将纸剪成条就不错了，在用剪刀过程中要有大人在旁监护，防止孩子伤及自己或及别人。

尊重孩子的发展自由，包括帮助孩子培养发展的能力。

3.练习捡豆粒

将花生仁、黄豆、大白芸豆混装在一个盘里，让孩子分类别捡出。开始训练时可用手帮助他捡黄豆，随着熟练，就让他独立挑选。

◎ 情绪和社交训练

1.购物助手训练

让宝宝认识各种商品和购物的程序。

方法：带宝宝去超级市场，让他当助手，取商品时，可让他取，当他对买到的东西感兴趣时，可一一介绍，使他认识许多物品。出门时，让他看计算器如何显示，若会认数字，让他念出来，促进他认数字的兴趣。让他看看付钱和找钱。在自由市场购物时，介绍一二种他不认识的蔬菜，购买一些回家尝。让他听卖菜人介绍，怎样讨价还价，怎样用秤来称菜，这些宝宝都感兴趣，回家后会将所见所闻在游戏中重演。

2.学习礼貌作客

到了周末，全家准备到奶奶家做客，应事先做一些指导，使宝宝表现有礼貌。进家门口，先问爷爷奶奶好。当爸爸妈妈给爷爷奶奶送礼物时，不可争着要先打开。当爷爷递来吃的东西时要先拿最小的，并且马上说"谢谢"，不要作客时乱翻抽屉和柜子里取东西，需要什么用具，要"请"奶奶拿。离开爷爷奶奶家时要说"再见"。作客表现好应该回家后及时表扬。

3.学做家务劳动

教孩子做一些简单的、力所能及的劳动。如择菜、拿报纸、倒果皮等，培养爱劳动、爱清洁习惯。

七　亲子游戏

◎ 一星期有几天

时间变化也是数学观念之一，通过星期有7天的认识，让宝宝有时间前进的感觉，并可理解星期一至星期五爸爸妈妈要上班，假日才能放假的概念。

具体做法

(1)爸爸妈妈在纸张上编上星期一至星期日的文字，星期六、星期日可用星星表示。

(2)从星期一醒来就给宝宝一张贴纸贴在第一格，并提醒宝宝今天星期一先贴第一张。

(3)星期二贴第二张、星期三贴上第三张，依此类推，让宝宝有时间累加的感觉。

提　示　到了假日就可以给予不同颜色或造型的贴纸，让宝宝感觉假日这两天不太一样。

◎ 学拨打紧急电话

提高宝宝的自护自救意识。

具体做法

(1)准备一些消防车、救护车、警车的图片或玩具。

(2)再制作119、110、120三张图片，教宝宝认识电话机上的数字及拨打电话的方法。

(3)妈妈可以拿出救护车的图片或玩具说："我肚子痛，要去医院，宝宝快打电话吧。"并提示宝宝拿出相应的图片及电话号码卡片。宝宝完成后，妈妈再说："有小偷进咱们家了，宝宝快打110电话。"并提示宝宝拿出相应的图片和电话号码卡片。

提　示　日常生活中存在着一些不安全的隐患，以及各种伤害，所以父母要培养宝宝树立安全防范意识。

◎ 这是什么

让宝宝学会向别人提问题，以丰富宝宝的语言和思维能力，从而提高宝宝的人际关系能力。

具体做法

(1)准备一些宝宝从未见过的食物或物品的图片，如杏子、李子、斑马、骆驼等。父母先拿出一种食物或图片，然后问宝宝："这是什么呀？"

(2)由于宝宝从未见过这些东西，当然回答不上来，可以引导宝宝去问家里的第三者，爸爸或者妈妈，教宝宝问："爸爸(妈妈)，这是什么呀？"

(3)告诉宝宝这是什么。

提 示 不仅可以引导宝宝向父母提问，也可以鼓励宝宝去向家里的其他成员提问，甚至是邻居等，锻炼宝宝和其他人说话的能力。

◎ 大家一起做

通过安排宝宝和同龄宝宝一起玩团体训练，培养宝宝的合作交往能力，从而提升人际交往能力。

具体做法

(1)安排宝宝和相似年龄的宝宝玩团体训练。

(2)鼓励团体活动，并提供给宝宝足够多的玩具。

(3)安排需要两个人合作的活动，如互相滚球、过家家等。

(4)将一块硬纸板架在书上造一斜面，指导宝宝从高处轻推玩具卡车，使它滚到下面，让一个宝宝推车另一个去接，然后变换位置。

(5)让两个宝宝彼此相距1米左右坐着，要他们一来一往地推球或是推玩具车，若他们做得好则予以称赞。

提 示 如果需要，家长可以和宝宝们一起玩，然后逐渐退出他们的游戏。

◎ 今天我请客

训练宝宝的触觉，开发宝宝的想象和创造能力，同时让宝宝学会在与他人交往中要有礼貌。

具体做法

(1)先告诉宝宝游戏的玩法，分配好角色。宝宝代布娃娃说话，妈妈代玩具小兔说话，爸爸代玩具小鸭说话。妈妈把屋子一角布置成娃娃家，娃娃坐在家中。

(2)妈妈说："今天娃娃请来了她的好朋友，有小兔、小鸡、小鸭。它们一路上高兴地唱着歌："小兔、小鸡和小鸭子，一同来到娃娃家，娃娃，娃娃请开门！"你的朋友们都来啦。"随即，妈妈做敲门的声音。

(3)宝宝问："你们是哪位好朋友呀？"妈妈回答："我是小兔。""小兔子快请进来！"小兔子进来了，送给娃娃一辆玩具车。"我是小鸡。""小鸡快请进来！"它送给娃娃一条毛巾。

(4)宝宝抱着布娃娃客气地说："朋友们不要客气，欢迎欢迎。"在房间里玩一会，小兔、小鸡告别，宝宝说："欢迎再来，再见！再见！"

提 示 妈妈要耐心地引导宝宝学会

说礼貌用语，并教会宝宝在与其他人交往中要懂礼貌。

◎ 没有声音的世界

通过引导宝宝想象"没有声音的世界"，来培养宝宝发散思维的能力，同时在感受没有声音的世界的同时，唤起宝宝对聋哑人的同情和爱心，增强宝宝的人际交往能力。

具体做法

（1）家长请宝宝用耳塞堵住耳朵或用手堵住耳朵，让宝宝体会1分钟听不到声音的感觉。

（2）家长与宝宝讨论：如果自己听不到声音会怎样？请宝宝举一些具体事例来说明。如听不到别人叫门声、听不到汽车喇叭声等。

没有声音的世界

（3）唤起宝宝对聋哑人的同情心，并请宝宝思考如何关心、帮助聋哑人。

（4）教育宝宝要注意保护好自己的耳朵。

提示 还可以用这种方法来激发宝宝对盲人、瘫痪者等残疾人的感知。

◎ 不挑食

准备各种宝宝喜爱的质地相似的食品，比如苹果酱、布丁、土豆泥、果冻、浓汤、麦片、酸牛奶等。通过此项游戏，可以纠正宝宝挑食的毛病，培养宝宝良好的饮食习惯。

具体做法

把各种质地相似的食物分别放入碗中，把碗在桌上摆成一排。把宝宝带到桌边，一个接一个地指出所有的食物，并告诉宝宝："我们来玩个游戏。"用手绢把宝宝的眼睛蒙住，拿起勺子，舀满一种食物，让宝宝尝尝。拿下手绢并让宝宝猜一猜，他吃了哪一种食物，重复游戏直到宝宝尝遍所有的食物。

提示 此阶段的宝宝需要吃更多的食物并尝试更多新鲜口味。如果你有个挑食的宝宝，试试这个办法，把吃饭时间变成一个游戏。不要急于让宝宝在游戏中接受不喜欢吃的食物，这容易让宝宝不信任你，不再玩这个游戏，并更加痛恨那种食物。

◎ 听口令做动作

提升宝宝的空间想象能力。

具体做法

(1)家长口令："请把自己的手放在自己的头上，请把自己的手放在自己的脚下。"

(2)家长口令："请把自己的手放在毛绒玩具的头上，请把自己的手放在玩具的脚下。"

(3)家长口令："请把自己喜欢的玩具放在自己头上，请把自己喜欢的玩具放在自己的脚下。"

(4)让宝宝闭上眼睛，家长把玩具分别放在屋子里不同物体的上面或下面，请宝宝寻找。

(5)请宝宝说出自己的玩具是在什么地方找到的，如桌子的上面、椅子的下面等。

提示 此游戏的主要目的是让宝宝以自身或客体为中心认识上下，掌握空间方位，还可以请宝宝出题，家长去做动作，以激发宝宝的兴趣。

◎ 单手拍球

锻炼宝宝的手眼协调性，提高宝宝的肢体协调能力。

具体做法

(1)妈妈和宝宝相向站好，每人拿一个球。

(2)妈妈说："宝宝，看妈妈拍球。"妈妈单手拍球。让宝宝学着妈妈的样子拍球。

(2)妈妈换手拍球，并对宝宝说："宝宝，换手喽。"让宝宝也用另一只手拍球。

提示 此游戏可以使宝宝的眼、手、脑的配合更加协调，改善手的精细动作，从而促进宝宝的智力发育。

图书在版编目（CIP）数据

图说育儿百科同步全书/万理主编.-北京：中国人口
出版社，2012.5

ISBN 978-7-5101-1192-1

Ⅰ.①图… Ⅱ.①万… Ⅲ.①婴幼儿－哺育－图解
Ⅳ.①TS976.31－64

中国版本图书馆CIP数据核字（2012）第076179号

最科学、最实用、最完备的
权威育儿宝典

图说育儿百科同步全书

万理 主编

出版发行	中国人口出版社
印　　刷	大厂正兴印务有限公司
开　　本	710×1020　1/16
印　　张	20
字　　数	180千字
版　　次	2012年10月第1版
印　　次	2015年7月第5次印刷
书　　号	ISBN 978-7-5101-1192-1
定　　价	35.00元

社　　长	陶庆军
网　　址	www.rkcbs.net
电子信箱	rkcbs@126.com
电　　话	(010)83519390
传　　真	(010)83519401
地　　址	北京市宣武区广安门南街80号中加大厦
邮　　编	100054